分析与检验技术类专业职业技能培训教材

化学分析与电化学分析技术及应用

HUAXUE FENXI YU DIANHUAXUE FENXI JISHU JI YINGYONG

王炳强　主编
王建梅　主审

U0205611

化学工业出版社

·北京·

本书共有十二章，包含了化学分析和电化学分析的基本原理、方法、新技术及其在各领域中的应用。内容涵盖了化学分析和电化学分析基础知识和实验测量中所涉及的各种仪器、装置及测量步骤。内容包括酸碱滴定、配位滴定、氧化还原滴定、沉淀滴定、重量分析等化学分析方法，还包括电解分析、库仑分析、电导分析、电位分析、极谱分析、伏安分析以及电化学联用分析等电化学分析方法。

本书适合从事化学分析和电化学分析研究的技术人员，以及相关院校的师生使用。

图书在版编目（CIP）数据

化学分析与电化学分析技术及应用/王炳强主编. —北京：化学工业出版社，2018.3
分析与检验技术类专业职业技能培训教材
ISBN 978-7-122-31453-6

Ⅰ.①化…　Ⅱ.①王…　Ⅲ.①化学分析-技术培训-教材
②电化学分析-技术培训-教材　Ⅳ.①O652②O657.1

中国版本图书馆 CIP 数据核字（2018）第 017198 号

责任编辑：蔡洪伟　　　　　　　　　　　　　　文字编辑：王海燕　林　媛
责任校对：宋　玮　　　　　　　　　　　　　　装帧设计：王晓宇

出版发行：化学工业出版社（北京市东城区青年湖南街 13 号　邮政编码 100011）
印　　刷：三河市延风印装有限公司
装　　订：三河市宇新装订厂
787mm×1092mm　1/16　印张 13¾　字数 346 千字　2018 年 9 月北京第 1 版第 1 次印刷

购书咨询：010-64518888（传真：010-64519686）　售后服务：010-64518899
网　　址：http://www.cip.com.cn
凡购买本书，如有缺损质量问题，本社销售中心负责调换。

定　　价：55.00 元

丛书前言

为了出版一套服务于分析检验行业和企业的优质系列丛书，化学工业出版社联合全国部分高等院校、职业院校，进出口检验检疫局及国内外著名仪器公司的专家，于2016年12月在北京召开"分析与检验技术类专业丛书编写研讨会"，对目前国内分析检测行业的现状和发展趋向进行了充分的研讨，确定编写一套适应目前行业发展情况，具有指导意义的分析检测丛书，并明确了本系列丛书的编写内容和编写方案。丛书编写委员会以全国石油和化工职业教育教学指导委员会高职工业分析与环境类专业委员会副主任王炳强教授为主任，天津大学范国樑教授、班睿教授，天津科技大学杨志岩教授，天津出入境检验检疫局许泓研究员，南京科技职业学院王建梅副教授，江西省化学工业学校曾莉教授为专家组成员。参加研讨会的沃特世（Waters）科技公司北区应用部经理仇雯丽、安捷伦（Agilent Technologies）科技公司应用市场部经理祝立群、岛津（Excellence in Sicence）仪器设备公司市场部经理梁志莹、美国热电（Thermo Fisher）公司市场部经理贾伟和项目博士也在研讨会上充分发表了意见并提出很多建设性方案设想。相信本系列丛书的出版能有助于提高我国分析检测技术人员的创业创新意识，更好地服务于现代化企业和科学研究机构，并为从事分析检测工作人员服务。

为了更好地指导一线化验员和分析检测人员进行常规的工作，丛书分为六个板块单独成册，即：化验员实用操作指南、化学分析与电化学分析技术及应用、原子光谱分析技术及应用、分子光谱分析技术及应用、气相色谱与气质联用技术及应用、液相色谱与液质联用技术及应用。主持编写工作的专家都是分析检测第一线工作的博士、高级技术人员和专家学者。

本套丛书力求突出如下特色：

1.注重内容的先进性和实用性。本书编写按照理论联系实际、注重实用的原则。在内容选用上，主要是依据有关国家标准所收载的内容及新规定而编写，并适当反映现阶段国内外新技术概况，以满足读者从事质量监控、面向国际市场的要求。

2.注重理论与实践紧密结合。书中各章节理论知识都配有具体案例分析。这些案例都是作者长期实验的结晶和工作的总结，方便读者通过案例拓展相关的检测工作。实用案例中有很多是近年来形成的分析检验的行业案例，尚未形成国家标准，以满足在分析检测重要岗位上分析研究的特殊需要。

3.注重实践操作指导。努力使本书适应高级技术应用型人才的使用，在一些问题的讨论上力求有一定的深度。在一些应用上给出一定的讨论空间，对层次比较高的读者可以查阅相关专著和资料去解决。

4.注重方便于读者阅读和查找有关资料。本书在内容编排上，把有关案例放在相关的章节内，使基本理论和案例训练衔接更为紧密，便于读者查找并使用。

本套丛书在编写过程中，沃特世、安捷伦、岛津、美国热电、美瑞泰克科技等公司提供了大量案例供编者参考，编者还参考了有关专著、国标、图书、论文等资料，在此向有关专家、老师、作者致以衷心的感谢。

本套丛书编写过程中，得到中国化工教育协会和全国石油和化工职业教育教学指导委员会的指导和帮助；得到化学工业出版社的热情支持和业务指导，在此表示深深的谢意！

由于时间和水平所限，书中缺陷在所难免，欢迎广大读者提出宝贵意见。

编委会

2018年3月

前言
Foreword

化学分析、电化学分析是一门综合性的应用学科。本书主要研究化学分析、电化学分析的一般方法和一些检验检测操作，同时把相关的国家标准和相匹配的试验案例展现给读者。化学分析和电化学分析的基本任务是产品质量的检验、产品生产过程的质量控制、中间产物的质量考察，并能够根据产品实际情况，选择适当的分析检验方法。

本书是分析与检验技术类专业系列图书之一，为了出版一套服务于分析检验行业和企业的优质系列图书，化学工业出版社联合了全国的高等院校、职业院校、仪器公司的专家于2016年12月在北京召开了"分析与检验技术类专业系列丛书编写研讨会"，经过会议研讨，明确了本系列图书的编写内容和编写方案，相信本系列图书的出版能更好地服务于广大读者。本书正是在此次会议精神的指导下编写而成，注重突出了以下几个特色。

1.注重实践操作指导。本书可供高级技术应用型人才使用，在一些问题的讨论上力求有一定的深度，使书的知识实用性更强。在内容安排上既重视分析化学、电化学分析的基本理论、基础概念的论述，又特别重视对操作技能的实践训练进行剖析解读，使读者既具有较为系统的分析化学和电化学分析理论知识，又能得到较强的实践操作指导，以满足高层次技术人员的需求。

2.注重内容的先进性和实用性。本书编写按照理论联系实际、注重实用的原则。在内容选用上，主要依据相关国家标准所收载的内容及新规定编写，并适当反映现阶段国内外新技术概况，以满足读者从事质量监控、面向国际市场的要求。

3.注重方便于读者阅读和查找有关资料。本书在内容编排上，把有关案例放在相关的章节后面，使基本理论和案例训练衔接更为紧密，便于读者查找并使用。

本书在编写过程中，天津大学范国樑和班睿、天津科技大学杨志岩、天津出入境检验检疫局许泓对本书编写提纲和部分内容提出很多宝贵意见，对全书的定稿起到了重要作用，在此表示诚挚的感谢。本书还得到王建梅、曾莉、曾玉香的帮助和支持，在此一并表示感谢！

本书由王炳强主编并编写第一、第三、第四章；韩德红编写第二、第五、第六章；倪超编写第八、第九、第十章；宋伟编写第七、第十一、第十二章。王建梅老师主审本书并提出很多建设性意见，在此表示感谢！

本书在编写过程中参考了有关专著、论文等资料，在此向有关作者致以衷心的感谢。由于时间和水平所限，书中不足之处在所难免，欢迎广大读者提出宝贵意见。

编者

2017 年 11 月

目录
CONTENTS

第四章　氧化还原滴定法　/ 047

第十章 电位分析法 / 144

附录 / 193

参考文献　/ 206

第一章

绪 论

第一节 化学分析技术导论

分析化学是人们获取物质的化学组成与结构信息的科学，即表征和测量的科学。分析化学的任务是物质的组成分析和结构分析。

物质的组成分析，主要包括定性与定量两个部分。定性分析的任务是确定物质由哪些组分（元素、离子、基团或化合物）组成；定量分析的任务是确定物质中有关组分的含量。结构分析的任务是确定物质各组分的结合方式及其对物质化学性质的影响。

化学分析是分析化学的重要部分，相对仪器分析而言，化学分析的发展空间有限，但是有许多方法已经非常成熟。化学分析在化学学科飞速发展的大背景下，有许多技术和方法已经在不断地进步，尤其是应用范围在不断地扩大。因此化学分析是研究物质及其变化的重要方法之一，在分析化学领域起着一定的作用。如环境科学研究目前在全世界备受瞩目，化学分析在推动人们弄清环境中的化学问题起着关键的作用；新材料科学的研究中，材料的性能与其化学组成和结构有密切的关系；资源和能源科学中，化学分析是获取地质矿物组分、结构和性能信息以及揭示地质环境变化过程的重要手段；在生命科学、生物工程领域中，化学分析在揭示生命起源、研究疾病和遗传的奥秘等方面起着重要的作用；在医学科学研究领域中，药物分析是不可缺少的环节；在空间科学研究中，星际物质分析是其中重要的组成部分，等等。还有很多领域都和分析化学密切相关。

一、化学分析的分类

根据测定原理、分析对象、待测组分含量、试样用量、分析步骤的不同，化学分析方法有不同的分类方法。

按照不同的分析步骤，把化学分析分为分离与富集、定性分析和定量分析三大部分。分离与富集包括萃取分离法、沉淀滴定法、离子交换分离法、基于相变的分离方法、膜分离法和浮选分离法。定性分析包括无机定性分析、有机定性分析和生物样品分析。定量分析包括重量分析法，滴定分析法，有机化合物的定量分析、气体分析和水分析。

化学分析法是以物质的化学反应为基础的分析方法。主要有滴定分析法和重量分析法。滴定分析法是通过滴定操作，根据所需滴定剂的体积和浓度，以确定试样中待测组分含量的一种方法；重量分析法是通过称量操作测定试样中待测组分的质量，以确定其含量的一种分析方法。重量分析法分为沉淀重量法、电解重量法和气化法。本书化学分析内容定位为定量分析中的重量分析法和滴定分析法。

　　按被测组分的含量来分，分析方法可分为常量组分（含量＞1%）分析、微量组分（含量为0.01%～1%）分析、痕量组分（含量＜0.01%）分析；按所取试样的量来分，分析方法可分为常量试样（固体试样的质量＞0.1g，液体试样体积＞10mL）分析、半微量试样（固体试样的质量在0.01～0.1g之间，液体试样体积为1～10mL）分析、微量试样（固体试样的质量＜0.01g，液体试样体积＜1mL）分析和超微量试样（固体试样的质量＜0.1mg，液体试样体积＜0.01mL）分析。常量分析一般采用化学分析法，微量分析一般采用仪器分析法。

二、化学分析术语和符号

1. 基准物质

　　基准物质是一种高纯度的，其组成与它的化学式高度一致的化学稳定的物质。这种物质用来直接配制基本标准溶液，但在较多情况下，它常用来校准或标定某未知溶液的浓度。

　　基准物质应该符合以下要求：①组成与它的化学式严格相符；②纯度足够高；③理化性质稳定；④参加反应时，按反应式定量地进行，不发生副反应；⑤最好有较大的分子量，在配制标准溶液时可以称取较多的量，以减少称量误差。

　　常用的基准物质有银、铜、锌、铝、铁等纯金属及其氧化物，重铬酸钾、碳酸钾、氯化钠、邻苯二甲酸氢钾、草酸、硼砂等纯化合物。

2. 标准溶液

　　标准溶液是一种已知准确浓度的溶液，可在容量分析中作滴定剂，也可在仪器分析中用以制作校正曲线的试样。

　　配制标准溶液方法有两种，一种是直接法，即准确称量基准物质，溶解后定容至一定体积；另一种是标定法，即先配制成近似需要的浓度，再用基准物质或用标准溶液来进行标定。已知准确浓度的溶液，在容量分析中用作滴定剂，以滴定被测物质。

3. 标准溶液浓度的表示方法

　　滴定分析用的标准溶液的浓度，主要用的是物质的量浓度 c，单位是 mol/L 或 mmol/L；杂质分析用的标准溶液的浓度，主要用的是质量浓度 ρ，单位主要是 mg/L；也有使用体积分数的。

第二节　电化学分析技术导论

　　电化学是研究两类导体形成的带电界面现象及其上所发生的变化的科学。如今已形成合成电化学、量子电化学、半导体电化学、有机导体电化学、光谱电化学、生物电化学等多个分支。电化学在化工、冶金、机械、电子、航空、航天、轻工、仪表、医学、材料、能源、金属腐蚀与防护、环境科学等科技领域获得了广泛的应用。当前世界上十分关注的研究课题，如能源、材料、环境保护、生命科学等都与电化学以各种各样的方式关联在一起。

　　分析化学学科的发展经历了三次巨大的变革。第一次在20世纪初，由于物理化学溶液理论的发展，为分析化学提供了理论基础，建立了溶液四大平衡理论，使分析化学由一种技术发展为一门学科。第二次变革发生在第二次世界大战前后，物理学和电子学的发展，促进了各种仪器分析方法的发展，改变了经典分析化学以化学分析为主的局面。20世纪70年代以来，以计算机应用为主要标志的信息时代的到来，促进分析化学进入第三次变革时期。由于生命科学、环境科学、新材料科学发展的需要，基础理论及测试手段的完善，现代分析化学完全可能为各种物质提供组成、含量、结构、分布、形态等全面的信息，使得微区分析、薄层分析、无损分析、瞬时追踪、在线监测及过程控制等过去的难题都迎刃而解。分析化学广泛吸取了当代科学技术的最新成就，成为当代最富活力的学科之一。

近年来，随着电子工业和真空技术的发展，许多新技术渗透到分析化学中来，出现了日益增多的新的测试方法和分析仪器，它们以高度灵敏和快速为其特点。例如，使用电子探针，测定样品的体积可以小至 10^{-12} mL，电子光谱的绝对灵敏度可达 10^{-18} g。再有，由于计算机和计算机科学的发展，微机与分析仪器的联用，既可以报出测量数据，又可以对科学实验条件或生产工艺进行自动调节、控制，也可以对分析程序进行自动控制，使分析过程自动化，大大提高了分析工作的水平。

一、电化学分析分类

电化学分析的分类迄今为止共有四次变动，后来又有两个重要的分类。

1. 1960 年的分类

1960 年，美国著名电化学家 G. Delahay、H. A. laitinnen 和法国 G. Charlot 拟定了"电化学分析的分类和命名建议"，征求各国学者的意见，把当时所有的分析方法分为三大类。

（1）没有电极反应　如电导、电导滴定和高频滴定等。

（2）只有双层现象而法拉第电流等于零　如表面张力法、双层微分电容电流。

（3）有电极反应　它又可分为两种：第一种电解电流等于零（$I=0$），如电位法和电位滴定法；第二种电解电流不等于零（$I \neq 0$）。

2. 1963 年的分类

1963 年，I. M. Kolthoff 和 Elving 主编的 *Treatise on Analytical Chemistry* 一书中，以激发方式，对电化学分析方法进行了如下分类：

（1）控制电位的电化学分析方法；

（2）控制电流的电化学分析方法；

（3）滴定法。

3. 1975 年的分类

1975 年国际纯粹与应用化学联合会（IUPAC）通过了对 1960 年电化学分析方法分类和命名的修改建议，并于 1976 年刊登在 IUPAC 的杂志上，分类如下。

（1）既不涉及双电层，又不涉及电极反应的电化学分析方法。

（2）涉及双电层现象，但不涉及任何电极反应的电化学分析方法。

（3）有电极反应的电化学分析方法　它又分为两种。第一种为有电极反应并施加恒定激发信号的电化学分析方法；第二种为有电极反应并施加可变激发信号的电化学分析方法。

4. 1997 年的分类

1997 年 IUPAC 制定了分析化学的命名和术语纲要（Compendium of Analytical Nomenclature, Definitive Rules 1997），在此框架下，电化学分析的分类进行了调整，具体归纳为四大类：

（1）电位法及相关技术；

（2）安培法及相关技术；

（3）伏安法及相关技术；

（4）阻抗/电导法及相关技术。

5. 主流文献分类

根据激发信号的形式，电化学和电化学分析工作者还经常使用其他分类方法。如 Zoski 主编的《电化学手册》，将常用的电化学分析分为两大类：静态法（$i = 0$）和动态法（$i \neq 0$）。电位法为静态法的一种，其测定的是静止电位和时间的关系。动态法则应用比较广泛，如控制电位法和控制电流法。

6. 按照前沿领域分类

根据测量电学参数不同，考虑当前电化学的实际应用领域及前沿发展领域，可以分为：

（1）测量电解过程中消耗电量的电解分析法和库仑分析法；

（2）测量试液电导的电导分析法；

（3）测量电池电动势或电极电位的电位分析法；

（4）测量电解过程中电流的电流分析法　如测量电流随电位变化曲线的方法，则为伏安法，而其中使用滴汞电极的方法称为极谱分析法；

（5）电沉积、溶出分析法；

（6）微电极和活体分析法；

（7）生物电化学分析方法；

（8）电化学联用分析。

二、电化学分析术语和符号

1997 年，IUPAC 制定了分析化学的命名和术语纲要，以下重点介绍一些。

电化学池（electrochemical cell）　电化学池是通过电极表面的氧化还原反应实现电荷转移并产生法拉第电流的装置，一般由阳极、阴极和电解质溶液组成。根据电极反应是否能够自发进行，电化学池可分为原电池和电解池。

原电池（galvanic cell，voltaic cell）　电极反应能够自发进行并产生电流，将化学能转化为电能的电化学池。在原电池中，电子由负极流向正极，电流由正极流向负极。

电解池（electrolytic cell）　电极反应不能够自发进行，需要在外部电源推动下发生氧化还原反应的电化学池。在电解过程中，与电源正极相连的电极为阳极，与电源负极相连的电极为阴极。

电极（electrode）　在电化学中，电极为固体导体或半导体，氧化还原反应在其表面发生。

阳极（anode）　发生氧化反应的电极为阳极。

阴极（cathode）　发生还原反应的电极为阴极。

指示电极（indicator electrode）对激发信号和待测溶液组成能够作出响应而在测量期间不引起待测溶液组成明显变化的传感电极称为指示电极，有时也称为试验电极（test electrode）。

工作电极（working electrode）　能够对激发信号和待测物质浓度作出响应，并在测量期间允许较大电流通过以引起待测物质主体浓度发生明显变化的传感电极称为工作电极。

辅助电极（auxiliary electrode）或**对电极**（counter electrode）　辅助电极（对电极）的作用是与工作电极构成回路以允许电流通过电解池，其表面一般无待测物质的反应发生。

参比电极（reference electrode）　参比电极电位在电化学测量的实验条件下保持不变，用于观察、测量或控制指示电极（或者试验电极、工作电极）电位。

标准氢电极（normal/standard hydrogen electrode，NHE/SHE）　常用的标准氢电极，规定其电极电势为 0V，所有的标准电极电势均以此为参比。

标准电极电势（standard electrode potential）　符号 $E^{\ominus}$，单位为 V。电极表面发生的每个氧化还原半反应均对应于一个确定的电势，该电势以标准氢电极为参比的电势规定为标准电极电势。

电池电势（cell potential）　符号 E，单位为 V。阴极和阳极表面发生的所有氧化还原反应的电势加和。

平衡电势（equilibrium potential）　符号 E_{eq}，单位为 V。电极表面发生的所有反应处于平衡状态时的电极电势，遵循 Nernst 方程。

过电位（overpotential）　符号 η，单位为 V。实际电极电势与平衡电势之间的差值，即 $\eta = E - E_{eq}$。

伏安法（voltammetry）　施加电位阶跃，研究电极表面发生的过程，并根据电流与电极电势之间的关系进行分析的电化学方法。

电位法（potentiometry）　在接近零电流条件下，根据电极电势-时间变化和 Nernst 方程来确定待测物活度（或浓度）的电化学分析方法。

活度（activity）　符号 a，单位为 mol/m^3。

活度系数（activity coefficient）　符号 γ。

电导（conductance）　符号 G，单位西门子（S）。

电导率（conductivity）　符号 κ，它是电阻率的倒数。电导率的单位为 S/m，表示长度为 1cm、截面积为 $1cm^2$ 的导体的电导。对于电解质溶液，则相当于 $1cm^3$ 的溶液在距离为 1cm 的两电极间所具有的电导。

电势（potential）　符号 φ，单位为 V。

电势差（potential difference）　符号 U，单位为 V。

电压（voltage）　符号 U，单位为 V。

还有很多术语和符号，在后面学习中会遇到。

第二章

酸碱滴定法

第一节 酸碱溶液 pH 的计算

一、酸碱质子理论和酸碱解离平衡

1. 酸碱质子理论

酸碱质子理论是丹麦化学家布朗斯特和英国化学家汤马士·马丁·劳里于 1923 年各自独立提出的一种酸碱理论。该理论认为：凡是可以释放质子（氢离子，H^+）的分子或离子为酸（布朗斯特酸），凡是能接受氢质子的分子或离子则为碱（布朗斯特碱）。

酸碱质子理论中的酸碱不是孤立的，它们通过质子相互联系，质子酸释放质子转化为对应的碱，质子碱接受质子转化为对应的酸。这种酸碱的相互依存关系称为共轭关系。

$$酸 \rightleftharpoons 碱 + H^+$$
$$HAc \rightleftharpoons Ac^- + H^+$$
$$NH_4^+ \rightleftharpoons NH_3 + H^+$$

当一个分子或离子释放氢质子，同时一定有另一个分子或离子接受氢质子，因此酸和碱会成对出现。酸碱质子理论可以用以下反应式说明酸碱反应的实质。

$$酸 + 碱 \rightleftharpoons 共轭碱 + 共轭酸$$

酸在失去一个氢质子后，变成共轭碱；而碱得到一个氢质子后，变成共轭酸。以上反应可能以正反应或逆反应的方式来进行，不过不论是正反应或逆反应，均遵守的原则是酸将一个氢质子转移给碱。

按照酸碱质子理论，酸碱可以是阳离子、阴离子，也可以是中性分子。同一种物质在某一条件下可能是酸，在另一条件下可能是碱，如常见的 HPO_4^{2-}、$H_2PO_4^-$ 既可以给出质子表现为酸，又可以接受质子表现为碱。这种既可以给出质子表现为酸，又可以接受质子表现为碱的物质，称为两性物质。

H_2O 实际上就是一种两性物质，通常称为两性溶剂。水分子之间可以发生质子的转移作用，例如：

$$\overset{\text{共轭}}{H_2O + H_2O \rightleftharpoons H_3O^+ + OH^-}$$

这种在溶剂水分子之间发生的质子传递作用，称为溶剂水的质子自递反应，反应的平衡常数称为水的质子自递常数 K_w。

$$K_w = [H_3O^+][OH^-] = 10^{-14}(25℃)$$

在水溶液中，为了简便，通常将 H_3O^+ 写成 H^+。所以 K_w 的表达式可以写为

$$K_w = [H^+][OH^-]$$

2. 酸碱解离平衡

在酸碱质子理论中，酸碱反应是物质间质子传递的结果。在一元弱酸（HA）的水溶液中，大量存在并参加质子转移的物质是 HA 和 H_2O，即 HA 在水中发生解离反应：

$$HA + H_2O \rightleftharpoons H_3O^+ + A^-$$

一般弱酸、弱碱的解离平衡常数分别用 K_a、K_b 表示。故有

$$K_a = \frac{[H^+][A^-]}{[HA]}$$

如果 HA 为醋酸 HAc，则有

$$HAc + H_2O \rightleftharpoons H_3O^+ + Ac^-$$

$$K_a = \frac{[H^+][Ac^-]}{[HAc]}, K_a = 1.8 \times 10^{-5}$$

HAc 的共轭碱 Ac^- 的解离反应为

$$Ac^- + H_2O \rightleftharpoons HAc + OH^-$$

$$K_b = \frac{[HAc][OH^-]}{[Ac^-]}$$

可见，一元共轭酸碱对的 K_a、K_b 之间的关系如下：

$$K_a K_b = \frac{[H^+][Ac^-]}{[HAc]} \times \frac{[HAc][OH^-]}{[Ac^-]}$$

$$= [H^+][OH^-] = K_w = 10^{-14}(25℃)$$

酸碱的强弱取决于酸碱本身给出质子或者接受质子能力的强弱，物质给出质子的能力越强，其酸性越强；物质给出质子的能力越弱，其酸性就越弱；同样物质接受质子的能力越强，其碱性就越强；物质接受质子的能力越弱，其碱性就越弱。

在一定温度下，酸碱的解离常数 K_a、K_b 的大小可以表示弱电解质解离趋势，也反映弱电解质的相对强弱。解离常数 K 是弱电解质的一个特性常数，其数值的大小只与弱电解质的本性及温度有关，而与浓度无关。

二、水溶液中酸碱组分不同形式的分布

在弱酸、弱碱的解离平衡体系中，一种物质可以有多种存在形式，各种存在形式的浓度称为平衡浓度，各种平衡浓度之和称为总浓度。某一存在形式占总浓度的分数，称为该形式的分布分数，通常用符号 δ 表示。

1. 一元弱酸的分布

以 HAc 为例，HAc 在水溶液的解离平衡中，它以 HAc 和 Ac^- 两种形式存在，假设以 c_{HAc} 为 HAc 的总浓度，HAc 和 Ac^- 的平衡浓度分别为 $[HAc]$、$[Ac^-]$，HAc 和 Ac^- 的分布分数分别为 δ_{HAc}、δ_{Ac^-}。因此在 HAc 水溶液中就有了如下关系式：

$$c_{HAc} = [HAc] + [Ac^-]$$

$$\delta_{HAc} = \frac{[HAc]}{[c_{HAc}]} = \frac{[HAc]}{[HAc] + [Ac^-]}$$

$$= \frac{1}{1+\dfrac{[Ac^-]}{[HAc]}} = \frac{1}{1+\dfrac{K_a}{[H^+]}}$$

所以

$$\delta_{HAc} = \frac{[H^+]}{[H^+]+K_a}$$

$$\delta_{Ac^-} = \frac{K_a}{[H^+]+K_a}$$

很显然，各种存在形式的分布分数与［H$^+$］有关系，同时还存在着

$$\delta_{HAc} + \delta_{Ac^-} = 1$$

2. 二元弱酸的分布

二元弱酸在溶液中有三种存在形式，如 H_2S 在水溶液中有 H_2S、HS^-、S^{2-} 三种形式，氢硫酸的总浓度应等于各形式平衡浓度之和。

$$c_{H_2S} = [H_2S] + [HS^-] + [S^{2-}]$$

根据分布分数的定义：

$$\delta_{H_2S} = \frac{[H_2S]}{c_{H_2S}} = \frac{[H_2S]}{[H_2S]+[HS^-]+[S^{2-}]}$$

$$= \frac{1}{1+\dfrac{[HS^-]}{[H_2S]}+\dfrac{[S^{2-}]}{[H_2S]}} = \frac{1}{1+\dfrac{K_{a1}}{[H^+]}+\dfrac{K_{a1}K_{a2}}{[H^+]^2}}$$

$$= \frac{[H^+]^2}{[H^+]^2+K_{a1}[H^+]+K_{a1}K_{a2}}$$

同理得

$$\delta_{HS^-} = \frac{K_{a1}[H^+]}{[H^+]^2+K_{a1}[H^+]+K_{a1}K_{a2}}$$

$$\delta_{S^{2-}} = \frac{K_{a1}K_{a2}}{[H^+]^2+K_{a1}[H^+]+K_{a1}K_{a2}}$$

很显然，各种存在形式的分布分数与［H$^+$］有关系，同时也存在着

$$\delta_{H_2S} + \delta_{HS^-} + \delta_{S^{2-}} = 1$$

3. 三元弱酸的分布

三元酸如磷酸（H_3PO_4）在溶液中有四种存在形式，即 H_3PO_4、$H_2PO_4^-$、HPO_4^{2-}、PO_4^{3-}，同样的方法可以导出这四种存在形式的分布分数的计算公式：

$$\delta_{H_3PO_4} = \frac{[H^+]^3}{[H^+]^3+K_{a1}[H^+]^2+K_{a1}K_{a2}[H^+]+K_{a1}K_{a2}K_{a3}}$$

$$\delta_{H_2PO_4^-} = \frac{K_{a1}[H^+]^2}{[H^+]^3+K_{a1}[H^+]^2+K_{a1}K_{a2}[H^+]+K_{a1}K_{a2}K_{a3}}$$

$$\delta_{HPO_4^{2-}} = \frac{K_{a1}K_{a2}[H^+]}{[H^+]^3+K_{a1}[H^+]^2+K_{a1}K_{a2}[H^+]+K_{a1}K_{a2}K_{a3}}$$

$$\delta_{PO_4^{3-}} = \frac{K_{a1}K_{a2}K_{a3}}{[H^+]^3+K_{a1}[H^+]^2+K_{a1}K_{a2}[H^+]+K_{a1}K_{a2}K_{a3}}$$

同样的，各种存在形式的分布分数与［H$^+$］有关系，即与溶液的 pH 有关系。

三、酸碱溶液 pH 的计算

1. 酸碱水溶液中 H^+ 浓度计算公式及使用条件

（1）一元弱酸　一元弱酸 HA 在水溶液中的质子条件为

$$[H^+]=[A^-]+[OH^-]$$

以 $[A^-]=K_a[HA]/[H^+]$ 和 $[OH^-]=K_w/[H^+]$ 代入上式可得

$$[H^+]=\frac{K_a[HA]}{[H^+]}+\frac{K_w}{[H^+]}$$

整理得

$$[H^+]=\sqrt{K_a[HA]+K_w}$$

上式为计算一元弱酸溶液中 $[H^+]$ 的精确公式。式中的 $[HA]$ 为 HA 的平衡浓度，需利用分布分数的公式求得，是相当麻烦的。若计算 $[H^+]$ 允许有 5% 的误差，同时满足 $c/K_a \geqslant 10^5$ 和 $cK_a \geqslant 10K_w$ 两个条件，上式可进一步简化为计算一元弱酸溶液中 $[H^+]$ 的最简式

$$[H^+]=\sqrt{cK_a}$$

（2）一元弱碱　对于一元弱碱溶液，按照一元弱酸求算 $[H^+]$ 的方法，可以得到一元弱碱溶液中 $[OH^-]$ 的计算公式

$$[OH^-]=\sqrt{cK_b}$$

（3）两性物质　有一类物质，如 $NaHCO_3$、NaH_2PO_4、邻苯二甲酸氢钾等，在水溶液中既可给出质子显示酸性，又可接受质子显示碱性，其酸碱平衡是较为复杂的，但在计算 $[H^+]$ 时，仍可以做合理的简化处理。

以 $NaHCO_3$ 为例，其质子条件为：

$$[H^+]+[H_2CO_3]=[CO_3^{2-}]+[OH^-]$$

将平衡常数 K_{a1}、K_{a2} 代入上式，并经整理得

$$[H^+]=\sqrt{\frac{K_{a1}K_{a2}[HCO_3^-]+K_w}{K_{a1}+[HCO_3^-]}}$$

如果 $cK_{a2} \geqslant 10K_w$，且 $c/K_{a1} \geqslant 10$，上式就可以简化为

$$[H^+]=\sqrt{K_{a1}K_{a2}}$$

上式为计算 NaHA 型两性物质溶液 $[H^+]$ 常用的最简式，在满足上述条件下，用最简式计算出的 $[H^+]$ 与用精确式求算的 $[H^+]$ 相比，相对误差在允许的 5% 范围以内。

现将计算各种酸溶液 pH 的最简式及使用条件列于表 2-1 中。

表 2-1　计算几种酸溶液 $[H^+]$ 的最简式及使用条件

溶液	计算公式	使用条件（允许相对误差 5%）
一元弱酸	$[H^+]=\sqrt{cK_a}$	$c/K_a \geqslant 10^5$
二元弱酸	$[H^+]=\sqrt{cK_{a1}}$	$cK_{a1} \geqslant 10K_w$，且 $c/K_{a1} \geqslant 10$ $c/K_{a1} \geqslant 10^5$，$K_{a2}/[H^+] \ll 1$
两性物质	$[H^+]=\sqrt{K_{a1}K_{a2}}$	$cK_{a2} \geqslant 10K_w$，$c/K_{a1} \geqslant 10$

2. 酸碱水溶液中 H⁺ 浓度计算示例

一元弱酸（碱）溶液中 $[H^+]$ 的计算举例如下。

【例 1】 求 0.10mol/L HCOOH 溶液的 pH，已知 $K_a = 1.8 \times 10^{-4}$。

解 已知 HCOOH 的 $K_a = 1.8 \times 10^{-4}$，$c = 0.10$mol/L，则 $c/K_a \geqslant 10^5$ 和 $cK_a \geqslant 10K_w$。

故可利用最简式求算 $[H^+]$：

$$[H^+] = \sqrt{cK_a} = \sqrt{0.10 \times 1.8 \times 10^{-4}}$$
$$= 4.24 \times 10^{-3} (\text{mol/L})$$
$$pH = 2.37$$

【例 2】 计算 0.20mol/L NH₃ 溶液的 pH。

解 已知 $c = 0.20$mol/L，$K_b = 1.8 \times 10^{-5}$，则 $c/K_b \geqslant 10^5$ 和 $cK_b \geqslant 10K_w$。

故可利用最简式计算：

$$[OH^-] = \sqrt{cK_b}$$
$$= \sqrt{0.20 \times 1.8 \times 10^{-5}}$$
$$= \sqrt{3.6 \times 10^{-6}}$$
$$= 1.90 \times 10^{-3} (\text{mol/L})$$
$$pOH = 2.72$$
$$pH = 11.28$$

【例 3】 计算 0.20mol/L NaH₂PO₄ 溶液的 pH。

解 查表 H_3PO_4 的 $pK_{a1} = 2.12$，$pK_{a2} = 7.20$，$pK_{a3} = 12.36$。

对于 0.20mol/L NaH₂PO₄ 溶液：

$$cK_{a2} = 0.10 \times 10^{-7.20} \gg 10K_w$$
$$c/K_{a1} = 0.10/10^{-2.12} = 13.18 > 10$$

所以可采用式 $[H^+] = \sqrt{K_{a1}K_{a2}}$ 计算：

$$[H^+] = \sqrt{K_{a1}K_{a2}} = \sqrt{10^{-2.12} \times 10^{-7.20}}$$
$$= 10^{-4.66} (\text{mol/L})$$
$$pH = 4.66$$

第二节　缓冲溶液

一、缓冲溶液简介

能够抵抗外加少量强酸、强碱或稍加稀释，其自身 pH 不发生显著变化的性质，称为缓冲作用。具有缓冲作用的溶液称为缓冲溶液。

缓冲溶液一般由浓度较大的弱酸（或弱碱）及其共轭碱（或共轭酸）组成。如 HOAc-OAc⁻、NH₄⁺-NH₃ 等。由于共轭酸碱对的 K_a、K_b 不同，所形成的缓冲溶液能调节和控制的 pH 范围也不同，常用的缓冲溶液参考表 2-2。

表 2-2 常用的缓冲溶液

编号	缓冲溶液名称	酸的存在形态	碱的存在形态	pK_a	可控制的 pH 范围
1	氨基乙酸-HCl	$^+NH_3CH_2COOH$	$^+NH_3CH_2COO^-$	2.35 (pK_{a1})	1.4～3.4
2	一氯乙酸-NaOH	$CH_2ClCOOH$	CH_2ClCOO^-	2.86	1.9～3.9
3	邻苯二甲酸氢钾-HCl	⬡—COOH ⬡—COOH	⬡—COO⁻ ⬡—COOH	2.95 (pK_{a1})	2.0～4.0
4	甲酸-NaOH	$HCOOH$	$HCOO^-$	3.76	2.8～4.8
5	HOAc-NaOAc	HOAc	OAc^-	4.74	3.8～5.8
6	六亚甲基四胺-HCl	$(CH_2)_6N_4H^+$	$(CH_2)_6N_4$	5.15	4.2～6.2
7	NaH_2PO_4-Na_2HPO_4	$H_2PO_4^-$	HPO_4^{2-}	7.20 (pK_{a2})	6.2～8.2
8	$Na_2B_4PO_7$-HCl	H_3BO_3	$H_2BO_3^-$	9.24	8.0～9.0
9	NH_4Cl-NH_3	NH_4^+	NH_3	9.26	8.3～10.3
10	氨基乙酸-NaOH	$^+NH_3CH_2COO^-$	$NH_2CH_2COO^-$	9.60	8.6～10.6
11	$NaHCO_3$-Na_2CO_3	HCO_3^-	CO_3^{2-}	10.25	9.3～11.3
12	Na_2HPO_4-NaOH	HPO_4^{2-}	PO_4^{3-}	12.32	11.3～12.0

由弱酸 HA 与其共轭碱 A 组成的缓冲溶液，若用 c_{HA}、c_{A^-} 分别表示 HA、A^- 的分析浓度，可推出计算此缓冲溶液中 $[H^+]$ 及 pH 的最简式：

$$[H^+]=K_a\frac{c_{HA}}{c_{A^-}},\ pH=pK_a+lg\frac{c_{A^-}}{c_{H,A}}\ 或者\ pH=pK_a-lg\frac{c_{HA}}{c_{A^-}}$$

由弱碱与其共轭酸组成的缓冲溶液，则可以直接计算 pOH，从而再计算 pH。各种缓冲溶液具有不同的缓冲能力，其大小可用缓冲容量来衡量。缓冲容量是使 1L 缓冲溶液的 pH 增加 1 个单位所需要加入强碱的物质的量，或使溶液 pH 减少 1 个单位所需要加入强酸的物质的量。

缓冲溶液的缓冲容量越大，其缓冲能力越强。缓冲容量的大小与缓冲溶液组分的浓度有关，其浓度越高，缓冲容量越大。此外，也与缓冲溶液中各组分浓度的比值有关，如果缓冲组分的总浓度一定，缓冲组分的浓度比值为 1：1 时，缓冲容量为最大。在实际应用中，常采用弱酸及其共轭碱的组分浓度比为 c_a：c_b＝10：1 和 c_a：c_b＝1：10 作为缓冲溶液 pH 的缓冲范围。由计算可知：

当 c_a：c_b＝10：1 时，pH＝pK_a－1；

当 c_a：c_b＝1：10 时，pH＝pK_a＋1。

因而缓冲溶液 pH 的缓冲范围为 pH＝pK_a±1。例如，HOAc-NaOAc 缓冲范围为 pH＝4.74±1，即 pH＝3.74～5.74 为 HOAc-NaOAc 溶液的缓冲范围。又如，NH_4Cl-NH_3 可在 pH＝8.26～10.26 范围内起到缓冲作用。

二、缓冲溶液的选择

化学分析中用到的缓冲溶液，一般有两种用途：一是作为控制溶液酸度用的；二是测量其它溶液 pH 时作为参照标准用的，称为标准缓冲溶液。

标准缓冲溶液的 pH 是在一定温度下经过准确的实验测得的。目前国际上规定的标准缓冲溶液有四种（见表 2-3），要严格控制酸度条件时，需要用标准缓冲溶液来监测。

常用缓冲溶液种类很多，要根据实际情况，选用不同的缓冲溶液。注意所选用的缓冲溶液应对分析过程没有干扰，所需控制的 pH 应在缓冲溶液的缓冲范围之内，缓冲组分的浓度也应在 0.01～1mol/L 之间，以保证足够的缓冲容量。

缓冲溶液的配制，可查阅有关手册或参考书上的配方进行配制。

表 2-3　不同温度下标准缓冲溶液的 pH

温度 /℃	25℃饱和 酒石酸氢钾	0.05mol/L 邻苯二甲酸氢钾	0.025mol/L 磷酸二氢钾 ＋0.025mol/L 磷酸氢二钠	0.01mol/L 硼砂
0	—	4.006	6.981	9.458
5	—	3.999	6.949	9.391
10	—	3.996	6.921	9.330
15	—	3.996	6.898	9.276
20	—	3.998	6.879	9.226
25	3.559	4.003	6.864	9.182
30	3.551	4.010	6.852	9.142
35	3.547	4.019	6.844	9.105
40	3.547	4.029	6.838	9.072
50	3.555	4.055	6.833	9.015
60	3.573	4.087	6.837	8.968

第三节　酸碱指示剂

一、酸碱指示剂的作用原理

能够利用本身颜色的改变来指示溶液 pH 变化的指示剂，称为酸碱指示剂。

酸碱指示剂是一类结构较复杂的有机弱酸或有机弱碱，它们在溶液中能部分电离成指示剂的离子和氢离子（或氢氧根离子）。由于结构上的变化，它们的分子和离子具有不同的颜色，因而在 pH 不同的溶液中呈现不同的颜色。常见的酸碱指示剂有酚酞、甲基红、甲基橙、中性红等等。

例如甲基橙在水溶液中有如下解离平衡和颜色变化：

$$(CH_3)_2N\!-\!\!\!\!\boxed{}\!\!\!\!-N\!=\!N\!-\!\!\!\!\boxed{}\!\!\!\!-SO_3^- \underset{OH^-}{\overset{H^+}{\rightleftharpoons}} (CH_3)_2N^+\!=\!\!\!\!\boxed{}\!\!\!\!=N\!-\!NH\!-\!\!\!\!\boxed{}\!\!\!\!-SO_3^-$$

碱式结构（黄色）　　　　　　　　　　　　酸式结构（红色）

可以看出，增大溶液的 $[H^+]$ 平衡向右移动，甲基橙主要以酸式结构存在，溶液呈红色；减少溶液的 $[H^+]$，甲基橙主要以碱式结构存在，溶液呈黄色。

二、变色范围和变色点

指示剂颜色的改变，是由于溶液的 pH 变化，引起指示剂分子结构的改变，因而显示出不同的颜色，但是并不是溶液的 pH 稍有变化或任意改变，都能引起指示剂颜色的变化，指示剂的变色是在一定 pH 范围内进行的。

酸碱指示剂多是弱的有机酸或有机碱，其共轭酸碱对具有不同的结构，且颜色不同。现以 HIn 表示指示剂酸式结构，以 In$^-$ 表示指示剂碱式结构，则有如下的转化：

$$HIn \rightleftharpoons H^+ + In^-$$

增大 [H$^+$]，则平衡向左移动，指示剂主要以酸式结构存在，溶液呈酸式色，减少溶液的 [H$^+$]，指示剂主要以碱式结构存在，溶液呈碱式色。

$$K_{HIn} = \frac{[H^+][In^-]}{[HIn]}$$

当 [H$^+$]=K_{HIn} 时，$\dfrac{[In^-]}{[HIn]}=1$，即有[In$^-$]=[HIn]，溶液表现出酸式色和碱式色的中间色，因此把 pH=pK_a 的这一个点称为指示剂的理论变色点。

一般情况下，若 $\dfrac{[In^-]}{[HIn]} \geqslant 10$，观察到的是碱式结构（In$^-$）的颜色，若 $\dfrac{[In^-]}{[HIn]} \leqslant \dfrac{1}{10}$ 时，观察到的是酸式结构（HIn）的颜色；当 $\dfrac{[In^-]}{[HIn]}=10$ 时，可在 In$^-$ 的颜色中稍稍看到 HIn 的颜色，此时 pH=pK_{HIn}+1；当 $\dfrac{[In^-]}{[HIn]}=\dfrac{1}{10}$ 时，可在 HIn 的颜色中稍稍看到 In$^-$ 的颜色，此时 pH=pK_{HIn}−1。

由上述讨论可知，指示剂的理论变色范围为 pH=pK_{HIn}±1，指示剂的理论变色范围应为 2 个 pH 单位。但实际观察到的大多数指示剂的变色范围不是 2 个 pH 单位，上下略有变化，且指示剂的理论变色点不是变色范围的中间点。这是由于人眼对不同颜色的敏感程度不同，再加上两种颜色互相掩盖而导致的。常见酸碱指示剂列于表 2-4 中。

表 2-4　常见酸碱指示剂

指示剂	变色范围 pH	颜色变化	pK_{HIn}	配制方法	用量/(滴/10mL 试液)
百里酚蓝	1.2~2.8	红色~黄色	1.65	0.1g指示剂溶于100mL20%乙醇溶液	1~2
甲基橙	3.1~4.4	红色~黄色	3.4	0.1g或0.05g指示剂溶于100mL水	1
溴酚蓝	3.0~4.6	黄色~紫色	4.1	0.1g指示剂溶于100mL20%乙醇溶液	1
甲基红	4.4~6.2	红色~黄色	5.0	0.1g指示剂溶于100mL60%乙醇溶液	1
中性红	6.8~8.0	红色~黄橙色	7.4	0.1g指示剂溶于100mL60%乙醇溶液	1
酚酞	8.0~10.0	无色~红色	9.1	1g指示剂溶于100mL90%乙醇溶液	1~3
溴百里酚蓝	6.2~7.6	黄色~蓝色	7.3	0.1g指示剂溶于200mL20%乙醇溶液	1
百里酚酞	9.4~10.6	无色~蓝色	10.0	0.1g指示剂溶于200mL90%乙醇溶液	1~2

第四节　酸碱标准溶液的配制和标定

一、酸标准溶液的配制和标定

在酸碱滴定中常用到酸标准溶液，尤其是盐酸溶液用得比较多，但浓盐酸因含有杂质而且易挥发，是非基准物质，因而不能直接配制成标准溶液，溶液的准确浓度需要先配制成近似浓度的溶液，然后用其它基准物质进行标定。常用于标定酸溶液的基准物质有：无水碳酸钠（Na_2CO_3）或硼砂（$Na_2B_4O_7 \cdot 10H_2O$）等。

1. 盐酸标准溶液的配制

按照表 2-5 的规定量取盐酸，注入 1000mL 水中，摇匀。

表 2-5　盐酸配制

盐酸标准溶液的浓度[$c(HCl)$]/(mol/L)	盐酸的体积 V/mL
1	90
0.5	45
0.1	9

2. 盐酸标准溶液的标定

按照表 2-6 的规定称取 270～300℃高温炉中灼烧至恒重的工作基准试剂无水碳酸钠，溶于 50mL 水中，加 10 滴溴甲酚绿-甲基红指示液，用配制好的盐酸溶液滴定至溶液由绿色变为暗红色，煮沸 2min，冷却后继续滴定至溶液再呈暗红色。同时做空白试验。

表 2-6　盐酸标定

盐酸标准溶液的浓度[$c(HCl)$]/(mol/L)	工作基准试剂无水碳酸钠的质量 m/g
1	1.9
0.5	0.95
0.1	0.2

盐酸标准溶液的浓度 [$c(HCl)$]，数值以物质的量浓度（mol/L）表示，按下式计算：

$$c(HCl) = \frac{m \times 1000}{(V_1 - V_2)M}$$

式中　m——无水碳酸钠的质量，g；

$\quad\quad V_1$——盐酸溶液的体积，mL；

$\quad\quad V_2$——空白试验盐酸溶液的体积，mL；

$\quad\quad M$——无水碳酸钠的摩尔质量，g/mol$\left[M\left(\frac{1}{2}Na_2CO_3\right) = 52.994\text{g/mol}\right]$。

二、碱标准溶液的配制和标定

1. NaOH 标准溶液的配制

称取 110g 氢氧化钠，溶于 100mL 无二氧化碳的水中，摇匀，注入聚乙烯容器中，密闭放至溶液清亮，按照表 2-7 氢氧化钠配制的规定，用塑料管量取上层清液，用无二氧化碳的水稀释至 1000mL，摇匀。

表 2-7　氢氧化钠配制

氢氧化钠标准溶液的浓度[$c(HCl)$]/(mol/L)	氢氧化钠溶液的体积 V/mL
1	54
0.5	27
0.1	5.4

2. NaOH 标准溶液的标定

按照表 2-8 氢氧化钠标定的规定称取 105～110℃电烘箱中干燥至恒重的工作基准试剂邻苯二甲酸氢钾，加无二氧化碳的水溶解，加 2 滴酚酞指示液（10g/L）。用配制好的氢氧化钠溶液滴定至呈粉红色，并保持 30s，同时做空白试验。

表 2-8　氢氧化钠标定

氢氧化钠标准溶液的 浓度 $c(HCl)/(mol/L)$	工作基准试剂邻苯二甲 酸氢钾的质量 m/g	无二氧化碳水的 体积 V/mL
1	7.5	80
0.5	3.6	80
0.1	0.75	50

氢氧化钠标准溶液的浓度 $[c(NaOH)]$，数值以摩尔每升（mol/L）表示，按下式计算：

$$c(NaOH)=\frac{m\times 1000}{(V_1-V_2)M}$$

式中　m——邻苯二甲酸氢钾的质量，g；

V_1——氢氧化钠溶液的体积，mL；

V_2——空白试验氢氧化钠溶液的体积，mL；

M——邻苯二甲酸氢钾的摩尔质量，g/mol $[M(KHC_8H_4O_4)=204.22g/mol]$。

第五节　酸碱滴定法的应用

一、一元酸碱的滴定及应用

1. 强碱（酸）滴定强酸（碱）

酸碱指示剂选择恰当与否会直接影响滴定结果的准确度。选择了合适的指示剂，就能减小酸碱滴定过程中的终点误差。而指示剂的变色与溶液的 pH 有关，因此有必要研究滴定过程中溶液 pH 的变化，特别是化学计量点附近溶液 pH 的改变，从而选择一个刚好能在化学计量点附近变色的指示剂。以酸碱加入的体积（或被滴定的百分数）为横坐标，溶液的 pH 为纵坐标，描绘滴定过程中溶液 pH 的变化情况的曲线，称为酸碱滴定的曲线。

2. 一元强酸强碱的相互滴定

以 0.1000mol/L NaOH 溶液滴定 20.00mL 0.1000mol/L 的 HCl 溶液为例，绘制滴定曲线，介绍酸碱滴定过程。其反应为：

$$NaOH+HCl\Longrightarrow NaCl+H_2O$$

滴定过程分为四个阶段。

（1）滴定前　溶液的 pH 由 HCl 酸度决定。$c(H^+)=c(HCl)=0.1000mol/L$，pH=1.00。

（2）滴定开始至化学计量点前 0.1% 处　溶液的 pH 由剩余的 HCl 酸度决定：

$$c(H^+)=c[HCl(剩余)]=\frac{c(HCl)V[HCl(剩余)]}{V(总)}$$

由于 $c(\mathrm{HCl})=c(\mathrm{NaOH})$，所以 $c(\mathrm{H^+})=\dfrac{c[V(\mathrm{HCl})-V(\mathrm{NaOH})]}{V(\mathrm{HCl})+V(\mathrm{NaOH})}$。

当加入 NaOH 溶液 19.98mL 时

$$c(\mathrm{H^+})=\frac{20.00\times0.1000-19.98\times0.1000}{20.00+19.98}=5.0\times10^{-5}(\mathrm{mol/L})$$

$$\mathrm{pH}=4.30$$

由滴定开始至化学计量点前 0.1% 处与其他各点的 pH 用同样的方法计算。

(3) 化学计量点时　溶液的 pH 由生成的中和产物 NaCl 和 $\mathrm{H_2O}$ 决定。此时溶液呈中性，溶液中的 $c(\mathrm{H^+})=c(\mathrm{OH^-})=10^{-7}\mathrm{mol/L}$，$\mathrm{pH}=7.00$。

(4) 化学计量点后　溶液的 pH 由过量的 NaOH 决定

$$c(\mathrm{OH^-})=\frac{c(\mathrm{NaOH})\times V(\mathrm{NaOH})-c(\mathrm{HCl})V(\mathrm{HCl})}{V(\mathrm{NaOH})+V(\mathrm{HCl})}$$

由于 $c(\mathrm{HCl})=c(\mathrm{NaOH})$，所以，$c(\mathrm{OH^-})=\dfrac{c[V(\mathrm{NaOH})-V(\mathrm{HCl})]}{V(\mathrm{NaOH})+V(\mathrm{HCl})}$

计算 20.02mL NaOH 溶液时的 pH。

$$c(\mathrm{OH^-})=\frac{20.02\times0.1000-20.00\times0.1000}{20.02+20.00}=5.0\times10^{-5}(\mathrm{mol/L})$$

$$\mathrm{pOH}=4.30,\text{则 }\mathrm{pH}=9.70。$$

以同样的方法再计算其他各点的 pH。将数据列于表 2-9 中。

表 2-9　0.1000mol/L NaOH 滴定 20.00mL、0.1000mol/L HCl 溶液的 pH 变化

加入 NaOH 的体积/mL	HCl 被滴定百分数/%	$c(\mathrm{H^+})$	pH	备注
0.00	0.00	1.00×10^{-1}	1.00	
18.00	90.00	5.26×10^{-3}	2.28	
19.80	99.00	5.03×10^{-4}	3.30	
19.98	99.90	5.00×10^{-5}	4.30	
20.00	100.00	1.00×10^{-7}	7.00	
20.02	100.1	2.00×10^{-10}	9.70	
20.20	101.0	2.01×10^{-11}	10.70	
22.00	110.0	2.10×10^{-12}	11.68	
40.00	200.0	3.00×10^{-13}	12.52	

以 HCl 溶液被滴定的百分数为横坐标，以其对应的 pH 为纵坐标，绘制滴定曲线。如图 2-1 中实线。可以看出：在滴定过程中的不同阶段，加入单位体积的滴定剂，溶液 pH 变化的快慢是不相同的。滴定开始时，曲线比较平坦，随着 NaOH 不断滴入，pH 逐渐增大，当 NaOH 的加入量从 19.98mL 到 20.02mL，仅 0.04mL（约一滴溶液），溶液的 pH 由 4.30 急剧升高到 9.70，改变了 5.4 个单位。人们把化学计量点前后相对误差为 ±0.1% 的溶液 pH 变化范围，称酸碱滴定的突跃范围。滴定突跃范围是选择指示剂的依据：在滴定突跃范围之内的指示剂，均可作为该滴定的指示剂。对 0.1000mol/L NaOH 滴定 0.1000mol/L HCl 溶液来说，酚酞（8.0～10.0）、甲基橙（3.1～4.4）、甲基红（4.4～6.2）均可作为该滴定的指示剂。如果使用 0.1000mol/L HCl 滴定等浓度的 NaOH 如图 2-1 中虚线，滴定曲线与前者方向相反，呈对称。

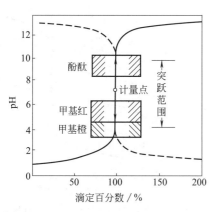 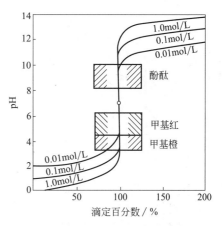

图 2-1　NaOH 与 HCl 的滴定曲线　　图 2-2　浓度对强酸强碱滴定突跃范围的影响

　　滴定突跃范围的大小与滴定剂和被滴定溶液的浓度有关，如图 2-2。酸碱溶液浓度越大，突跃范围也越大，可供选择的指示剂越多。但浓度太大，在化学计量点附近少加或多加半滴酸（碱）产生的误差较大，并且标准溶液及样品实际的消耗量也较大，造成不必要的浪费；反之，酸碱浓度越稀，突跃范围越小，太小难以找到合适的指示剂，通常把标准溶液的浓度控制在 0.01～1.00mol/L。

3. 强碱滴定弱酸

　　强碱（酸）滴定一元弱酸（碱）也可把滴定过程分为滴定前、化学计量点前、化学计量点时和化学计量点后四个阶段进行讨论。以 0.1000mol/L NaOH 溶液滴定 20.00mL 的 0.1000mol/L HAc（$K_a = 1.8 \times 10^{-5}$）溶液为例，将滴定过程中各点的 pH 列于表 2-10 中。滴定曲线见图 2-3。

表 2-10　NaOH 溶液滴定 HAc 溶液 pH 的变化

加 NaOH 体积/mL	HAc 被滴定的百分数/%	溶液组成	pH
0.00	0.00	HAc	2.88
18.00	90.00	HAc+ Ac$^-$	5.71
19.98	99.90	HAc+ Ac$^-$	7.76
20.00	100.00	Ac$^-$	8.73
20.02	100.1	OH$^-$ + Ac$^-$	9.70
20.20	101.0	OH$^-$ + Ac$^-$	10.70
22.00	110.0	OH$^-$ + Ac$^-$	11.68
40.00	200.0	OH$^-$ + Ac$^-$	12.52

　　比较强碱滴定一元强酸和强碱滴定一元弱酸的滴定曲线可以看出：

　　(1) 滴定前　弱酸的 pH 比强酸高，这是由于 HAc 解离出的 H$^+$ 比同浓度的 HCl 少。

　　(2) 滴定开始至化学计量点前 0.1% 处　曲线变化较复杂。其间溶液组成为 HAc 和 Ac$^-$，属于缓冲体系。但曲线两端的缓冲比值或者很大（>10∶1），或者很小（<1∶10），所以缓冲能力小，随着 NaOH 的加入，pH 变化明显；而曲线中段，缓冲比接近于 1∶1，缓冲能力大，曲线变化幅度不大。

　　(3) 化学计量点时　因滴定产物 NaAc 的水解，溶液呈碱性，理论终点的 pH 不为 7.00，

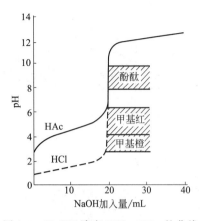

图 2-3　NaOH 滴定 HCl、HAc 的曲线

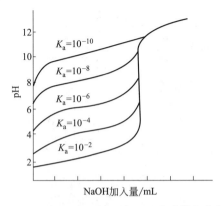

图 2-4　NaOH 与不同 K_a 一元弱酸滴定曲线

而是 8.73，被滴定的酸越弱，化学计量点的 pH 越大。

（4）化学计量点附近　溶液 pH 发生突跃，滴定突跃的 pH 范围为 7.76～9.70。改变不到 2 个 pH 单位，突跃范围减小，且突跃范围处于碱性范围内，只能选择酚酞、百里酚酞等在弱碱性范围内变色的指示剂，甲基红已不能使用。

与强酸强碱相互间的滴定类似，用强碱滴定弱酸的滴定突跃范围也与溶液的浓度有关。浓度越大，滴定突跃范围越大，浓度越小滴定突跃范围也越小（见图 2-4）。除此之外，还与弱酸的解离常数 K_a 有关，如图 2-4。当弱酸浓度一定时，弱酸的 K_a 值越小，滴定突跃范围越小，甚至不能用合适的指示剂确定终点。因此强碱滴定弱酸是有条件的，当 $cK_a \geqslant 10^{-8}$ 时，滴定曲线才能有较明显的突跃，此可作为弱酸能否被强碱溶液准确滴定的条件。

4. 强酸滴定弱碱

强酸滴定一元弱碱的情况与强碱滴定一元弱酸的情况相似。在滴定过程中溶液 pH 的变化方向及滴定曲线的形状正好相反。强酸滴定弱碱的突跃范围也较小，化学计量点落在弱酸性区域，应选用在弱酸性范围内变色的指示剂。

如用 HCl 溶液滴定 $NH_3 \cdot H_2O$，其滴定曲线与 NaOH 滴定 HAc 相似，但 pH 的变化方向相反。由于反应的产物是 NH_4^+，化学计量点时溶液呈酸性，滴定的突越在酸性范围内（pH=4.3～6.3），甲基橙、甲基红等都可以作指示剂。

但是需要注意，如同强碱滴定弱酸那样，弱碱的碱性太弱或者浓度太低也是不能直接被滴定的，只有当 $cK_b \geqslant 10^{-8}$ 时，才能被准确滴定。

二、多元酸碱的滴定及应用

由于多元弱酸（碱）存在分步解离，其滴定较为复杂。多元酸碱滴定应考虑：①多元酸碱是分步解离的，滴定反应也能分步进行吗？②能准确滴定至哪一级？③化学计量点的 pH 如何计算？④怎样选择指示剂确定滴定终点？在多元酸碱中能实现分级滴定的极少，有些多元酸碱可以按总量滴定。

1. 多元酸、混合酸的滴定

以常见的三元酸磷酸为例讨论如下。

现以 NaOH 溶液滴定 H_3PO_4 溶液为例。三元酸 H_3PO_4 的解离平衡如下：

$$H_3PO_4 \Longrightarrow H^+ + H_2PO_4^- \quad K_{a1} = 7.5 \times 10^{-3}, pK_{a1} = 2.12$$

$$H_2PO_4^- \Longrightarrow H^+ + HPO_4^{2-} \quad K_{a2} = 6.3 \times 10^{-8}, pK_{a2} = 7.20$$

$$HPO_4^{2-} \Longrightarrow H^+ + PO_4^{3-} \qquad K_{a3} = 4.4 \times 10^{-13}, pK_{a3} = 12.36$$

NaOH 标准溶液滴定 H_3PO_4 溶液时，能否进行分步滴定？

第一步 NaOH 将 H_3PO_4 定量中和至 $H_2PO_4^-$：

$$H_3PO_4 + NaOH \Longrightarrow NaH_2PO_4 + H_2O$$

第二步 NaOH 再将 $H_2PO_4^-$ 中和至 HPO_4^{2-}：

$$NaH_2PO_4 + NaOH \Longrightarrow Na_2HPO_4 + H_2O$$

能否在第一步中和反应定量完成后才开始第二步中和反应，这取决于 K_{a1} 和 K_{a2} 的比值。如果 $K_{a1}/K_{a2} > 10^5$，则用 NaOH 溶液滴定多元酸时，出现第一个滴定突跃，完成第一步反应；同样地，如果 $K_{a2}/K_{a3} > 10^5$，则出现第二个滴定突跃，完成第二步反应。对于 H_3PO_4 而言，$K_{a1}/K_{a2} = 10^{5.08}$，$K_{a2}/K_{a3} = 10^{5.6}$，比值都大于 10^5，即 NaOH 滴定 H_3PO_4 的反应可以分步进行。

但在实际滴定中，能否完全如上述两反应式所示，即全部 H_3PO_4 反应生成 $H_2PO_4^-$ 后，$H_2PO_4^-$ 才开始反应生成 HPO_4^{2-}？当 pH = 4.7 时，$H_2PO_4^-$ 占 99.4%，还同时存在的另两种形式 H_3PO_4 和 HPO_4^{2-} 各约占 0.3%，即当还有约 0.3% 的 H_3PO_4 尚未被中和为 $H_2PO_4^-$ 时，已有约 0.3% 的 $H_2PO_4^-$ 被中和为 HPO_4^{2-}。因此，严格地说，两步中和反应是稍有交叉地进行，但对于一般的分析工作而言，多元酸滴定准确度的要求不是太高，其误差也在允许范围之内，所以可认为 H_3PO_4 能进行分步滴定。

与滴定一元弱酸相类似，多元弱酸能被准确滴定至某一级，也决定于酸的浓度与酸的某级解离常数的乘积，当满足 $cK_{ai} > 10^{-8}$ 时，就能够被准确滴定至那一级。对于 H_3PO_4，其 K_{a1}、K_{a2} 都大于 10^{-7}，当酸的浓度大于 0.1mol/L 时，H_3PO_4 的第一、第二级 H^+ 都能被直接滴定，但 H_3PO_4 的 K_{a3} 为 $10^{-12.36}$，HPO_4^{2-} 就不可能直接被滴定至 PO_4^{3-}，因此不会出现第三个滴定突跃。

图 2-5 给出了由电位滴定法绘制的曲线。与 NaOH 滴定一元弱酸相比，此曲线显得较为平坦，这是由于在滴定过程中溶液先后形成 H_3PO_4-$H_2PO_4^-$ 和 $H_2PO_4^-$-HPO_4^{2-} 两个缓冲体系的缘故。

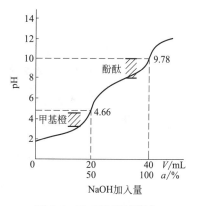

图 2-5　NaOH 溶液滴定
H_3PO_4 溶液的滴定曲线

通常，分析工作者只计算化学计量点的 pH，并据此选择合适的指示剂。

NaOH 溶液滴定 H_3PO_4 至第一化学计量点时，溶液组成主要为 $H_2PO_4^-$，是两性物质，用最简式计算 H^+ 浓度：

第一化学计量点

$$\begin{aligned} [H^+] &= \sqrt{K_{a1}K_{a2}} = \sqrt{10^{-2.12} \times 10^{-7.20}} \\ &= 10^{-4.66} (mol/L) \\ pH &= 4.66 \end{aligned}$$

同理，对于第二化学计量点时的主要存在形式 HPO_4^{2-}，也是两性物质，其

$$\begin{aligned} [H^+] &= \sqrt{K_{a2}K_{a3}} = \sqrt{10^{-7.20} \times 10^{-12.36}} \\ &= 10^{-9.78} (mol/L) \end{aligned}$$

$$pH = 9.78$$

第一化学计量点可以选择甲基橙（由橙色~黄色）或甲基红（由红色~橙色）作指示剂。但用甲基橙时终点出现偏早，最好选用溴甲酚绿和甲基橙混合指示剂，其变色点 pH＝4.3，可较好地指示第一化学计量点的到达。

同理，对于第二化学计量点，最好选用酚酞和百里酚酞混合指示剂，因其变色点 pH＝9.9，在终点时变色明显。

案例分析 2-1　工业硫酸纯度的测定
（参考 GB/T 534—2014）

（1）测定原理　以甲基红-亚甲基蓝为指示剂，用氢氧化钠标准溶液中和滴定，测得硫酸的质量分数。

（2）试剂

① 氢氧化钠标准溶液 $c(NaOH)＝0.5mol/L$。

② 甲基红-亚甲基蓝混合指示剂。

（3）分析步骤　用已称量的带磨口盖的小称量瓶称取约 0.7g 试样，精确到 0.0001g，将称量瓶中的试样小心移入盛有 50mL 水的 250mL 锥形瓶中，冷却至室温。向试液中加入 2~3 滴甲基红-亚甲基蓝混合指示剂，用氢氧化钠标准溶液滴定至溶液呈灰绿色为终点。

（4）结果计算　浓硫酸中硫酸（H_2SO_4）的质量分数 w 按下式计算

$$w = \frac{VcM}{2000m} \times 100\% \tag{2-1}$$

式中　V——滴定时耗用氢氧化钠标准溶液的体积，mL；

　　　c——氢氧化钠标准溶液的浓度，mol/L；

　　　M——硫酸的摩尔质量，g/mol；

　　　m——试样的质量，g。

取平行测定结果的算术平均值为测定结果，平行测定结果的绝对误差应不大于 0.20%。

案例分析 2-2　工业冰醋酸总酸度检验
（参考 GB/T 1628—2008）

（1）方法提要　以酚酞为指示剂，用氢氧化钠标准溶液中和滴定，计算时扣除甲酸含量。

（2）试剂

① 氢氧化钠标准溶液 $c(NaOH)＝1mol/L$。

② 酚酞指示液 5g/L。

（3）分析步骤　用容量约 3mL 具塞称量瓶称取约 2.5g 试样，精确至 0.0002g，置于已盛有 50mL 无二氧化碳水的 250mL 锥形瓶中，并将称量瓶盖摇开，加 0.5mL 酚酞指示剂，用氢氧化钠标准溶液滴定至微粉色，保持 5s 不褪色为终点。

（4）结果计算　乙酸的质量分数 w_1，可按式（2-2）计算

$$w_1 = \frac{\left(\dfrac{V}{1000}\right)cM}{m} \times 100\% - 1.305 w_2 \tag{2-2}$$

式中　V——试样消耗氢氧化钠标准溶液的体积，mL；

　　　c——氢氧化钠标准溶液的浓度，mol/L；

　　　m——试样的质量，g；

　　M——乙酸的摩尔质量，g/mol（$M=60.05$g/mol）；

　1.305——甲酸换算为乙酸的换算系数；

　　w_2——甲酸的质量分数，%。

　　取两次平行测定结果的算术平均值为测定结果，两次平行测定结果的绝对误差不大于0.15%。

案例分析 2-3　工业冰醋酸中甲酸含量的测定

（参考 GB/T1628—2008）

（1）方法提要　总还原物的测定：过量的次溴酸钠溶液氧化试样中的甲酸和其他还原物，剩余的次溴酸钠用碘量法测定。

除甲酸外其他还原物的测定：在酸性介质中，过量的溴化钾-溴酸钾氧化除甲酸外的其他还原物，剩余的溴化钾-溴酸钾用碘量法测定。

甲酸含量由两步测定值之差求得。

反应式：

$$HCOOH+NaBrO = NaBr+CO_2\uparrow +H_2O$$
$$NaBrO+2KI+2HCl = 2KCl+NaBr+H_2O+I_2$$
$$2Na_2S_2O_3+I_2 = Na_2S_4O_6+2NaI$$

（2）试剂

① 盐酸溶液　1+4。

② 碘化钾溶液　250g/L。

③ 次溴酸钠溶液　$c(1/2NaBrO)=0.1$mol/L。吸取 2.8mL 溴置于盛有 500mL 水和 100mL 80g/L 的氢氧化钠溶液的 1000mL 容量瓶中，振荡至全部溶解，用水稀释至刻度并混匀，贮于棕色瓶中，保存在阴暗处，两天后使用。

④ 溴化钾-溴酸钾溶液　$c(1/6KBrO_3)=0.1$mol/L。称取 10g 溴化钾和 2.78g 溴酸钾于盛有 200mL 的 1000mL 容量瓶中溶解后，用水稀释至刻度并摇匀。

⑤ 硫代硫酸钠标准滴定溶液　$c(Na_2S_2O_3)=0.1$mol/L。

⑥ 淀粉指示液　10g/L。

（3）仪器

① 锥形瓶　容量 500mL，耐真空。

② 滴液漏斗　容量 100mL，耐真空。

③ 真空泵或水流泵　维持真空度 1×10^4Pa 以下。

甲酸含量测定仪器装配图如图 2-6 所示。

（4）分析步骤

① 总还原物的测定　将滴液漏斗 2 按图 2-6 置于盛有 80mL 水的锥形瓶 3 上，打开滴液漏斗活塞，用泵抽取能吸入 200mL 液体的真空度（参考真空度：7.5×10^4Pa 以下），关闭滴液漏斗活塞，拔出连接泵的活塞，通过滴液漏斗吸入用移液管吸取的 25mL 次溴酸钠溶液，每次用 5mL 水冲洗滴液漏斗，冲洗两次，再通过滴液漏斗吸入用移液管吸取的 10mL 试样，每次仍用 5mL 水冲洗滴液漏斗，冲洗两次。混匀，在室温下静置 10min，然后通过滴液漏斗吸入 5mL 碘化钾溶液和 20mL 盐酸溶液，剧烈振摇 30s 打开滴液漏斗活塞，取下滴液漏斗，加 50mL 水于锥形瓶中，

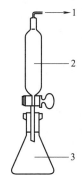

图 2-6　甲酸含量测定仪
1—接真空泵；2—滴液漏斗；
3—锥形瓶

用硫代硫酸钠标准溶液滴定至溶液呈浅黄色时，加约 2mL 淀粉指示剂，继续滴定至蓝色刚好消失为终点。

② 除甲酸外其他还原物的测定　移取 25mL 溴化钾-溴酸钾溶液于已盛有 90mL 水的锥形瓶中，将滴液漏斗按照图 2-6 置于锥形瓶上，打开活塞，用泵抽取能吸入 200mL 液体的真空度（参考真空度：7.5×10^4 Pa 以下），关闭滴液漏斗活塞，拔出连接泵的活塞，通过滴液漏斗吸入用移液管吸取的 10mL 试样，每次仍用 5mL 水冲洗滴液漏斗，冲洗两次。再吸入 10mL 盐酸溶液，混匀，在室温下静置 10min，然后通过滴液漏斗吸入 5mL 碘化钾溶液和 50mL 水混匀后，打开滴液漏斗活塞，取下滴液漏斗，用硫代硫酸钠标准溶液滴定至溶液呈浅黄色时，加约 2mL 淀粉指示剂，继续滴定至蓝色刚好消失为终点。

③ 在测定的同时，按与测定相同的步骤，对不加试样（用 10mL 水代替试样）使用相同数量的试剂溶液做空白试验。

（5）结果计算　甲酸的质量分数 w_2，按式（2-3）计算：

$$w_2 = \left(\frac{V_0 - V_1}{V_4 \rho} - \frac{V_2 - V_3}{V_5 \rho} \right) \times c \times \frac{1}{1000} \times M \times 100\% \tag{2-3}$$

式中　V_0——总还原物测定中空白试验消耗硫代硫酸钠标准溶液的体积，mL；

V_1——总还原物测定中试样消耗硫代硫酸钠标准溶液的体积，mL；

V_2——除甲酸外其他还原物的测定中空白试验消耗硫代硫酸钠标准溶液的体积，mL；

V_3——除甲酸外其他还原物的测定中试样消耗硫代硫酸钠标准溶液的体积，mL；

c——硫代硫酸钠标准滴定溶液的浓度，mol/L；

V_4——测定总还原物所取试样的体积，mL；

V_5——测定除甲酸外其他还原物所取试样的体积，mL；

ρ——试样 20℃ 时的密度，g/cm³；

M——甲酸（1/2CH₂O₂）的摩尔质量，g/mol，$[M(1/2CH_2O_2) = 23.01 \text{g/mol}]$。

取两次平行测定结果的算术平均值为测定结果，两次平行测定结果之差不大于 0.005%。

2. 多元碱、混合碱的滴定

烧碱 NaOH 在生产和贮藏时，能吸收空气中的 CO_2 生成 Na_2CO_3，食用纯碱 Na_2CO_3 常作为添加剂或酸碱调节剂应用于食品工业，在制造和存放中常有副产品 $NaHCO_3$。NaOH 和 Na_2CO_3，Na_2CO_3 和 $NaHCO_3$ 均称为混合碱。

在混合酸碱中能进行分别滴定的不多，其中最有实际意义又能达到一定准确程度的是混合碱的测定。

多元弱碱的滴定，当 $K_{b1}/K_{b2} > 10^4$ 时，可以分步滴定；当 $cK_{bi} > 10^{-8}$ 时，则多元碱能够被滴定至 i 级。

分析实验室中常采用 Na_2CO_3 基准物质标定 HCl 溶液的浓度，就是一个最好的强酸滴定多元碱的实例。

假定 $c(Na_2CO_3) = 0.1000 \text{mol/L}$。$Na_2CO_3$ 在水中的解离反应为：

$$CO_3^{2-} + H_2O \xrightleftharpoons{K_{b1}} HCO_3^- + OH^-$$

$$K_{b1} = K_w/K_{a2} = 1.8 \times 10^{-4}$$

$$HCO_3^- + H_2O \xrightleftharpoons{K_{b2}} H_2CO_3 + OH^- \qquad K_{b2} = K_w/K_{a1} = 2.4 \times 10^{-8}$$

由于 $K_{b1}/K_{b2}=10^{3.88}\approx10^4$，勉强可以分步滴定，但是确定第二化学计量点的准确度稍差。HCl 溶液滴定 Na_2CO_3 溶液的滴定曲线如图 2-7 所示。从图可见，用 HCl 溶液滴定 Na_2CO_3 到达第一化学计量点时，生成 $NaHCO_3$，属两性物质。此时 pH 可按下式计算：

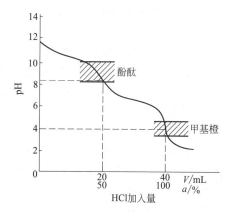

$$[H^+]=\sqrt{K_{a1}K_{a2}}=\sqrt{4.2\times10^{-7}\times5.6\times10^{-11}}$$
$$=4.85\times10^{-9}(mol/L)$$
$$即 pH=8.31$$

第二化学计量点时，产物为 H_2CO_3（CO_2+H_2O），其饱和溶液的浓度约为 0.04mol/L。

图 2-7 HCl 溶液滴定 Na_2CO_3 溶液的滴定曲线

$$[H^+]=\sqrt{cK_{a1}}=\sqrt{0.04\times4.2\times10^{-7}}$$
$$=1.3\times10^{-4}(mol/L)$$
$$即 pH=3.89$$

根据指示剂选择的原则，上述情况第一化学计量点时可选用酚酞为指示剂，第二化学计量点宜选择甲基橙作指示剂。

但是，在滴定中以甲基橙为指示剂时，因过多产生 CO_2，可能会使滴定终点出现过早，变色不敏锐，因此快到第二化学计量点时应剧烈摇动，必要时可加热煮沸溶液以除去 CO_2，冷却后再继续滴定至终点，以提高分析的准确度。

案例分析 2-4　工业氢氧化钠中氢氧化钠、碳酸钠含量的测定
（参考 GB/T 4348.1—2013）

1. 原理

（1）氢氧化钠含量的测定原理　试样溶液中加入氯化钡，将碳酸钠转化为碳酸钡沉淀，然后以酚酞为指示液，用盐酸标准溶液滴定至终点，反应如下：

$$Na_2CO_3+BaCl_2 =\!\!= BaCO_3\downarrow+2NaCl$$
$$NaOH+HCl =\!\!= NaCl+H_2O$$

（2）碳酸钠含量的测定原理　试样溶液以溴甲酚绿-甲基红混合液为指示剂，用盐酸标准溶液滴定至终点，测得氢氧化钠和碳酸钠总和，再减去氢氧化钠含量，则可测得碳酸钠含量。

2. 试剂

（1）一般规定　本方法所用试剂和水，在没有注明其他要求时，均指分析纯试剂和 GB/T 6682—2008《分析实验室用水规格和试验方法》中规定的三级水（不含二氧化碳）或相当纯度的水。

试验中所需标准溶液、制剂及制品，在没有其他规定时，均按 GB/T 601—2016《化学试剂　标准滴定溶液的制备》、GB/T 603—2002《化学试剂　试验方法中所用制剂及制品的制备》之规定制备。

（2）氯化钡溶液　100g/L。使用前，以酚酞（10g/L）为指示剂，用氢氧化钠标准溶液调至微红色。

（3）盐酸标准滴定溶液　$c(HCl)=1mol/L$。

（4）酚酞指示液　10g/L。

（5）溴甲酚绿-甲基红指示剂。

3.仪器

一般实验室仪器和以下仪器。

（1）单刻度吸量管　容量 50mL，A 类。

（2）滴定管　容量 50mL，有 0.1mL 的分度值，A 类。

（3）磁力搅拌器。

4.分析步骤

（1）试样溶液的制备　用称量瓶迅速称取固体氢氧化钠（30±1）g 或液体氢氧化钠（50±1）g（精确至 0.01g），将已称取的样品置于已盛有约 300mL 水的 1000mL 容量瓶中，加水，溶解。冷却至室温，稀释至刻度，摇匀。

（2）氢氧化钠含量的测定　用单刻度吸量管移取 50mL 试样溶液，注入 250mL 锥形瓶中，加入 10mL 氯化钡溶液，加入 2～3 滴酚酞指示剂，在磁力搅拌器搅拌下，用盐酸标准溶液滴定至微红色为终点。记下滴定所消耗的盐酸标准溶液的体积（V_1）。

（3）氢氧化钠和碳酸钠含量的测定　用单刻度吸量管移取 50mL 试样溶液，注入 250mL 锥形瓶中，加 10 滴溴甲酚绿-甲基红指示剂，在磁力搅拌器搅拌下，用盐酸标准溶液滴定至暗红色为终点。记下滴定所消耗的盐酸标准溶液的体积（V_2）。

5.结果计算

① 氢氧化钠含量以质量分数 w_1 计，数值以％表示，按下式计算：

$$w_1 = \frac{\left(\dfrac{V_1}{1000}\right)cM_1}{\dfrac{m \times 50}{1000}} \times 100 = \frac{2V_1 cM_1}{m}$$

② 碳酸钠含量以碳酸钠（Na_2CO_3）质量分数 w_2 计，数值以％表示，按下式计算：

$$w_2 = \frac{\dfrac{(V_2 - V_1)}{1000} \times \dfrac{cM_2}{2}}{\dfrac{m \times 50}{1000}} \times 100 = \frac{(V_2 - V_1)cM_2}{m}$$

式中　V_1——测定氢氧化钠含量所消耗的盐酸标准溶液的体积，mL；

　　　　V_2——测定氢氧化钠和碳酸钠总量所消耗的盐酸标准溶液的体积，mL；

　　　　c——盐酸标准溶液的浓度，mol/L；

　　　　m——试样的质量，g；

　　　　M_1——氢氧化钠的摩尔质量，g/mol（$M_1 = 40.00$g/mol）；

　　　　M_2——碳酸钠的摩尔质量，g/mol（$M_2 = 105.98$g/mol）。

③ 允许差　平行测定结果的绝对值之差不超过下列数值：氢氧化钠（NaOH），0.1％；碳酸钠（Na_2CO_3），0.05％。

取平行测定结果的算术平均值为测定结果。

6.试验报告

试验报告应包括以下内容：

① 识别测试样品所需的全部信息；

② 使用的标准；

③ 试验结果，包括各单次试验结果和它们的算术平均值；

④ 与规定的分析步骤的差异；

⑤ 试验中观察到的异常现象说明；

⑥ 试验日期。

三、非水溶液中的酸碱滴定

酸碱滴定一般是在水溶液中进行的，但是有一部分有机试样难溶于水；有些弱酸（弱碱）在 $cK_a \leqslant 10^{-8}(cK_b \leqslant 10^{-8})$ 时，也不可能在水溶液中用碱（酸）直接滴定。因此可以考虑采用非水溶剂体系滴定，称为非水溶液中的酸碱滴定。

1. 溶剂的分类及其作用

非水溶剂种类很多，根据质子理论可将溶剂分为下列几类：

（1）质子性溶剂　有一些极性较强的溶剂比较容易放出或接受质子，故称为质子性溶剂。它包括酸性溶剂、碱性溶剂和两性溶剂。

① 酸性溶剂　放出质子倾向较强的溶剂，称为酸性溶剂，又叫疏质子溶剂。如甲酸、醋酸、丙酸、硫酸等属于这类，其中用得最多的是冰醋酸。酸性溶剂适于作为滴定弱碱性物质的介质。

② 碱性溶剂　接受质子倾向较强的溶剂，称为碱性溶剂，又叫亲质子溶剂。如乙二胺、乙酸铵、丁胺、二甲基甲酰胺等为常用的碱性溶剂。滴定弱酸时常用这类溶剂作介质。

③ 两性溶剂　两性溶剂既能给出质子表现为酸，又能接受质子表现为碱。其得失质子能力相当，其酸碱性与水相似。最典型的两性溶剂是甲醇、乙醇等。

（2）惰性溶剂　惰性溶剂与溶质之间几乎不发生质子的传递，它们的酸碱性都很微弱。如苯、氯仿、丙酮等。

非水溶剂的作用与水溶液中水的作用相同，均起到传递质子的作用。而物质酸碱性的强弱与物质本身的性质及溶剂的酸碱性有关。同一种物质在不同的溶剂中，酸碱性的强度是不同的，如吡啶在水中是极弱的碱，不能直接被酸滴定，但是如果以冰醋酸作溶剂，则吡啶的碱性增强，就可以直接被酸滴定。

2. 非水溶液滴定条件的选择

（1）溶剂的选择　非水滴定时，根据滴定需要选择合适的溶剂，滴定弱酸时，选用碱性溶剂，滴定弱碱时，则选用酸性溶剂。同时溶剂还应有一定的纯度、价廉、安全、易回收、环保、黏度小、不易挥发等优点。

（2）滴定剂的选择　在非水介质中进行酸碱滴定时，通常选用强酸、强碱作为滴定剂。滴定碱时，常选用高氯酸的冰醋酸溶液；滴定酸时，常用甲醇钠或者甲醇钠的苯-甲醇溶液。

3. 非水滴定的应用

非水滴定法主要用于解决水中不能滴定的弱酸、弱碱和不溶性样品的测定，广泛用于生物、医药、有机分析等领域。

（1）酸的滴定

① 羧酸、酚类、磺酰胺类化合物　利用碱性溶剂增强酸性后，用标准碱滴定。如一些不太弱的酚类可在醇中以酚酞作为指示剂，用氢氧化钾滴定；一些高级羧酸在水中 pK_a 约为 5～6，由于滴定时有泡沫使终点模糊，可在苯-甲醇混合试剂中用甲醇钠滴定。

② 不太弱的羧酸　用醇类作溶剂。

③ 弱酸和极弱酸　用乙二胺、二甲基甲酰胺等碱性溶剂。

④ 混合酸的区分　以甲基异丁酮为区分性溶剂，也可用混合溶剂如甲醇-苯、甲醇-丙酮等。常用的碱标准溶液为甲醇钠的苯-甲醇溶液、氢氧化四丁基铵等。

（2）碱的滴定　滴定弱碱应选用酸性溶剂，增强弱碱的强度，使滴定突跃明显。

冰乙酸是最常用的酸性溶剂。滴定碱的标准溶液常采用高氯酸的冰乙酸溶液。因为高氯酸在冰乙酸中有较强的酸性，且大多数有机碱的高氯酸盐易溶于有机溶剂，有利于滴定反应的进行。如胺类、氨基酸类、含氮杂环化合物、某些有机碱的盐及弱酸盐等，大都可用高氯酸标准溶液进行滴定。

（3）应用实例　醋酸钠含量的测定（非水滴定）。

案例分析 2-5　食品添加剂乙酸钠含量的测定
（参考　GB 30603—2014）

（1）试剂和材料

① 冰乙酸。

② 高氯酸标准溶液　$c(HClO_4) = 0.1mol/L$。

③ 结晶紫指示剂　2g/L。

（2）分析步骤　称取 0.2g 干燥后的样品，精确至 0.0001g，加 40mL 冰乙酸溶解，用高氯酸标准溶液滴定，用电位指示终点。当用指示剂判断终点时，加几滴结晶紫指示剂，溶液由紫色变为亮蓝绿色即为终点。在测定的同时，按与测定相同的步骤，对不加样品而使用相同数量的试剂溶液做空白试验。

（3）结果计算　乙酸钠（CH_3COONa）的质量分数 w，数值以％表示，按下式计算：

$$w = \frac{(V_1 - V_0)cM}{m \times 1000} \times 100$$

式中　V_0——空白试验消耗高氯酸标准溶液的体积，mL；

　　　V_1——样品消耗高氯酸标准溶液的体积，mL；

　　　c——高氯酸标准溶液的浓度，mol/L；

　　　M——乙酸钠的摩尔质量，g/mol（$M = 82.03g/mol$）；

　　　m——样品的质量，g；

　　1000——换算因子。

第三章

配位滴定法

配位滴定法是以配位反应为基础的滴定分析方法，亦称络合滴定。其中广泛使用的配位滴定剂是含有氨基二乙酸 [—N(CH₂COOH)₂] 基团的氨羧配位剂，它们与多数金属离子生成 1：1 的配合物（也称螯合物），化学计量关系单一，而且稳定性高。在目前 30 余种氨羧配位剂中，乙二胺四乙酸最为常用，用 H_4Y 表示。

第一节　乙二胺四乙酸的性质及其配合物的稳定性

一、乙二胺四乙酸的性质及其配合物

1. 氨羧配体化合物

在化学反应中，配位反应是非常普遍的。氨羧配体是一类含有以氨基二乙酸基团 [—N(CH₂COOH)₂] 为基体的有机配体，它含有配位能力很强的氨氮和羧氧两种配位原子，能与多数金属离子形成非常稳定且组成一定的配合物，可以直接或间接测定多种元素。利用氨羧配体进行定量分析的方法又称为氨羧配位滴定。氨羧配体的种类比较多，最常用的是乙二胺四乙酸（ethylene diamine tetraacetic acid，EDTA），其结构式为：

$$HOOCH_2C \diagdown \diagup CH_2COOH$$
$$N-CH_2-CH_2-N$$
$$HOOCH_2C \diagup \diagdown CH_2COOH$$

2. 乙二胺四乙酸及其二钠盐

乙二胺四乙酸是一种四元酸，用 H_4Y 表示。由于它在水中的溶解度很小（22℃时，溶解度为 0.02g/100mL），故常用它的二钠盐 $Na_2H_2Y \cdot 2H_2O$（一般也简称 EDTA）。后者的溶解度大（22℃时，溶解度为 11.1g/100mL），其饱和水溶液的浓度约为 0.3mol/L，pH 约为 4.4。在水溶液中，乙二胺四乙酸具有双偶极离子结构：

$$^-OOCH_2C \diagdown \overset{H}{\underset{+}{N}}-CH_2-CH_2-\overset{+}{\underset{H}{N}} \diagup CH_2COOH$$
$$HOOCH_2C \diagup \diagdown CH_2COO^-$$

由乙二胺四乙酸结构可知，两个羧酸根可以接受质子，当酸度很高时，EDTA 便转变成六元酸 H_6Y^{2+}，在水溶液中存在着 6 级解离平衡。

在水溶液中，EDTA 有 H_6Y^{2+}、H_5Y^+、H_4Y、H_3Y^-、H_2Y^{2-}、HY^{3-}、Y^{4-} 七种形式存在，但是在不同的酸度下，各种形式的浓度是不同的，它们的浓度分布与溶液 pH 的关系如图 3-1 所示。

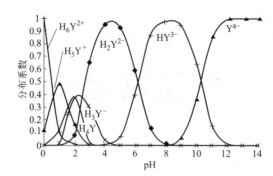

图 3-1　EDTA 各种形式的分布曲线

在不同 pH 时，EDTA 的主要存在形式列于表 3-1 中。

表 3-1　不同 pH 时，EDTA 的主要存在形式

pH	<1	1~1.6	1.6~2	2~2.7	2.7~6.2	6.2~10.3	≥10.3
主要存在形式	H_6Y^{2+}	H_5Y^+	H_4Y	H_3Y^-	H_2Y^{2-}	HY^{3-}	Y^{4-}

在这七种形式中，只有 Y^{4-} 能与金属离子直接配位。所以溶液的酸度越低，Y^{4-} 的分布系数越大，EDTA 的配位能力越强。

3. EDTA 与金属离子的配合物

EDTA 分子具有两个氨氮原子和四个羧氧原子，都有孤对电子，即有 6 个配位原子。因此，绝大多数的金属离子均能与 EDTA 形成多个五元环，例如 EDTA 与 Ca^{2+}、Fe^{3+} 的配合物的结构如图 3-2 所示。

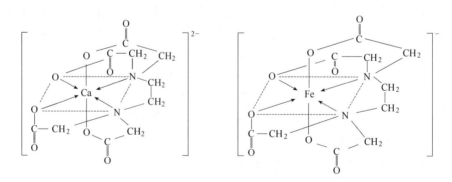

图 3-2　EDTA 与 Ca^{2+}、Fe^{3+} 的配合物的结构示意图

EDTA 与金属离子的配合物有如下特点：

① EDTA 具有广泛的配位性能，几乎能与所有金属离子形成配合物，因而在配位滴定中应用很广泛。

② EDTA 配合物的配位比简单，多数情况下都形成 1:1 配合物。个别离子如 Mo(Ⅴ) 与 EDTA 配合物 $[(MoO_2)_2Y^{2-}]$ 的配位比为 2:1。

③ EDTA 配合物的稳定性高，能与金属离子形成具有多个五元环结构的螯合物。

④ EDTA 配合物易溶于水，配位反应较迅速。

⑤ 大多数金属与 EDTA 形成的配合物无色，这有利于指示剂确定终点。但 EDTA 与有色金属离子配位生成的螯合物颜色则加深。例如：

CuY^{2-}	NiY^{2-}	CoY^{2-}	MnY^{2-}	CrY^-	FeY^-
深蓝色	蓝色	紫红色	紫红色	深紫色	黄色

因此，在滴定这些离子时，要控制其浓度不宜过大，否则，使用指示剂确定终点容易判断失误。

二、配合物的稳定性及其影响因素

1. EDTA 与金属离子的主反应及配合物的稳定常数

对于 1：1 型的配合物 MY 来说，其配位反应式如下（为书写简便，略去电荷）：

$$M + Y \rightleftharpoons MY$$

反应的平衡常数表达式为：

$$K_{MY} = \frac{[MY]}{[M][Y]} \tag{3-1}$$

K_{MY} 即为金属-EDTA 配合物的绝对稳定常数（也称形成常数，formation constant），也可用 $K_稳$ 表示。对于具有相同配位数的配合物或配位离子，此值越大，配合物越稳定。K_{MY} 稳定常数的倒数即为配合物的不稳定常数（instability constant，也称解离常数）。

$$K_稳 = \frac{1}{K_{不稳}} \tag{3-2}$$

或

$$\lg K_稳 = pK_{不稳}$$

常见金属离子与 EDTA 形成的配合物 MY 的绝对稳定常数 K_{MY} 见表 3-2。特别要指出的是：绝对稳定常数是指无副反应情况下的数据，它不能完全反映实际滴定过程中真实配合物的稳定状况。

表 3-2　部分金属与 EDTA 形成配位化合物的 $\lg K_稳$

阳离子	$\lg K_{MY}$	阳离子	$\lg K_{MY}$	阳离子	$\lg K_{MY}$
Na^+	1.66	Ce^{4+}	15.98	Cu^{2+}	18.80
Li^+	2.79	Al^{3+}	16.30	Ga^{2+}	20.30
Ag^+	7.32	Co^{2+}	16.31	Ti^{3+}	21.30
Ba^{2+}	7.86	Pt^{2+}	16.31	Hg^{2+}	21.80
Mg^{2+}	8.69	Cd^{2+}	16.49	Sn^{2+}	22.10
Sr^{2+}	8.73	Zn^{2+}	16.50	Th^{4+}	23.20
Be^{2+}	9.20	Pb^{2+}	18.04	Cr^{3+}	23.40
Ca^{2+}	10.69	Y^{3+}	18.09	Fe^{3+}	25.10
Mn^{2+}	13.87	VO^+	18.10	U^{4+}	25.80
Fe^{2+}	14.33	Ni^{2+}	18.60	Bi^{3+}	27.94
La^{3+}	15.50	VO^{2+}	18.80	Co^{3+}	36.00

2. 副反应及副反应系数

在滴定过程中，一般将 EDTA(Y) 与被测金属离子 M 的反应称为主反应，而溶液中存在的其它反应都称为副反应（side reaction），如下所示。

主反应 　　 $OH^- \rightleftharpoons \overset{M}{\underset{L}{\vert\vert}} + \overset{H^+}{\underset{}{\vert\vert}} \overset{Y}{\underset{N}{\vert\vert}} \rightleftharpoons \overset{H^+}{\underset{}{\vert\vert}} \overset{MY}{\underset{}{}} \overset{OH^-}{\underset{}{}}$

副反应 $\begin{cases} & \end{cases}$ M(OH)　　ML　　HY　　NY　　　　MHY　　M(OH)Y

　　　　 $\vdots$ 　　　　 $\vdots$ 　　 $\vdots$

　　　　 M(OH)$_n$　　ML$_n$　　H$_6$Y

　　　 羟基配位效应　配位效应　酸效应　共存离子效应　　　 混合配位效应

式中 L 为辅助配位剂，N 为共存离子。通常情况下，副反应影响主反应的现象称为"效应"。很显然，反应物（M、Y）发生副反应不利于主反应的进行，而生成物（MY）的各种副反应则有利于主反应的进行。但是，所生成的这些混合配合物大多数不稳定，可以忽略不计。

（1）Y 与 H 的副反应——酸效应与酸效应系数　因 H$^+$ 的存在而使配位体参加主反应能力降低的现象称为酸效应。酸效应的程度用酸效应系数来衡量，EDTA 的酸效应系数用符号 $\alpha_{Y(H)}$ 表示。所谓酸效应系数是指在一定酸度下，未与 M 配位的 EDTA 各级质子化形式的总浓度 [Y'] 与游离 EDTA 酸根离子浓度 [Y] 的比值。即

$$\alpha_{Y(H)} = \frac{[Y']}{[Y]} \tag{3-3}$$

不同酸度下的 $\alpha_{Y(H)}$ 值，可按下式计算：

$$\alpha_{Y(H)} = 1 + \frac{[H^+]}{K_6} + \frac{[H^+]^2}{K_6 K_5} + \frac{[H^+]^3}{K_6 K_5 K_4} + \cdots + \frac{[H^+]^6}{K_6 K_5 \cdots K_1} \tag{3-4}$$

式中，K_6、$K_5 \cdots K_1$ 为 H$_6$Y^{2+} 的各级解离常数。

由式（3-4）可知 $\alpha_{Y(H)}$ 随 pH 的增大而减少。$\alpha_{Y(H)}$ 越小则 [Y] 越大，即 EDTA 有效浓度 [Y] 越大。因此 $\alpha_{Y(H)}$ 越小，酸度对配合物的影响越小。

（2）Y 与 N 的副反应——共存离子效应和共存离子效应系数　当溶液中，除了被滴定的金属离子 M 之外，还有其它金属离子 N 存在，且 N 亦能与 Y 形成稳定的配合物时，共存金属离子 N 的浓度较大，Y 与 N 的副反应就会影响 Y 与 M 的配位能力，此时共存离子的影响不能忽略。这种由于共存离子 N 与 EDTA 反应，因而降低了 Y 的平衡浓度的副反应称为共存离子效应。副反应进行的程度用副反应系数 $\alpha_{Y(N)}$ 表示，称为共存离子效应系数，其数值等于：

$$\alpha_{Y(N)} = \frac{[Y']}{[Y]} = \frac{[NY] + [Y]}{[Y]} = 1 + K_{NY}[N] \tag{3-5}$$

式中，K_{NY} 是配合物 NY 的稳定常数；[N] 为游离共存金属离子 N 的平衡浓度。由式（3-5）可知，$\alpha_{Y(N)}$ 的大小只与 K_{NY} 以及 N 的浓度有关。

若有几种共存离子存在时，一般只取其中影响最大的，其它可忽略不计。实际上，Y 的副反应系数 α_Y 应同时包括共存离子和酸效应两部分，因此

$$\alpha_Y \approx \alpha_{Y(H)} + \alpha_{Y(N)} - 1 \tag{3-6}$$

实际工作中，当 $\alpha_{Y(H)} \gg \alpha_{Y(N)}$ 时，酸效应是主要的；当 $\alpha_{Y(N)} \gg \alpha_{Y(H)}$ 时，共存离子效应是主要的。一般情况下，在滴定剂 Y 的副反应中，酸效应的影响大，因此 $\alpha_{Y(H)}$ 是重要的副反应系数。

（3）金属离子 M 的副反应及副反应系数

① 配位效应与配位效应系数　在 EDTA 滴定中，由于其它配位剂 L 的存在使金属离子参加主反应的能力降低的现象称为配位效应。这种由于配位剂 L 引起副反应的副反应系数

称为配位效应系数，用 $\alpha_{M(L)}$ 表示。$\alpha_{M(L)}$ 定义为：没有参加主反应的金属离子总浓度 $[M']$ 与游离金属离子浓度 $[M]$ 的比值。即

$$\alpha_{M(L)}=\frac{[M']}{[M]}=1+\beta_1[L]+\beta_2[L]^2+\cdots+\beta_n[L]^n \tag{3-7}$$

从公式（3-7）可以看出，$\alpha_{M(L)}$ 越大，表示副反应越严重。

配位剂 L 来源一般有三个方面：a. 滴定时所加入的缓冲剂；b. 为防止金属离子水解所加的辅助配位剂；c. 为消除干扰而加的掩蔽剂。

举例说明：在酸度较低溶液中滴定 M 时，金属离子会生成羟基配合物 $[M(OH)_n]$，此时 L 就代表 OH^-，其副反应系数用 $\alpha_{M(OH)}$ 表示。不同的金属离子在不同的 pH 溶液中 $\lg\alpha_{M(OH)}$ 值如表 3-3。

表 3-3 金属离子的 $\lg\alpha_{M(OH)}$ 值

金属离子	离子强度	pH												
		1	2	3	4	5	6	7	8	9	10	11	12	13	14
Al^{3+}	2				0.4	1.3	5.3	9.3	13.3	17.3	21.3	25.3	29.3	33.3
Bi^{3+}	3	0.1	0.5	1.4	2.4	3.4	4.4	5.4							
Ca^{2+}	0.1													0.3	1.0
Cd^{2+}	3									0.1	0.5	2.0	4.5	8.1	12.0
Co^{2+}	0.1							0.1	0.4	1.1	2.2	4.2	7.2	10.2
Cu^{2+}	0.1								0.2	0.8	1.7	2.7	3.7	4.7	5.7
Fe^{2+}	1									0.1	0.6	1.5	2.5	3.5	4.5
Fe^{3+}	3			0.4	1.8	3.7	5.7	7.7	9.7	11.7	13.7	15.7	17.7	19.7	21.7
Hg^{2+}	0.1			0.5	1.9	3.9	5.9	7.9	9.9	11.9	13.9	15.9	17.9	19.9	21.9
La^{3+}	3									0.3	1.0	1.9	2.9	3.9
Mg^{2+}	0.1										0.1	0.5	1.3	2.3
Mn^{2+}	0.1										0.1	0.5	1.4	2.4	3.4
Ni^{2+}	0.1									0.1	0.7	1.6			
Pb^{2+}	0.1							0.1	0.5	1.4	2.7	4.7	7.4	10.4	13.4
Th^{4+}	1				0.2	0.8	1.7	2.7	3.7	4.7	5.7	6.7	7.7	8.7	9.7
Zn^{2+}	0.1									0.2	2.4	5.4	8.5	11.8	15.5

② 金属离子的总副反应系数 α_M 若溶液中有两种配位剂 L 和 A 同时与金属离子 M 发生副反应，则其影响可用 M 的总副反应系数 α_M 表示。

$$\alpha_M=\alpha_{M(L)}+\alpha_{M(A)}-1 \tag{3-8}$$

（4）配合物 MY 的副反应 在酸度较高或较低情况下，容易发生配合物 MY 的副反应。酸度高时，生成酸式配合物（MHY），其副反应系数用 $\alpha_{MY(H)}$ 表示；酸度低时，生成碱式配合物（MOHY），其副反应系数用 $\alpha_{MY(OH)}$ 表示。酸式配合物和碱式配合物一般不太稳定，计算中可忽略不计。

3. 条件稳定常数

副反应对主反应的影响是比较大的，用绝对稳定常数描述配合物的稳定性在一定的程度上显然是不符合客观实际的，应该将副反应的影响一起考虑，由此推导出的稳定常数与绝对稳定常数有些差别，则称为条件稳定常数或表观稳定常数，用 K'_{MY} 表示。K'_{MY} 与 α_Y、α_M、α_{MY} 的关系如下：

$$K'_{MY} = K_{MY} \frac{\alpha_{MY}}{\alpha_M \alpha_Y} \tag{3-9}$$

当条件恒定时 α_M、α_Y、α_{MY} 均为定值，故 K'_{MY} 在一定条件下为常数，称为条件稳定常数。当副反应系数 α_M、α_Y、α_{MY} 均为 1 时（无副反应），则 $K'_{MY} = K_{MY}$。

若将式（3-9）两边取对数得：

$$\lg K'_{MY} = \lg K_{MY} + \lg \alpha_{MY} - \lg \alpha_M - \lg \alpha_Y \tag{3-10}$$

在多数情况下（溶液的酸碱性不是太强时），不形成酸式或碱式配合物，故 $\lg \alpha_{MY}$ 忽略不计，式（3-10）可简化成：

$$\lg K'_{MY} = \lg K_{MY} - \lg \alpha_{M^-} \lg \alpha_Y \tag{3-11}$$

如果只有酸效应，式（3-11）又简化成：

$$\lg K'_{MY} = \lg K_{MY} - \lg \alpha_{Y(H)} \tag{3-12}$$

实际上，条件稳定常数是利用副反应系数进行校正后的实际稳定常数。应用条件稳定常数，可以判断滴定金属离子的可行性、混合金属离子分别滴定的可行性和计算滴定终点时金属离子的浓度等。

4. 酸效应曲线及应用

在 EDTA 滴定中，$\alpha_{Y(H)}$ 是最常用的副反应系数。为应用方便，通常用其对数值 $\lg \alpha_{Y(H)}$。表 3-4 列出不同 pH 的溶液中 EDTA 酸效应系数 $\lg \alpha_{Y(H)}$ 值。

表 3-4　不同 pH 时的 $\lg \alpha_{Y(H)}$ 值

pH	$\lg \alpha_{Y(H)}$	pH	$\lg \alpha_{Y(H)}$	pH	$\lg \alpha_{Y(H)}$
0.0	23.64	3.8	8.85	7.5	2.78
0.4	21.32	4.0	8.44	8.0	2.27
0.8	19.08	4.4	7.64	8.5	1.77
1.0	18.01	4.8	6.84	9.0	1.28
1.4	16.02	5.0	6.45	9.5	0.83
1.8	14.27	5.4	5.69	10.0	0.45
2.0	13.51	5.8	4.98	10.6	0.16
2.4	12.19	6.0	4.65	11.0	0.07
2.8	11.09	6.4	4.06	11.6	0.02
3.0	10.60	6.8	3.55	12.0	0.01
3.4	9.70	7.0	3.32	13.0	0.00

由表 3-4 中可看出，仅当 pH>12 时，$\lg \alpha_{Y(H)} = 0$，即此时 Y 不与 H^+ 发生副反应。也可将 pH 与 $\lg \alpha_{Y(H)}$ 的对应值绘成如图 3-3 所示的 $\lg \alpha_{Y(H)}$-pH 曲线。

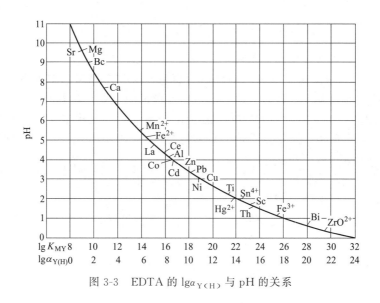

图 3-3 EDTA 的 $\lg\alpha_{Y(H)}$ 与 pH 的关系

第二节 配位滴定指示剂

尽管配位滴定指示终点的方法很多，配位滴定指示剂也有 300 余种，其中最重要的还是使用金属离子指示剂（简称为金属指示剂）指示终点。酸碱指示剂是以指示溶液中 H^+ 浓度的变化确定终点，而金属指示剂则是以指示溶液中金属离子浓度的变化确定终点。

一、金属指示剂的作用原理

金属指示剂也是一种配位剂，能与某些金属离子反应，形成与其本身具有显著不同颜色的配合物以指示终点到达。

在滴定前加入金属指示剂（用 In 表示金属指示剂的配位基团），则 In 与待测金属离子 M 有如下反应（省略电荷）：

$$M + In \Longrightarrow MIn$$
（大量）（甲色）（乙色）

这时溶液呈 MIn（乙色）的颜色。当滴入 EDTA 溶液后，Y 先与游离的 M 结合。至化学计量点附近，Y 夺取 MIn 中的 M：

$$M + Y \Longrightarrow MY$$
（大量）

$$MIn + Y \Longrightarrow MY + In$$
（乙色）　　　　（甲色）

使指示剂 In 游离出来，溶液由乙色变为甲色，指示滴定终点的到达。

例如，铬黑 T(EBT) 在 pH＝10.0 的水溶液中呈蓝色，与 Mg^{2+} 的配合物的颜色为酒红色。若在 pH＝10.0 时用 EDTA 滴定 Mg^{2+}，滴定开始前加入指示剂铬黑 T，则铬黑 T 与溶液中部分的 Mg^{2+} 反应，此时溶液呈 Mg^{2+}-铬黑 T 的红色。随着 EDTA 的加入，EDTA 逐渐与 Mg^{2+} 反应。在化学计量点附近，Mg^{2+} 的浓度降至很低，加入的 EDTA 进而夺取了 Mg^{2+}-铬黑 T 中的 Mg^{2+}，使铬黑 T 释放游离出来，此时溶液呈现出蓝色，指示滴定终点到达。

二、金属指示剂必须具备的条件

作为金属指示剂必须具备以下条件：

① 金属指示剂与金属离子形成的配合物的颜色，应与金属指示剂本身的颜色有明显的不同，而且这两种颜色互不干扰，这样可以借助颜色的明显变化来判断终点的到达。

② 金属指示剂与金属离子形成的配合物 MIn 要具有适当的稳定性。如果 MIn 稳定性过高（K_{MIn} 太大），则在化学计量点附近，Y 不易与 MIn 中的 M 结合，终点推迟，甚至不变色，得不到终点。通常要求 $\dfrac{K_{MY}}{K_{MIn}} \geqslant 10^2$。如果稳定性过低，则未到达化学计量点时 MIn 就会分解，变色不敏锐，影响滴定的准确度。一般要求 $K_{MIn} \geqslant 10^4$。

③ 金属指示剂与金属离子之间的反应要迅速、变色可逆，这样才便于滴定。

④ 金属指示剂应易溶于水，不易变质，便于使用和保存。

三、常用的金属指示剂

1. 铬黑 T（EBT）

铬黑 T 在溶液中有如下平衡：

$$pKa_2 = 6.3 \quad pKa_3 = 11.6$$
$$H_2In^- \Longrightarrow HIn^{2-} \Longrightarrow In^{3-}$$
$$\text{（紫红色）} \quad \text{（蓝色）} \quad \text{（橙色）}$$

因此在 pH<6.3 时，EBT 在水溶液中呈紫红色；pH>11.6 时 EBT 呈橙色，而 EBT 与二价离子形成的配合物颜色为红色或紫红色，所以只有在 pH 为 7~11 范围内使用，指示剂才有明显的颜色，实验表明最适宜的酸度是 pH 为 9~10.5。

铬黑 T 固体相当稳定，但其水溶液仅能保存几天，这是由于聚合反应的缘故。聚合后的铬黑 T 不能再与金属离子显色。pH<6.5 的溶液中聚合更为严重，加入三乙醇胺可以防止聚合。

铬黑 T 是在弱碱性溶液中滴定 Mg^{2+}、Zn^{2+}、Pb^{2+} 等离子的常用指示剂。

2. 二甲酚橙 (XO)

二甲酚橙为多元酸。在 pH 为 0~6.0 之间，二甲酚橙呈黄色，它与金属离子形成的配合物为红色，是酸性溶液中许多离子配位滴定所使用的极好指示剂。常用于锆、铪、钍、钪、铟、钇、铋、铅、锌、镉、汞的直接滴定法中。

铝、镍、钴、铜、镓等离子会封闭二甲酚橙，可采用返滴定法。即在 pH 为 5.0~5.5（六亚甲基四胺缓冲溶液）时，加入过量 EDTA 标准溶液，再用锌或铅标准溶液返滴定。Fe^{3+} 在 pH 为 2~3 时，以硝酸铋返滴定法测定。

3. 1-(2-吡啶偶氮)-2-萘酚（PAN）

PAN 与 Cu^{2+} 的显色反应非常灵敏，但很多其他金属离子如 Ni^{2+}、Co^{2+}、Zn^{2+}、Pb^{2+}、Bi^{3+}、Ca^{2+} 等与 PAN 反应慢或显色灵敏度低。所以有时利用 Cu-PAN 作间接指示剂来测定这些金属离子。Cu-PAN 指示剂是 CuY^{2-} 和少量 PAN 的混合液。将此液加到含有被测金属离子 M 的试液中时，发生如下置换反应：

$$CuY^{2-} + PAN + M \Longrightarrow MY^{2-} + Cu\text{-}PAN$$
$$\text{（深蓝色）} \qquad\qquad \text{（紫红色）}$$

此时溶液呈现紫红色。当加入的 EDTA 定量与 M 反应后，在化学计量点附近 EDTA（表现形式为 Y^{4-}）将夺取 Cu-PAN 中的 Cu^{2+}，从而使 PAN 游离出来：

$$Cu\text{-}PAN+Y^{4-} \rightleftharpoons CuY^{2-}+PAN$$
$$\text{（紫红色）} \qquad\qquad\qquad \text{（黄色）}$$

溶液由紫红变为黄色，指示终点到达。因滴定前加入的 CuY^{2-} 与最后生成的 CuY^{2-} 是相等的，故加入的 CuY^{2-} 并不影响测定结果。

在几种离子的连续滴定中，若分别使用几种指示剂，往往发生颜色干扰。由于 Cu-PAN 可在很宽的 pH 范围（1.9～12.2）内使用，因而可以在同一溶液中连续指示终点。类似 Cu-PAN 这样的间接指示剂，还有 Mg-EBT 等。

4. 其他指示剂

除前面所介绍的指示剂外，还有磺基水杨酸、钙指示剂（NN）等常用指示剂。磺基水杨酸（无色）在 pH=2 时，与 Fe^{3+} 形成紫红色配合物，因此可用作滴定 Fe^{3+} 的指示剂。钙指示剂（蓝色）在 pH=12.5 时，与 Ca^{2+} 形成紫红色配合物，因此可用作滴定钙的指示剂。

常用金属指示剂的使用 pH 条件、可直接滴定的金属离子和颜色变化及配制方法列于表 3-5 中。

表 3-5　常用的金属指示剂

指示剂	解离常数	滴定元素	颜色变化	配制方法	对指示剂封闭的离子
酸性铬蓝 K	$pK_{a_1}=6.7$ $pK_{a_2}=10.2$ $pK_{a_3}=14.6$	Mg(pH10) Ca(pH12)	红～蓝	0.1%乙醇溶液	
钙指示剂	$pK_{a_2}=3.8$ $pK_{a_3}=9.4$ $pK_{a_4}=13\sim14$	Ca(pH12～13)	酒红～蓝	与 NaCl 按1：100 的质量比混合	Co^{2+}、Ni^{2+}、Cu^{2+}、Fe^{3+}、Al^{3+}、Ti^{4+}
铬黑 T	$pK_{a_1}=3.9$ $pK_{a_2}=6.4$ $pK=11.5$	Ca(pH10,加入 EDTA-Mg) Mg(pH10) Pb(pH10,加入酒石酸钾) Zn(pH6.8～10)	红～蓝 红～蓝 红～蓝 红～蓝	与 NaCl 按1：100 的质量比混合	Co^{2+}、Ni^{2+}、Cu^{2+}、Fe^{3+}、Al^{3+}、Ti^{4+}
紫脲酸铵	$pK_{a_1}=1.6$ $pK_{a_2}=8.7$ $pK_{a_3}=10.3$ $pK_{a_4}=13.5$ $pK_{a_5}=14$	Ca(pH>10,φ=25%乙醇) Cu(pH7～8) Ni(pH8.5～11.5)	红～紫 黄～紫 黄～紫红	与 NaCl 按1：100 的质量比混合	
o-PAN	$pK_{a_2}=2.9$ $pK_{a_2}=11.2$	Cu(pH6) Zn(pH5～7)	红～黄 粉红～黄	1g/L乙醇溶液	
磺基水杨酸	$pK_{a_1}=2.6$ $pK_{a_2}=11.7$	Fe(Ⅲ)(pH1.5～3)。	红紫～黄	10～20g/L 水溶液	

第三节　提高配位滴定的选择性

由于大多数金属离子能和 EDTA 形成稳定的配合物，而在被滴定的试液中往往同时存在多种金属离子，这些离子干扰滴定的正常进行。那么，如何提高配位滴定的选择性，是配位滴定要解决的首要问题。在实际滴定中，常用下列几种方法减少或消除共存离子的干扰。

一、控制溶液的酸度

EDTA 对于单一金属离子滴定时，稳定性高的配合物，控制溶液酸度略高亦能准确滴定。而对于稳定性较低的，控制酸度高于某一值，就不能被准确滴定了。在通常情况下，较低的酸度条件对滴定有利，同时要考虑防止一些金属离子在酸度较低的条件下发生羟基化反应甚至生成氢氧化物，必须控制适宜的酸度范围。在此，还需考虑指示剂的变色点和范围，通过实验来检验滴定的最佳酸度。

对于含有两种以上金属离子（M 和 N）的溶液，且 $K_{MY} > K_{NY}$，则用 EDTA 滴定时，首先被滴定的是 M。若 K_{MY} 与 K_{NY} 相差足够大，此时可准确滴定 M 离子，而 N 离子不干扰。准确滴定 M 离子后，如果 N 离子满足单一离子准确滴定的条件，则又可继续准确滴定 N 离子，则称 EDTA 可分别滴定 M 和 N。一般来说满足分别滴定 M 和 N 的条件是 $\lg K_{MY} - \lg K_{NY} \geqslant 5$。

二、掩蔽和解蔽的方法

当 $\lg K_{MY} - \lg K_{NY} < 5$ 时，采用控制酸度分别滴定已不可能，这时可利用加入掩蔽剂来降低干扰离子的浓度以消除干扰，如上面提到的降低干扰 N 离子的浓度。掩蔽方法可按掩蔽反应类型分类，分别是配位掩蔽法、氧化还原掩蔽法和沉淀掩蔽法。

1. 配位掩蔽法

配位掩蔽法在化学分析中应用最广泛，是在溶液中加入适当的配位剂（通称掩蔽剂）。掩蔽剂的加入能与干扰离子形成更稳定配合物，掩蔽了干扰离子，从而能够更准确滴定待测离子。例如测定 Al^{3+} 和 Zn^{2+} 共存溶液中的 Zn^{2+} 时，可加入 NH_4F 与干扰离子 Al^{3+} 形成十分稳定的 AlF_6^{3-}，因而消除了 Al^{3+} 干扰。又如测定水中 Ca^{2+}、Mg^{2+} 总量（即水的总硬度）时，Fe^{3+}、Al^{3+} 的存在干扰测定，在 pH=10 时加入三乙醇胺，可以掩蔽 Fe^{3+} 和 Al^{3+}，消除其干扰。

在配位掩蔽法中，掩蔽剂选择应注意如下几个问题：

① 掩蔽剂与干扰离子形成配合物时，$\lg K'_{NX} \gg \lg K'_{MY}$，而且所形成的配合物应为无色或浅色。

② 掩蔽剂与待测离子不发生配位反应或形成的配合物稳定性要远小于待测离子与 EDTA 配合物的稳定性。

③ 掩蔽作用与滴定反应的 pH 条件大致相同。例如，在 pH=10 时测定 Ca^{2+}、Mg^{2+} 总量，少量 Fe^{3+}、Al^{3+} 的干扰可使用三乙醇胺来掩蔽，但若在 pH=1 时测定 Bi^{3+} 就不能再使用三乙醇胺掩蔽。因为此时三乙醇胺不具有掩蔽作用。

实际工作中常用的配位掩蔽剂见表 3-6。

表 3-6　部分常用的配位掩蔽剂

掩蔽剂	被掩蔽的金属离子	pH
三乙醇胺	Al^{3+}、Fe^{3+}、Sn^{4+}	10
氟化物	Al^{3+}、Sn^{4+}、Zr^{4+}	>4
乙酰丙酮	Al^{3+}、Fe^{2+}	5~6
邻二氮菲	Cu^{2+}、Co^{2+}、Ni^{2+}、Cd^{2+}、Hg^{2+}	5~6
氰化物	Cu^{2+}、Co^{2+}、Ni^{2+}、Cd^{2+}、Hg^{2+}、Fe^{2+}	10
2,3-二巯基丙醇	Zn^{2+}、Pb^{2+}、Bi^{3+}、Sb^{2+}、Sn^{4+}、Cd^{2+}、Cu^{2+}	10
硫脲	Ag^+、Cu^{2+}	5~6
硫氰酸铵	Hg^{2+}	0.7~1.2
碘化物	Hg^{2+}	6.4~7

2. 氧化还原掩蔽法

加入一种氧化剂或还原剂，改变干扰离子价态，以消除干扰。例如，锆铁矿中锆的滴定，由于 Zr^{4+} 和 Fe^{3+} 与 EDTA 配合物的稳定常数相差不够大，$\Delta lgK = lgK_{ZrY} - lgK_{FeY^-} < 5$（$\Delta lgK = 29.9 - 25.1 = 4.8$），$Fe^{3+}$ 干扰 Zr^{4+} 的滴定。此时可加入抗坏血酸或盐酸羟胺使 Fe^{3+} 还原为 Fe^{2+}，由于 $lgK_{FeY^{2-}} = 14.3$，比 lgK_{FeY^-} 小得多（$\Delta lgK = 29.9 - 14.3 = 15.6$），因而避免了干扰。

3. 沉淀掩蔽法

沉淀掩蔽法是加入选择性沉淀剂与干扰离子形成沉淀，从而降低干扰离子的浓度，以消除干扰的一种方法。例如在由 Ca^{2+}、Mg^{2+} 共存溶液中，为了消除 Mg^{2+} 干扰，加入 NaOH 使 pH>12，生成 $Mg(OH)_2$ 沉淀，此时 EDTA 就可直接滴定 Ca^{2+} 了。

沉淀掩蔽法要求所生成的沉淀溶解度要小，沉淀的颜色为无色（或浅色），且最好是生成晶形沉淀，吸附作用小。

在实际工作中沉淀掩蔽法应用不多，主要的原因是：①某些沉淀反应进行得不够完全，造成掩蔽效率有时不太高；②沉淀的吸附现象，既影响滴定准确度又影响终点观察。因此，沉淀掩蔽法不是一种理想的掩蔽方法。配位滴定中常用的沉淀掩蔽剂见表 3-7。

表 3-7　部分常用的沉淀掩蔽剂

掩蔽剂	被掩蔽离子	被测离子	pH	指示剂
氢氧化物	Mg^{2+}	Ca^{2+}	12	钙指示剂
KI	Cu^{2+}	Zn^{2+}	5～6	PAN
氟化物	Ba^{2+}、Sr^{2+}、Ca^{2+}、Mg^{2+}	Zn^{2+}、Cd^{2+}、Mn^{2+}	10	EBT
硫酸盐	Ba^{2+}、Sr^{2+}	Ca^{2+}、Mg^{2+}	10	EBT
铜试剂	Bi^{3+}、Cu^{2+}、Cd^{2+}	Ca^{2+}、Mg^{2+}	10	EBT

三、选用其他配位滴定剂

氨羧配位剂的种类很多，除 EDTA 外，还有不少种类的氨羧配位剂。它们与金属离子形成配位化合物的稳定性各具特点。选用不同的氨羧配位剂作为滴定剂，可以选择性地滴定某些离子。

1. 乙二醇二乙醚二胺四乙酸（EGTA）

EGTA 和 EDTA 与 Mg^{2+}、Ca^{2+}、Sr^{2+}、Ba^{2+} 所形成的配合物的 lgK 值比较如表 3-8。

表 3-8　EGTA 和 EDTA 形成的配合物的 lgK 值

lgK	Mg^{2+}	Ca^{2+}	Sr^{2+}	Ba^{2+}
M-EGTA	5.2	11.0	8.5	8.4
M-EDTA	8.7	10.7	8.6	7.6

从表 3-8 可见，如果滴定金属离子时，有大量干扰 Mg^{2+} 存在，采用 EDTA 为滴定剂进行滴定，则 Mg^{2+} 的干扰严重。若用 EGTA 为滴定剂滴定，Mg^{2+} 的干扰就很小。因为 Mg^{2+} 与 EGTA 配合物的稳定性差，而 Ca^{2+} 与 EGTA 配合物的稳定性却很高。因此，干扰 Mg^{2+} 存在时，选用 EGTA 作滴定剂选择性高于 EDTA。

2. 乙二胺四丙酸（EDTP）

EDTP 与金属离子形成的配合物的稳定性普遍地比相应的 EDTA 配合物的差，但 Cu-EDTP 除外，其稳定性仍很高。EDTP 和 EDTA 与 Cu^{2+}、Zn^{2+}、Cd^{2+}、Mn^{2+}、Mg^{2+} 所形成的配合物的 lgK 值比较见表 3-9。

表 3-9 EDTP 和 EDTA 形成的配合物的 lgK 值

M	Cu^{2+}	Zn^{2+}	Cd^{2+}	Mn^{2+}	Mg^{2+}
lgK(M-EDTP)	15.4	7.8	6.0	4.7	1.8
lgK(M-EDTA)	18.8	16.5	16.5	14.0	8.7

因此，在一定的 pH 下，用 EDTP 滴定 Cu^{2+}，则 Zn^{2+}、Cd^{2+}、Mn^{2+}、Mg^{2+} 不干扰滴定。

第四节 EDTA 标准溶液的配制及标定

乙二胺四乙酸（EDTA）难溶于水，通常用它的二钠盐配制标准溶液。乙二胺四乙酸二钠盐是白色微晶粉末，易溶于水，经提纯后可作基准物质，直接配制标准溶液。实际工作中由于 EDTA 含有微量杂质，蒸馏水的质量不高也会引入杂质，实验室中使用的标准溶液一般采用间接法配制。

一、 EDTA 标准溶液的配制

1. 配制方法

根据 GB/T 601—2016《化学试剂 标准滴定溶液的制备》，常用的 EDTA 标准溶液的浓度为 0.1mol/L、0.05mol/L 和 0.02mol/L 三种浓度。

0.1mol/L EDTA 配制。称取 40g EDTA[$Na_2H_2Y \cdot 2H_2O$，$M(Na_2H_2Y \cdot 2H_2O) = 372.2g/mol$]，加 1000mL 蒸馏水，加热溶解，冷却并充分混匀，转移至试剂瓶中待标定。0.05mol/L EDTA 配制时，称取 20g EDTA，其他操作不变。

EDTA 二钠盐溶液的 pH 正常值为 4.4，市售的试剂如果不纯，pH 常低于 2，有时 pH<4。当室温较低时易析出难溶于水的乙二胺四乙酸，使溶液变浑浊，并且溶液的浓度也发生变化。因此配制溶液时，可用 pH 试纸检查，若溶液 pH 较低，可加几滴 0.1mol/LNaOH 溶液，使溶液的 pH 在 5～6.5 之间直至变澄清为止。

蒸馏水质量要求。使用的蒸馏水质量应符合 GB/T 6682—2008《分析实验室用水规格和试验方法》要求。若配制溶液的蒸馏水中含有 Al^{3+}、Fe^{3+}、Cu^{2+} 等会使指示剂封闭，影响标定终点观察。若蒸馏水中含有 Ca^{2+}、Mg^{2+}、Pb^{2+} 等，在滴定中会消耗一定量的 EDTA，对结果产生影响。因此在配位滴定中，所用蒸馏水一定要进行质量检查。为了保证水的质量常用二次蒸馏水或去离子水来配制溶液。

2. EDTA 溶液的贮存

配制好的 EDTA 溶液应贮存在聚乙烯塑料瓶或硬质玻璃瓶中。若贮存在软质玻璃瓶中，EDTA 会不断地溶解玻璃中的 Ca^{2+}、Mg^{2+} 等离子，形成配合物，使其浓度不断降低。

二、 EDTA 标准溶液的标定

1. 标定 EDTA 常用的基准试剂

用于标定 EDTA 溶液的基准试剂很多，GB/T 601—2016《化学试剂　标准滴定溶液的制备》中使用 ZnO 作为基准试剂。其他的常用基准试剂如表 3-10 所示。

表 3-10　标定 EDTA 常用的其他基准试剂

基准试剂	基准试剂处理	滴定条件 pH	滴定条件 指示剂	终点颜色变化
铜片	稀 HNO_3 溶解,除去氧化膜,用水或无水乙醇充分洗涤,在 105℃烘箱中,烘 3min,冷却后称量,以 $1+1HNO_3$ 溶解,再以 H_2SO_4 蒸发除去 NO_2	4.3 HAc-Ac⁻ 缓冲溶液	PAN	红→黄
铅	稀 HNO_3 溶解,除去氧化膜,用水或无水乙醇充分洗涤,在 105℃烘箱中烘 3min,冷却后称量,以 $1+2HNO_3$ 溶解,加热除去 NO_2	10 NH_3-NH_4^+ 缓冲溶液	铬黑 T	红→蓝
		5~6 六亚甲基四胺	二甲酚橙	红→黄
锌片	用 $1+5HCl$ 溶解,除去氧化膜,用水或无水乙醇充分洗涤,在 105℃烘箱中,烘 3min,冷却后称量,以 $1+1HCl$ 溶解	10 NH_3-NH_4^+ 缓冲溶液	铬黑 T	红→蓝
		5~6 六亚甲基四胺	二甲酚橙	红→黄
$CaCO_3$	在 105℃烘箱中,烘 120min,冷却后称量,以 $1+1HCl$ 溶解	12.5~12.9(KOH) ≥12.5	甲基百里酚蓝 钙指示剂	蓝→灰 酒红→蓝
MgO	在 1000℃灼烧后,以 $1+1HCl$ 溶解	10 NH_3-NH_4^+ 缓冲溶液	铬黑 T K-B	红→蓝

表中所列的纯金属如 Cu、Zn、Pb 等，要求纯度在 99.99% 以上。金属表面如有一层氧化膜，应先用酸洗去，再用水或乙醇洗涤，并在 105℃烘干数分钟后再称量。金属氧化物或其盐类如 Bi_2O_3、$CaCO_3$、MgO、$MgSO_4 \cdot 7H_2O$、ZnO、$ZnSO_4$ 等试剂，在使用前应预先处理。

实验室中常用金属锌或氧化锌为基准物，由于它们的摩尔质量不大，标定时通常采用"称大样"法，即先准确称取基准物，溶解后定量转移入一定体积的容量瓶中配制，然后再移取一定量溶液标定。

2. EDTA 标准溶液的标定　[c(EDTA) = 0.1mol/L]

称取 0.3g 于 800℃±50℃ 的高温炉中灼烧至恒重的工作基准试剂 ZnO，用少量水湿润，加 2mL 盐酸溶液（20%）溶解，加 100mL 水，加氨水溶液（10%）调节溶液 pH 至 7~8，加 10mL NH_3-NH_4Cl 缓冲溶液（pH≈10）及 5 滴铬黑 T 指示剂（5g/L），用配制好的 EDTA 溶液滴定至溶液由紫色变为纯蓝色。同时做空白试验。

为了使测定结果具有较高的准确度，标定的条件与测定的条件应尽可能相同。在可能的情况下，最好选用被测元素的纯金属或化合物为基准物质。这是因为不同的金属离子与 EDTA 反应完全的程度不同，允许的酸度不同，因而对结果的影响也不同。

三、 EDTA 溶液浓度的计算

EDTA 溶液的浓度可按下式计算。

$$c(\text{EDTA}) = \frac{m \times 1000}{(V_1 - V_2)M} \tag{3-13}$$

式中　m——ZnO 的质量，g；

　　　V_1——滴定消耗 EDTA 的体积，mL；

　　　V_2——空白滴定消耗 EDTA 的体积，mL；

　　　M——氧化锌的摩尔质量，g/mol，$M(\text{ZnO}) = 81.408\text{g/mol}$。

第五节　配位滴定的应用

在配位滴定中，可以采用不同的滴定方式，这样既可以扩大配位滴定的应用范围，同时也可以提高配位滴定的选择性。

一、滴定方式

1. 直接滴定法

直接滴定法是配位滴定中最基本的方法。这种方法是先将待测物质经过预处理制成溶液后，再调节酸度，加入指示剂，有时还需要加入适当的辅助配体试剂及掩蔽剂，直接用 EDTA 标准滴定溶液进行滴定，滴定完成后根据标准溶液的浓度和所消耗的体积，计算试液中待测组分的含量。

直接滴定法在不同的酸度下，用于下列离子：

① pH＝1 时　滴定 Zr^{4+}；

② pH＝2～3 时　滴定 Fe^{3+}、Bi^{3+}、Th^{4+}、Ti^{4+}、Hg^{2+}；

③ pH＝5～6 时　滴定 Zn^{2+}、Pb^{2+}、Cd^{2+}、Cu^{2+} 及稀土元素；

④ pH＝10 时　滴定 Mg^{2+}、Co^{2+}、Ni^{2+}、Zn^{2+}、Cd^{2+}；

⑤ pH＝12 时　滴定 Ca^{2+} 等。

2. 返滴定法

返滴定法是先加入已知过量的 EDTA 标准溶液，使其与被测离子配位，再用另一种金属离子的标准溶液滴定剩余的 EDTA，由两种标准溶液所消耗的物质的量之差计算被测金属离子的含量。有下列情况之一的可以采用返滴定法：①当被测离子与 EDTA 配位缓慢；②在滴定的 pH 下发生水解；③对指示剂有封闭作用；④无合适的指示剂。

例如，Al^{3+} 与 EDTA 配位缓慢，对二甲酚橙等指示剂也有封闭作用，又较易水解，因此一般采用返滴定法。首先加入过量的 EDTA 于试液中，调节 pH，加热煮沸使 Al^{3+} 与 EDTA 配位完全，冷却后调 pH＝5～6，加入二甲酚橙指示剂，用 Zn^{2+} 标准溶液滴定剩余的 EDTA。

3. 置换滴定法

置换滴定法是利用置换反应，从配合物中置换出等物质的量的另一种金属离子或 EDTA，然后进行滴定。例如测定锡青铜中的锡时，可向试液中加入过量的 EDTA，Sn^{4+} 与共存的 Pb^{2+}、Zn^{2+}、Cu^{2+} 等一起与 EDTA 配位，用 Zn^{2+} 标准溶液除去过量的 EDTA，加入 NH_4F，F^- 将 SnY 中的 Y 置换出来，再用 Zn^{2+} 标准溶液滴定置换出来的 Y，即可求得 Sn

的含量。

4. 间接滴定法

有些金属离子如 Li^+、Na^+、K^+、Rb^+、Cs^+，由于和 EDTA 形成的配合物不稳定或不能与 EDTA 配位，这时可采用间接滴定的方法进行测定。例如，Na^+ 的测定可通过醋酸铀酰锌来沉淀 Na^+，生成醋酸铀酰锌钠 $[NaZn(UO_2)_3 \cdot (CH_3COO)_9 \cdot 9H_2O]$ 沉淀，将沉淀过滤、洗涤、溶解后，以 EDTA 滴定 Zn^{2+} 而定量。又如 PO_4^{3-} 的测定，在一定条件下，可将 PO_4^{3-} 沉淀为 $MgNH_4PO_4$ 然后过滤，溶解沉淀，调节溶液的 $pH=10$，铬黑 T 作指示剂，以 EDTA 标准溶液滴定与 PO_4^{3-} 等物质的量的 Mg^{2+}，由 Mg^{2+} 物质的量间接算出 PO_4^{3-} 的含量。

二、应用示例

1. 水的总硬度测定

湖泊水、地下水、污水处理后的工业用水常含有钙、镁的碳酸盐、酸式碳酸盐、硫酸盐、氯化物等。水中钙、镁盐等的含量用"硬度"表示，其中 Ca^{2+}、Mg^{2+} 含量是计算硬度的主要指标。水的总硬度包括暂时硬度和永久硬度。在水中以碳酸盐及酸式碳酸盐形式存在的钙、镁盐，加热能被分解、析出沉淀而除去，这类盐所形成的硬度称为暂时硬度。而钙、镁的硫酸盐或氯化物等加热不能被分解，这类盐所形成的硬度称为永久硬度。

硬度是工业用水的重要指标，如锅炉给水，经常要进行硬度分析，为水的处理提供依据。测定水的总硬度就是测定水中 Ca^{2+}、Mg^{2+} 的总含量。一般采用配位滴定法，即在 $pH=10$ 的氨性缓冲溶液中，以铬黑 T 作指示剂，用 EDTA 标准溶液直接滴定，直至溶液由酒红色转变为纯蓝色为终点。滴定时，水中存在的少量 Fe^{3+}、Al^{3+} 等干扰离子用三乙醇胺掩蔽，Cu^{2+}、Pb^{2+} 等重金属离子可用 KCN、Na_2S 来掩蔽。

各国对水的硬度表示方法不同，我国通常以含 $CaCO_3$ 的质量浓度 ρ 表示硬度，单位取 mg/L。也有用含 $CaCO_3$ 的物质的量浓度来表示的，单位取 mmol/L。国家标准规定饮用水硬度以 $CaCO_3$ 计，不能超过 450mg/L。

2. 氢氧化铝凝胶含量的测定

部分金属离子与 EDTA 反应速率比较慢，可以使用 EDTA 返滴定法。测定氢氧化铝中铝的含量是采用返滴定法测定，即将一定量的氢氧化铝凝胶溶解，加 $HAc-NH_4Ac$ 缓冲溶液，控制酸度 $pH=4.5$，加入过量的 EDTA 标准溶液，以二苯硫脲作指示剂，以锌标准溶液滴定到溶液由绿黄色变为红色，即为终点。

3. 硅酸盐物料中三氧化二铁、氧化铝、氧化钙和氧化镁的测定

天然的硅酸盐矿物有石英、云母、滑石、长石、白云石等，在地壳中占 75% 以上。水泥、玻璃、陶瓷制品、砖、瓦等则为人造硅酸盐。黄土、黏土、沙土等土壤主要成分也是硅酸盐。

硅酸盐的组成除 SiO_2 外主要有 Fe_2O_3、Al_2O_3、CaO 和 MgO 等，这些组分通常都可采用 EDTA 配位滴定法来测定。试样经预处理制成试液后，在 $pH=2\sim2.5$，以磺基水杨酸作指示剂，用 EDTA 标准溶液直接滴定 Fe^{3+}。在滴定 Fe^{3+} 后的溶液中，可以用连续滴定的方式测定该溶液中的 Al^{3+} 含量。在直接滴定 Fe^{3+} 后，加过量的 EDTA 并调整 pH 在 $4\sim5$，以 PAN 作指示剂，在热溶液中用 $CuSO_4$ 标准溶液回滴过量的 EDTA 以测定 Al^{3+} 含量。

用差减法计算 MgO、CaO 量。取一份试液，加三乙醇胺，在 $pH=10$，以 KB 作指示

剂，用 EDTA 标准溶液滴定 CaO 和 MgO 的总量。再取等量试液加三乙醇胺，以 KOH 溶液调 pH>12.5，使 Mg 形成 $Mg(OH)_2$ 沉淀，仍用 KB 指示剂，EDTA 标准溶液直接滴定得 CaO 的含量，并用差减法计算 MgO 的含量，本方法现在仍广泛使用。测定中使用的 KB 指示剂是由酸性铬蓝 K 和萘酚绿 B 混合配制的。

案例分析 3-1　工业用水总硬度的测定

（参考 GB/T 5750.4—2006）

一、原理

我国通常以含 $CaCO_3$ 的质量浓度 ρ 表示硬度，单位取 mg/L，也有用含 $CaCO_3$ 的物质的量浓度来表示的，单位取 mmol/L。国家标准中水的硬度大小是以 Ca、Mg 总量折算成 CaO 的量来衡量的，表示方法：以度（°）计，即 1L 水中含有 10mg CaO 称为 1°，有时也以 mg/L 表示。

水的硬度主要用 EDTA 滴定法测定。在 pH≈10 的氨性缓冲溶液中，用铬黑 T 作指示剂进行滴定，溶液由酒红色变天蓝色即为终点。滴定时，用三乙醇胺及酒石酸钾钠掩蔽 Fe^{3+}、Al^{3+} 等干扰离子，则可用 KCN、Na_2S 或巯基乙酸等掩蔽少量 Cu^{2+}、Pb^{2+}、Zn^{2+} 等。

硬水和软水尚无明确的界限，硬度小于 5.6° 的水，一般可称为软水。

二、试剂

（1）EDTA 标准溶液（0.01mol/L）　称取 3.72g EDTA 溶于 1000mL 水中，标定准确浓度。

（2）$NH_3 \cdot H_2O$-NH_4Cl 缓冲溶液（pH=10）　称 16.9g NH_4Cl 溶于 $NH_3 \cdot H_2O$ 143mL（ρ_{20}=0.88g/mL）中。

（3）铬黑 T 指示剂　称取 0.5g 铬黑 T（$C_{20}H_{12}O_7N_3SNa$）用乙醇 [$\varphi(C_2H_5OH)$=95%] 溶解，并稀释至 100mL。放置于冰箱中，可稳定一个月。

（4）盐酸溶液　（1+1）。

（5）锌标准溶液　称取 0.6～0.7g 纯锌粒，溶于盐酸溶液（1+1）中，置于水浴上温热至完全溶解，移入容量瓶中，定容至 1000mL，按公式 $c(Zn) = \dfrac{m}{65.39}$(mol/L) 计算。其中 m 为锌的质量（g）；65.39 为锌的摩尔质量（g/mol）。

三、操作步骤

1. 0.01mol/LEDTA 溶液的标定

准确吸取 25.00mL 锌标准溶液（V_2，mL），置于 250mL 锥形瓶中，加 25mL 纯水，加入几滴氨水调节溶液至近中性，再加 5mL 缓冲溶液和 5 滴铬黑 T 指示剂，在不断振荡下，用 EDTA 溶液滴定至不变的纯蓝色，消耗 EDTA 溶液体积（V_1，mL），平行测定三份，按下式计算 EDTA 标准溶液的浓度。

$$c(\text{EDTA}) = \frac{c(Zn)V_2}{V_1}$$

2. 水样总硬度的测定

吸取水样 50mL 于 250mL 锥形瓶中，加入 $NH_3 \cdot H_2O$-NH_4Cl 缓冲溶液 1～2mL 及 5 滴铬黑 T 指示剂，摇匀，用 EDTA 标准溶液滴定至溶液由酒红色变纯蓝色，即为终点。同时做空白实验。根据 EDTA 溶液的用量计算水样的硬度。计算结果时，把 Ca、Mg 总量折算成 CaO（以 10mg/L 计）。平行测定三份。

四、计算

$$\rho(CaCO_3) = \frac{(V_1 - V_0) \times c \times 100.09 \times 1000}{V}$$

式中　$\rho(CaCO_3)$——水样的总硬度，mg/L；

c——EDTA 标准溶液的浓度，mol/L；

V_1——滴定消耗 EDTA 标准溶液的体积，mL；

V_0——空白滴定消耗 EDTA 标准溶液的体积，L；

V——水样的体积，mL；

100.09——与 100mL EDTA 标准溶液 $[c(EDTA) = 1.000mol/L]$ 相当的以毫克表示的总硬度（以 $CaCO_3$ 计）。

案例分析 3-2　镍盐中镍含量的测定
（参考 GB/T 30072—2013）

一、原理

很多试样通过预处理，如用硝酸-盐酸，硅含量高的试料加氢氟酸助溶，高氯酸冒烟分解，可以得到镍盐溶液。镍盐溶液中存在铁、铝、钛、锰杂质，可在微酸性溶液中加氟化物掩蔽铁、铝、钛，六偏磷酸钠掩蔽锰。

用返滴定法测定 Ni^{2+}。在 Ni^{2+} 溶液中加入过量的 EDTA 标准溶液，调节 pH=4.6，加热煮沸使 Ni^{2+} 与 EDTA 配位完全。过量的 EDTA 用 $CuSO_4$ 标准溶液回滴，PAN 作指示剂，终点时溶液由绿色变为蓝紫色。根据铜标准溶液的消耗量计算得出镍的含量。反应如下：

$$Ni^{2+} + H_2Y^{2-} \longrightarrow NiY^{2-} + 2H^+$$
$$Cu^{2+} + H_2Y^{2-} \longrightarrow CuY^{2-} + 2H^+$$
$$\text{（蓝色）}$$

$$PAN + Cu^{2+} \longrightarrow Cu\text{-}PAN$$
$$\text{（黄色）}\qquad\qquad\text{（红色）}$$

二、仪器药品

（1）EDTA 标准溶液　0.01mol/L。

（2）氨水（1+1）　氨水与水按 1:1 体积比混合。

（3）稀 H_2SO_4（6mol/L）。

（4）HAc-NaAc 缓冲溶液　pH=4.6。称取无水 NaAc144g，溶解在 500mL 水中，加 115mL HAc（ρ=1.05g/mL）用水稀释至 1000mL，混匀。

（5）硫酸铜（$CuSO_4 \cdot 5H_2O$）标准溶液　0.010mol/L。

（6）PAN 乙醇溶液（2.0g/L）　0.20g PAN 溶于乙醇，用乙醇稀释至 100mL。

（7）刚果红试纸。

（8）盐酸（1+1）。

三、操作步骤

1. $c(CuSO_4) = 0.010mol/L$ 溶液的配制

称取 2.5g $CuSO_4 \cdot 5H_2O$，溶于少量稀 H_2SO_4 中，转入 1000mL 容量瓶中，用水稀释至刻度，摇匀，待标定。

2. $CuSO_4$ 标准溶液的标定

从滴定管放出 10.00mL EDTA 标准溶液于 250mL 锥形瓶中，加入 100mL 水，加入 25 滴盐酸，加入 25mL HAc-NaAc 缓冲溶液，煮沸后立即加入 7 滴 PAN 指示液，趁热迅速用待标定的 $CuSO_4$ 溶液滴定至溶液呈紫红色为终点，记下消耗 $CuSO_4$ 溶液的体积。平行测定三次，取平均值计算 $CuSO_4$ 标准滴定溶液的浓度。

3. 镍盐中镍的测定

准确称取镍盐试样（相当于 Ni 含量在 15mg 以内）于小烧杯中，加水 50mL，溶解并定量转入 250mL 容量瓶中，用水稀释至刻度，摇匀。用移液管吸取 10.00mL 置于锥形瓶中，加入 $c(EDTA)=0.01mol/L$ EDTA 标准溶液 30.00mL（理论计算值过量 5.00~10.00mL 的 EDTA 标准溶液），用氨水（1+1）调节使刚果红试纸变红，加 HAc-NaAc 缓冲溶液 20mL，煮沸后立即加入 6~8 滴 PAN 指示剂，迅速用 $CuSO_4$ 标准溶液滴定，临近终点时液面呈浅灰色，此时补加 1 滴 PAN 指示剂，不断振荡或搅拌滴定至红色为终点。记下消耗 $CuSO_4$ 标准溶液的体积。平行测定三次，取平均值计算镍盐试样中镍的含量。

四、数据处理

$$c(CuSO_4) = \frac{c(EDTA)V(EDTA)}{V(CuSO_4)}$$

式中　$c(CuSO_4)$——$CuSO_4$ 标准溶液的浓度，mol/L；

$c(EDTA)$——EDTA 标准溶液的浓度，mol/L；

$V(CuSO_4)$——标定时消耗 $CuSO_4$ 标准溶液的体积，mL；

$V(EDTA)$——标定时所用 EDTA 标准溶液的体积，mL。

$$w(Ni) = \frac{[c(EDTA)V(EDTA) - c(CuSO_4)V(CuSO_4)] \times 10^{-3} \times M(Ni)}{m \times \dfrac{10.00}{250.0}} \times 100\%$$

式中　$w(Ni)$——镍盐试样中镍的含量（质量分数），%；

$c(EDTA)$——EDTA 标准溶液的浓度，mol/L；

$V(EDTA)$——滴定时加入 EDTA 标准溶液的体积，mL；

$c(CuSO_4)$——$CuSO_4$ 标准溶液的浓度，mol/L；

$V(CuSO_4)$——测定时消耗 $CuSO_4$ 标准溶液的体积，mL；

$M(Ni)$——Ni 的摩尔质量，g/mol；

m——试样的质量，g。

案例分析 3-3　硝酸铅和硝酸铋混合溶液中 Pb 和 Bi 含量的测定（连续滴定法）

一、原理

1. 铅、铋混合溶液的连续测定

Bi^{3+}、Pb^{2+} 均能与 EDTA 形成稳定的 1:1 配合物，其 lgK 值分别为 27.94 和 18.04，两者稳定性相差很大，$\Delta pK=9.90>6$。可以通过用控制酸度的方法在一份试液中连续滴定 Bi^{3+} 和 Pb^{2+}。在测定中，均以二甲酚橙（XO）作指示剂，XO 在 pH<6 时呈黄色，在 pH >6.3 时呈红色；而它与 Bi^{3+}、Pb^{2+} 所形成的配合物呈紫红色，它们的稳定性与 Bi^{3+}、Pb^{2+} 和 EDTA 所形成的配合物相比要低；而 $K_{Bi-XO}>K_{Pb-XO}$。

测定时，先用 HNO_3 调节溶液 pH=1.0（此时 Pb^{2+} 既不与 EDTA 配合，也不与二甲酚橙配合），Bi^{3+} 与二甲酚橙形成紫红色的配合物，用 EDTA 标准溶液滴定溶液由紫红色突变为亮黄色，即为滴定 Bi^{3+} 的终点。调节溶液酸度，加入六亚甲基四胺，使溶液 pH 为 5～6，此时 Pb^{2+} 与 XO 形成紫红色配合物，继续用 EDTA 标准溶液滴定至溶液由紫红色突变为亮黄色，即为滴定 Pb^{2+} 的终点。

反应如下：

pH＝1.0 时　滴定前：　　　　　　$XO + Bi^{3+} \Longrightarrow Bi^{3+}\text{-}XO$
　　　　　　　　　　　　　　（黄色）　　（紫红色）

　　　　　　　滴定时：　　　　$EDTA + Bi^{3+} \Longrightarrow Bi^{3+}\text{-}EDTA$
　　　　　　　　　　　　　　　　　　　　　（无色）

　　　　　　终点时：$EDTA + Bi^{3+}\text{-}XO \Longrightarrow Bi^{3+}\text{-}EDTA + XO$
　　　　　　　　　　（紫红色）　　　　　　　　　（黄色）

pH＝5～6 时　滴定前：　　　　　　$XO + Pb^{2+} \Longrightarrow Pb^{2+}\text{-}XO$
　　　　　　　　　　　　　　（黄色）　　（紫红色）

　　　　　　　滴定时：　　　　$EDTA + Pb^{2+} \Longrightarrow Pb^{2+}\text{-}EDTA$
　　　　　　　　　　　　　　　　　　　　　（无色）

　　　　　　终点时：$EDTA + Pb^{2+}\text{-}XO \Longrightarrow Pb^{2+}\text{-}EDTA + XO$
　　　　　　　　　　（紫红色）　　　　　　　　　（黄色）

2. EDTA 的标定

EDTA 标准溶液采用间接法配制，由于 EDTA 与金属离子形成 1∶1 配合物，为了减小系统误差，标定条件与测定条件尽量一致。实验选用金属 Zn（或 $ZnSO_4 \cdot 7H_2O$）为基准物，在 pH＝5～6 的六亚甲基四胺溶液中，以二甲酚橙为指示剂，进行标定。用待标定的 EDTA 溶液滴定 Zn^{2+} 标准溶液，至溶液由紫红色变为亮黄色即为终点。

滴定前：$XO \quad + \quad Zn^{2+} \Longrightarrow Zn^{2+}\text{-}XO$
　　　　（黄色）　　　　　　　（紫红色）

滴定时：$EDTA \quad + \quad Zn^{2+} \Longrightarrow Zn^{2+}\text{-}EDTA$
　　　　　　　　　　　　　　　（无色）

终点时：　$EDTA \quad + Zn^{2+}\text{-}XO \Longrightarrow Zn^{2+}\text{-}EDTA \quad + \quad XO$
　　　　（紫红色）　　　　　　　　　　　　　（黄色）

二、试剂

（1）EDTA 标准溶液　0.02mol/L。

（2）HNO_3　0.10mol/L。

（3）六亚甲基四胺溶液　200g/L。

（4）Bi^{3+}、Pb^{2+} 混合液　含 Bi^{3+}、Pb^{2+} 各约为 0.01mol/L，含 HNO_3 0.15mol/L。

（5）二甲酚橙水溶液　2g/L。

（6）HCl　1＋1。

三、操作步骤

1. 0.02mol/L EDTA 标准溶液的标定

准确称取 ZnO 基准物 0.4g，置于 100mL 烧杯中，用少量水先润湿，盖上表面皿，滴加 1＋1HCl 6mL，待其全部溶解后，用少量水冲洗表面皿及烧杯内壁，定量转移入 250mL 容量瓶中，用水稀释至刻度，摇匀。

移取 25.00mL Zn^{2+} 标准溶液于 250mL 锥形瓶中，加 2 滴二甲酚橙指示剂，滴加 200g/L 六亚甲基四胺溶液，使溶液变为紫红色（此时 pH＝5～6）后，再加入过量的 5mL。用 EDTA 溶液滴定，当溶液由紫红色突变为亮黄色时，即为终点。计算 EDTA 溶液的准确浓度。

2.铅、铋混合溶液的连续测定

用移液管移取 25.00mL Bi^{3+}、Pb^{2+} 混合试液于 250mL 锥形瓶中，加入 1～2 滴二甲酚橙，用 EDTA 标准溶液滴定溶液由紫红色突变为亮黄色，即为终点，记取 V_1（mL），然后滴加 200g/L 六亚甲基四胺溶液，使溶液变为紫红色后，再加入过量的 5mL。继续用 EDTA 标准溶液滴定溶液由紫红色突变为亮黄色，即为终点，记下 V_2（mL）。计算混合试液中 Bi^{3+} 和 Pb^{2+} 的含量（mol/L）及 V_1/V_2。

四、数据处理

$$\rho(Bi^{3+}) = \frac{c(EDTA)V_1 M(Bi)}{V}$$

$$\rho(Pb^{2+}) = \frac{c(EDTA)V_2 M(Pb)}{V}$$

式中　$\rho(Bi^{3+})$——混合液中 Bi^{3+} 的含量，g/L；

$\rho(Pb^{2+})$——混合液中 Pb^{2+} 的含量，g/L；

$c(EDTA)$——EDTA 标准溶液的浓度，mol/L；

V_1——滴定 Bi^{3+} 时消耗 EDTA 标准溶液的体积，mL；

V_2——滴定 Pb^{3+} 时消耗 EDTA 标准溶液的体积，mL；

V——所取试液的体积，mL；

$M(Bi)$——Bi 的摩尔质量，g/mol；

$M(Pb)$——Pb 的摩尔质量，g/mol。

第四章
氧化还原滴定法

第一节 概 述

氧化还原滴定法是以溶液中氧化剂和还原剂之间的电子转移为基础的一种滴定分析方法。氧化还原滴定法应用非常广泛，它不仅可用于无机分析，而且可以广泛用于有机分析，许多具有氧化性或还原性的有机化合物可以用氧化还原滴定法来测定。

一、氧化还原滴定法

氧化还原滴定法是以氧化还原反应为基础的容量分析方法。它以氧化剂或还原剂为滴定剂，直接滴定一些具有还原性或氧化性的物质；或者间接滴定一些本身并没有氧化还原性，但能与某些氧化剂或还原剂起反应的物质。氧化滴定剂有高锰酸钾、重铬酸钾、硫酸铈、碘、碘酸钾、高碘酸钾、溴酸钾、铁氰化钾、氯胺等；还原滴定剂有亚砷酸钠、亚铁盐、氯化亚锡、抗坏血酸、亚铬盐、亚钛盐、亚铁氰化钾、肼类等。

氧化还原滴定法应用十分广泛，具有以下特点：

① 氧化还原反应的机理较复杂，副反应较多，因此与化学计量有关的问题更复杂。

② 氧化还原反应速率一般较慢，受到介质的影响也比较大。

③ 氧化还原滴定既可以用氧化剂作滴定剂，也可用还原剂作滴定剂，因此有多种方法。

④ 氧化还原滴定法主要用来测定氧化剂或还原剂，也可以用来测定不具有氧化性或还原性的物质。

氧化还原滴定法可以根据待测物的性质来选择合适的滴定剂，并常根据所用滴定剂的名称来命名，如常用的有高锰酸钾法、重铬酸钾法、碘量法、铈量法、溴酸钾法等。各种方法都有其特点和应用范围，应根据实际情况正确选用。

二、氧化还原反应进行的程度

氧化还原滴定要求氧化还原反应进行得越完全越好。反应进行的完全程度常用反应的平衡常数的大小来衡量，平衡常数可根据能斯特方程式从有关电对的条件电位或标准电极电位求出。如氧化还原反应：

$$n_2 Ox_1 + n_1 Red_2 = n_2 Red_1 + n_1 Ox_2$$

两电对的半反应的电极电位分别为：

$$\varphi_1 = \varphi_1^{\ominus'} + \frac{0.059}{n_1}\lg\frac{c(Ox_1)}{c(Red_1)}; \varphi_2 = \varphi_2^{\ominus'} + \frac{0.059}{n_2}\lg\frac{c(Ox_2)}{c(Red_2)}$$

$\varphi_1^{\ominus'}$、$\varphi_2^{\ominus'}$为两个电极的条件电极电位，φ_1、φ_2为两个电极的电极电位。当反应达到平衡时，两电对的电极电位相等，即

$$\varphi_1^{\ominus'} + \frac{0.059}{n_1}\lg\frac{c(Ox_1)}{c(Red_1)} = \varphi_2^{\ominus'} + \frac{0.059}{n_2}\lg\frac{c(Ox_2)}{c(Red_2)}$$

整理后得

$$\varphi_1^{\ominus'} - \varphi_2^{\ominus'} = \frac{0.059}{n_1 n_2}\lg\left(\frac{c(Red_1)}{c(Ox_1)}\right)^{n_2}\left(\frac{c(Ox_2)}{c(Red_2)}\right)^{n_1} = \frac{0.059}{n_1 n_2}\lg K'$$

$$\lg K' = \frac{n_1 n_2(\varphi_1^{\ominus'} - \varphi_2^{\ominus'})}{0.059} \tag{4-1}$$

若设 $n_1 n_2 = n$，n 为最小公倍数。则

$$\lg K' = \frac{n(\varphi_1^{\ominus'} - \varphi_2^{\ominus'})}{0.059} \tag{4-2}$$

可见，两电对的条件电位相差越大，氧化还原反应的平衡常数 K' 就越大，反应进行也越完全。当 $n_1 = n_2 = 1$ 时，氧化还原滴定反应

$$Ox_1 + Red_2 \Longrightarrow Red_1 + Ox_2$$

只有在反应完成 99.9% 以上，才满足定量分析的要求。因此在化学计量点时，要求：反应产物的浓度 $\geq 99.9\%$，即 $[Ox_2] \geq 99.9\%$；$[Red_1] \geq 99.9\%$；而剩余反应物的量 $\leq 0.1\%$，即 $[Ox_1] \leq 0.1\%$；$[Red_2] \leq 0.1\%$；

则

$$\lg K' = \lg\frac{[Red_1][Ox_2]}{[Ox_1][Red_2]} \geq \lg\frac{99.9\% \times 99.9\%}{0.1\% \times 0.1\%} \geq \lg(10^3 \times 10^3) \geq 6 \tag{4-3}$$

所以，当分析误差 $\leq 0.1\%$ 时，两电对最小的电位差值应为：

$n_1 = n_2 = 1$ 时，$\qquad \Delta\varphi \geq \frac{0.059}{1} \times 6 = 0.35(V)$

$n_1 = n_2 = 2$ 时，$\qquad \Delta\varphi \geq \frac{0.059}{2} \times 6 = 0.18(V)$

$n_1 = n_2 = 3$ 时，$\qquad \Delta\varphi \geq \frac{0.059}{3} \times 6 = 0.12(V)$

三、影响氧化还原反应速率的因素

影响氧化还原反应速率的重要因素有以下几方面。

1. 氧化剂与还原剂的性质

不同性质的氧化剂和还原剂，其反应速率相差极大，这与它们的原子结构、反应历程等因素有关。

2. 反应物浓度的影响

不能从总的氧化还原反应方程式来判断反应物浓度对反应速率的影响，由于许多氧化还原反应是分步进行的，整个反应速率由最慢的一步所决定。一般来说，增加反应物的浓度就能加快反应的速率。

3. 催化剂对反应速率的影响

催化剂的使用是提高反应速率的有效方法。譬如，Ce^{4+} 与 As(Ⅲ) 的反应，实际上分两步进行的：

$$As(Ⅲ) \xrightarrow{Ce^{4+}（慢）} As(Ⅳ) \xrightarrow{Ce^{4+}（快）} As(Ⅴ)$$

由于前一步的影响使总的反应速率很慢，如果加入少量的 I^-，可以加速 Ce^{4+} 与 As（Ⅲ) 的反应。

又如，MnO_4^- 与 $C_2O_4^{2-}$ 的反应速率慢，但若加入 Mn^{2+} 能催化反应迅速进行。如果不加入 Mn^{2+}，而利用 MnO_4^- 与 $C_2O_4^{2-}$ 发生作用后生成的微量 Mn^{2+} 作催化剂，反应也可进行，但是开始反应是极其缓慢的。这种生成物本身引起的催化作用的反应称为自动催化反应。这类反应有一个特点，就是开始时的反应速率较慢，随着生成物逐渐增多，反应速率就逐渐加快。经一个最高点后，由于反应物的浓度越来越低，反应速率又逐渐降低。

4. 温度对反应速率的影响

一般来说，大多数反应升高溶液的温度可以加快反应速率，通常情况下溶液温度每增高 10℃，反应速率可增大 2～3 倍。例如在酸性溶液中 MnO_4^- 和 $C_2O_4^{2-}$ 的反应：

$$2MnO_4^- + 5C_2O_4^{2-} + 16H^+ == 2Mn^{2+} + 10CO_2 + 8H_2O$$

在室温下反应速率缓慢，如果将溶液加热至 65℃ 左右，反应速率就大大加快，滴定便可以顺利进行。

5. 诱导反应对反应速率的影响

在氧化还原反应中，有些反应在一般情况下进行得非常缓慢或实际上并不发生，可是当存在另一反应的情况下，此反应就会加速进行。这种因某一氧化还原反应的发生而促进另一种氧化还原反应进行的现象，称为诱导作用，反应称为诱导反应。例如：$KMnO_4$ 氧化 Cl^- 反应速率极慢，对滴定几乎无影响。但如果溶液中同时存在 Fe^{2+} 时，MnO_4^- 与 Fe^{2+} 的反应可以加速 MnO_4^- 与 Cl^- 的反应，使测定的结果偏高。这种现象就是诱导作用，MnO_4^- 与 Fe^{2+} 的反应就是诱导反应。

由于氧化还原反应机理较为复杂，采用何种措施来加速滴定反应速率，需要综合考虑各种因素。例如高锰酸钾法滴定 $C_2O_4^{2-}$，滴定开始前，需要加入 Mn^{2+} 作为反应的催化剂，滴定反应需要在 65℃ 下进行。

第二节 氧化还原滴定曲线及终点的确定

一、氧化还原滴定曲线

在氧化还原滴定过程中，随着标准滴定溶液的不断加入，溶液中反应物和生成物的浓度不断改变，氧化还原电对的电极电势也不断发生变化，电极电势随标准溶液变化的情况可以用一曲线来表示，这一曲线即氧化还原滴定曲线。氧化还原滴定曲线一般通过实验数据绘出，有时也可以通过能斯特方程计算绘制。

通过以 0.1000mol/L Ce^{4+} 溶液滴定 0.1000mol/L Fe^{2+} 溶液的电极电势计算，得到加入不同体积的 Ce^{4+} 溶液后溶液的电极电势，见表 4-1。

表 4-1　以 0.1000mol/L Ce^{4+} 溶液滴定 0.1000mol/L Fe^{2+} 溶液的电极电势变化

加入 Ce^{4+} 溶液体积(V)/mL	Fe^{2+} 被滴定的百分率/%	电极电势(φ)/V
1.00	5.0	0.60
2.00	10.0	0.62
4.00	20.0	0.64
8.00	40.0	0.67
10.00	50.0	0.68
12.00	60.0	0.69
18.00	90.0	0.74
19.80	99.0	0.80
19.98	99.9	0.86 ⎫
20.00	100.0	1.06 ⎬ 突跃范围
20.02	100.1	1.26 ⎭
22.00	110.0	1.38
30.00	150.0	1.42
40.00	200.0	1.44

以滴定剂加入的百分数为横坐标，电对的电极电势为纵坐标作图，可得到如图 4-1 的氧化还原滴定曲线。

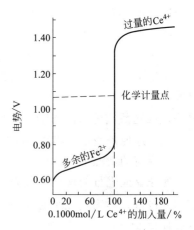

图 4-1　以 0.1000mol/L Ce^{4+} 溶液滴定 0.1000mol/L Fe^{2+} 溶液的滴定曲线

二、氧化还原滴定终点的确定

由表中数据和图 4-1 可知，从化学计量点前 Fe^{2+} 剩余 0.1% 到化学计量点后 Ce^{4+} 过量 0.1%，溶液的电极电势值由 0.86V 增加至 1.26V，改变了 0.4V，这个变化称为滴定电势突跃。化学计量点附近突跃的大小取决于与两个电对的电子转移数和电位差。两个电对的电极电势差越大，滴定突跃越大。电对的电子转移数越小，滴定突跃越大。对于 $n_1 = n_2 = 1$ 的氧化还原反应，化学计量点恰好处于滴定突跃的中间，在化学计量点附近滴定曲线基本是对称的。

三、氧化还原滴定指示剂

氧化还原滴定中常用的指示剂有以下三类。

1. 自身指示剂

滴定剂本身有很深的颜色，而滴定产物为无色或颜色很浅，在这种情况下，滴定时可不必另加指示剂，例如 $KMnO_4$ 本身显紫红色，用它来滴定 Fe^{2+}、$C_2O_4^{2-}$ 溶液时，反应产物 Mn^{2+}、Fe^{3+} 等颜色很浅或是无色，滴定到化学计量点后，只要 $KMnO_4$ 滴定溶液稍微过量就能使溶液呈现淡红色，指示滴定终点的到达。

2. 专属指示剂

一些指示剂本身并不具有氧化还原性，但能与滴定剂或被测定物质发生显色反应，而且显色反应是可逆的，因而可以指示滴定终点。这类指示剂最常用的是淀粉，可溶性淀粉与碘溶液反应生成深蓝色的化合物，当 I_2 被还原为 I^- 时，蓝色就突然褪去。因此，在碘量法中，多用可溶性淀粉溶液作指示剂。用可溶性淀粉指示剂可以检出约 $10^{-5}\,\mathrm{mol/L}$ 的碘溶液。

3. 氧化还原指示剂

这类指示剂本身是氧化剂或还原剂，它的氧化态和还原态具有不同的颜色。在滴定过程中，指示剂由氧化态转为还原态，或由还原态转为氧化态时，溶液颜色随之发生变化，从而指示滴定终点。若以 $\mathrm{In_{Ox}}$ 和 $\mathrm{In_{Red}}$ 分别代表指示剂的氧化态和还原态，滴定过程中，指示剂的电极反应可用下式表示：

$$\mathrm{In_{Ox}} + n\,e^- \Longrightarrow \mathrm{In_{Red}}$$

$$\varphi = \varphi^{\ominus\prime}(\mathrm{In}) + \frac{0.059}{n}\lg\frac{c(\mathrm{In_{Ox}})}{c(\mathrm{In_{Red}})} \tag{4-4}$$

显然，随着滴定过程中溶液电位值的改变，$c(\mathrm{In_{Ox}})/c(\mathrm{In_{Red}})$ 比值也在改变，因而溶液的颜色也发生变化。与酸碱指示剂在一定 pH 范围内发生颜色转变一样，只能在一定电位范围内看到这种颜色变化，这个范围就是指示剂变色电位范围，它相当于两种形式浓度比值从 1/10 变到 10 时的电位变化范围。即

$$\varphi = \varphi^{\ominus\prime}(\mathrm{In}) \pm \frac{0.059}{n} \tag{4-5}$$

当被滴定溶液的电位值恰好等于 $\varphi^{\ominus\prime}(\mathrm{In})$ 时，指示剂呈现中间颜色，称为变色点。若指示剂的一种形式的颜色比另一种形式深得多，则变色点电位将偏离 $\varphi^{\ominus\prime}(\mathrm{In})$ 值。表 4-2 列出了部分常用的氧化还原指示剂。

表 4-2　常用的氧化还原指示剂

指示剂	$\varphi^{\ominus\prime}(\mathrm{In})/\mathrm{V}$ $[\mathrm{H^+}]=1\mathrm{mol/L}$	颜色变化		配制方法
		还原态	氧化态	
亚甲基蓝	0.52	无	蓝	0.5g/L 水溶液
二苯胺磺酸钠	0.85	无	紫红	0.5g 指示剂，2g $\mathrm{Na_2CO_3}$，加水稀释至 100mL
邻苯氨基苯甲酸	0.89	无	紫红	0.11g 指示剂溶于 20mL 50g/L $\mathrm{Na_2CO_3}$ 溶液中，用水稀释至 100mL
邻二氮菲-亚铁	1.06	红	浅蓝	1.485g 邻二氮菲，0.695g $\mathrm{FeSO_4 \cdot 7H_2O}$，用水稀释至 100mL

氧化还原指示剂是一种通用指示剂，应用范围比较广泛。选择这类指示剂的原则是，指示剂变色点的电位应当处在滴定体系的电位突跃范围内，指示剂的条件电位尽量与反应的化学计量点的电位相一致。例如，在 $1\mathrm{mol/L}\ \mathrm{H_2SO_4}$ 溶液中，用 $\mathrm{Ce^{4+}}$ 滴定 $\mathrm{Fe^{2+}}$，前面已经计算出滴定到化学计量点前后 0.1% 的电位突跃范围是 $0.86\sim1.26\mathrm{V}$。显然，邻苯氨基苯甲酸和邻二氮菲-亚铁是可用的，选择邻二氮菲-亚铁则更加理想，若选二苯胺磺酸钠，终点会提前，终点误差将会大于允许误差。

第三节　氧化还原滴定前的预处理

一、预处理的条件

用氧化还原滴定法分析某些试样时，需要将欲测组分预先处理成特定的价态。例如，

测定铁矿中总铁量时，先将 Fe^{3+} 预先还原为 Fe^{2+}，然后再用氧化剂 $K_2Cr_2O_7$ 滴定。测定锰和铬时，先将试样溶解，如果它们是以 Mn^{2+} 或 Cr^{3+} 形式存在，就很难找到合适的强氧化剂直接滴定，可先用（$NH_4)_2S_2O_8$ 将它们氧化成 MnO_4^-、$Cr_2O_7^-$，再选用合适的还原剂溶液（如 $FeSO_4$ 溶液）进行滴定。这种测定前的氧化还原步骤，称为氧化还原预处理。

预处理时所选用的氧化剂或还原剂必须满足如下条件：

① 氧化或还原必须将欲测组分定量地氧化（或还原）成一定的价态。

② 过剩的氧化剂或还原剂必须易被完全除去。

③ 氧化或还原反应的选择性要好，以避免试样中其它组分干扰。

④ 反应速率要快。

二、常用的预处理试剂

预处理是氧化还原滴定法中关键性步骤之一，熟练掌握各种氧化剂、还原剂的特点，选择合理的预处理步骤，可以提高方法的选择性。常用的预氧化和预还原时采用的试剂有以下几种。

1. 氧化剂

（1）过硫酸铵 [$(NH_4)_2S_2O_8$] 过硫酸铵在酸性溶液中，并有催化剂银盐存在时，是一种很强的氧化剂。

$$S_2O_8^{2-}+2e^-\!=\!\!=\!2SO_4^{2-} \quad \varphi^{\ominus}(S_2O_8^{2-}/SO_4^{2-})\!=\!2.01V$$

$S_2O_8^{2-}$ 可以定量地将 Ce^{3+} 氧化成 Ce^{4+}，将 Cr^{3+} 氧化成 $Cr(Ⅵ)$，将 $V(Ⅳ)$ 氧化成 $V(Ⅴ)$，以及将 $W(Ⅴ)$ 氧化成 $W(Ⅵ)$。在硝酸-磷酸或硫酸-磷酸介质中，过硫酸铵能将 $Mn(Ⅱ)$ 氧化成 $Mn(Ⅶ)$。磷酸的存在是为了防止锰被氧化成 MnO_2 沉淀析出，同时保证 $Mn(Ⅱ)$ 全部氧化成 MnO_4^-。

过量的（$NH_4)_2S_2O_8$ 可用煮沸的方法除去，其反应为

$$2S_2O_8^{2-}+2H_2O \xrightarrow{煮沸} 4HSO_4^-+O_2$$

（2）过氧化氢 H_2O_2 在碱性溶液中是较强的氧化剂，可以把 $Cr(Ⅲ)$ 氧化成 CrO_4^{2-}。在酸性溶液中过氧化氢既可作氧化剂，也可作还原剂。例如在酸性溶液中它可以把 Fe^{2+} 氧化成 Fe^{3+}，其反应式如下：

$$2Fe^{2+}+H_2O_2+2H^+\!=\!\!=\!2Fe^{3+}+2H_2O$$

也可将 MnO_4^- 还原为 Mn^{2+}：

$$2MnO_4^-+5H_2O_2+6H^+\!=\!\!=\!2Mn^{2+}+5O_2\uparrow+8H_2O$$

应该注意，如果在碱性溶液中用过氧化氢进行预先氧化，过量的过氧化氢应该在碱性溶液中除去，否则在酸化后已经被氧化的产物可能再次被还原。

（3）高锰酸钾（$KMnO_4$） 高锰酸钾 $KMnO_4$ 是一种很强的氧化剂，在冷的酸性介质中，可以在 Cr^{3+} 存在时将 $V(Ⅳ)$ 氧化成 $V(Ⅴ)$，此时 Cr^{3+} 被氧化的速率很慢，但在加热煮沸的硫酸溶液中，Cr^{3+} 可以定量被氧化成 $Cr(Ⅵ)$。

$$2MnO_4^-+2Cr^{3+}+3H_2O\!=\!\!=\!2MnO_2\downarrow+Cr_2O_7^{2-}+6H^+$$

过量的 MnO_4^- 和生成的 MnO_2 可以加入盐酸或氯化钠一起煮沸破坏。当有氟化物或磷酸存在时，$KMnO_4$ 可选择性地将 Ce^{3+} 氧化成 Ce^{4+}，过量的 MnO_4^- 可以用亚硝酸盐将它还原，而多余的亚硝酸盐用尿素使之分解除去。

$$2MnO_4^- + 5NO_2^- + 6H^+ \rightleftharpoons 2Mn^{2+} + 5NO_3^- + 3H_2O$$

$$2NO_2^- + CO(NH_2)_2 + 2H^+ \rightleftharpoons 2N_2 \uparrow + CO_2 \uparrow + 3H_2O$$

（4）高氯酸（$HClO_4$） $HClO_4$ 既是最强的酸，在热且浓度很高时又是很强的氧化剂。其电对半反应如下：

$$ClO_4^- + 8H^+ + 8e^- \rightleftharpoons Cl^- + 4H_2O \qquad \varphi^\ominus(ClO_4^-/Cl^-) = 1.37V$$

在钢铁分析中，通常用它来分解试样并同时将铬氧化成 CrO_4^{2-}，钒氧化成 VO_3^-，而 Mn^{2+} 不被氧化。当有 H_3PO_4 存在时，$HClO_4$ 可将 Mn^{2+} 定量地氧化成 $Mn(H_2P_2O_7)_3^{3-}$（其中锰为三价状态）。在预氧化结束后，冷却并稀释溶液，$HClO_4$ 就失去氧化能力。

还有其他的预氧化剂见表 4-3。

表 4-3　部分常用的预氧化剂

氧化剂	用途	使用条件	过量氧化剂除去的方法
$NaBiO_3$	$Mn^{2+} \longrightarrow MnO_4^-$ $Cr^{3+} \longrightarrow Cr_2O_7^{2-}$ $Ce^{3+} \longrightarrow Ce^{4+}$	在硝酸溶液中	$NaBiO_3$ 微溶于水，过量时可过滤除去
KIO_4	$Ce^{3+} \longrightarrow Ce^{4+}$ $VO^{2+} \longrightarrow VO^{3+}$ $Cr^{3+} \longrightarrow Cr_2O_7^{2-}$	在酸性介质中加热	加入 Hg^{2+} 与过量的 KIO_4 作用生成 $Hg(IO_4)_2$ 沉淀，过滤除去
Cl_2 或 Br_2	$I^- \longrightarrow IO_3^-$	酸性或中性	煮沸或通空气流
H_2O_2	$Cr^{3+} \longrightarrow CrO_4^{2-}$	碱性介质	碱性溶液中煮沸

2. 还原剂

在氧化还原滴定中由于还原剂的保存比较困难，因而氧化剂标准溶液的使用比较广泛，这就要求待测组分必须处于还原状态，因而预先还原更显重要。常用的预还原剂有如下几种。

（1）二氯化锡（$SnCl_2$） $SnCl_2$ 是一个中等强度的还原剂，在 1mol/L HCl 中 $\varphi^\ominus(Sn^{4+}/Sn^{2+}) = 0.139V$，$SnCl_2$ 常用于预先还原 Fe^{3+}，还原速率随氯离子浓度的增高而加快。在热的盐酸溶液中，$SnCl_2$ 可以将 Fe^{3+} 定量并迅速地还原为 Fe^{2+}，过量的 $SnCl_2$ 加入 $HgCl_2$ 除去。

$$SnCl_2 + 2HgCl_2 \rightleftharpoons SnCl_4 + Hg_2Cl_2 \downarrow$$

但要注意，如果加入 $SnCl_2$ 的量过多，就会进一步将 Hg_2Cl_2 还原为 Hg，而 Hg 将与氧化剂作用，使分析结果产生误差。所以预先还原 Fe^{3+} 时 $SnCl_2$ 不能过量太多。

（2）三氯化钛（$TiCl_3$） $TiCl_3$ 是一种强还原剂，在 1mol/L HCl 中 $\varphi^\ominus(Ti^{4+}/Ti^{3+}) = -0.04V$，在测定铁时，为了避免使用剧毒的 $HgCl_2$，可以采用 $TiCl_3$ 还原 Fe^{3+}。此法的缺点是选择性不如 $SnCl_2$ 好。

（3）金属还原剂 常用的金属还原剂有 Fe、Al 和 Zn 等，它们都是非常强的还原剂，在 HCl 介质中 Al 可以将 Ti^{4+} 还原为 Ti^{3+}，Sn^{4+} 还原为 Sn^{2+}，过量的金属可以过滤除去。为了方便，通常将金属装入柱内使用，一般称为还原器。溶液以一定的流速通过还原器，流出时待测组分已被还原至一定的价态，还原器可以连续长期使用。表 4-4 列出了部分常用的预还原剂供选择时参考。

表 4-4 常见的预还原剂

还原剂	用途	使用条件	过量还原剂除去的办法
SO_2	$Fe^{3+} \longrightarrow Fe^{2+}$ $AsO_4^{3-} \longrightarrow AsO_3^{3-}$ $Sb^{5+} \longrightarrow Sb^{3+}$ $V^{5+} \longrightarrow V^{4+}$ $Cu^{2+} \longrightarrow Cu^+$	H_2SO_4 溶液 SCN^- 催化 SCN^- 存在下	煮沸或通 CO_2 气流
联氨	$As^{5+} \longrightarrow As^{3+}$ $Sb^{5+} \longrightarrow Sb^{3+}$		浓 H_2SO_4 中煮沸
Al	$Sn^{4+} \longrightarrow Sn^{2+}$ $Ti^{4+} \longrightarrow Ti^{3+}$	在 HCl 溶液	
H_2S	$Fe^{3+} \longrightarrow Fe^{2+}$ $MnO_4^- \longrightarrow Mn^{2+}$ $Ce^{4+} \longrightarrow Ce^{3+}$ $Cr_2O_7^{2-} \longrightarrow Cr^{3+}$	强酸性溶液	煮沸

第四节　高锰酸钾法

一、高锰酸钾法特点

高锰酸钾（$KMnO_4$）是一种强氧化剂，它的氧化能力和还原产物与溶液的酸度有关。
在强酸性溶液中，MnO_4^- 被还原成 Mn^{2+}：
$$MnO_4^- + 8H^+ + 5e^- \Longleftrightarrow Mn^{2+} + 4H_2O \qquad \varphi^\ominus = 1.51V$$
在弱酸性、中性、弱碱性溶液中，MnO_4^- 被还原成 MnO_2：
$$MnO_4^- + 2H_2O + 3e^- \Longleftrightarrow MnO_2 \downarrow + 4OH^- \qquad \varphi^\ominus = 0.59V$$
在强碱性溶液中，MnO_4^- 被还原成 MnO_4^{2-}：
$$MnO_4^- + e^- \Longleftrightarrow MnO_4^{2-} \qquad \varphi^\ominus = 0.56V$$

高锰酸钾法有如下特点：
① $KMnO_4$ 氧化能力强，应用广泛，可直接或间接地测定多种无机物和有机物。如可直接滴定许多还原性物质 Fe^{2+}、$As(\text{Ⅲ})$、$Sb(\text{Ⅲ})$、$W(\text{Ⅴ})$、$U(\text{Ⅳ})$、H_2O_2、$C_2O_4^{2-}$、NO_2^- 等；返滴定时可测 MnO_2、PbO_2 等物质；也可以通过 MnO_4^- 与 $C_2O_4^{2-}$ 反应间接测定一些非氧化还原物质如 Ca^{2+}、Th^{4+} 等。
② $KMnO_4$ 溶液呈紫红色，当试液为无色或颜色很浅时，滴定可用自身为指示剂。
③ 由于 $KMnO_4$ 氧化能力强，因此方法的选择性欠佳，而且 $KMnO_4$ 与还原性物质的反应历程比较复杂，易发生副反应。
④ $KMnO_4$ 标准溶液不能直接配制，且标准溶液不够稳定，不能久置，需经常标定。

二、 $KMnO_4$ 标准溶液的制备 （GB/T 601—2016）

1. 配制

市售高锰酸钾试剂常含有少量的 MnO_2 及其它杂质，使用的蒸馏水中也含有少量如尘埃、有机物等还原性物质。这些物质都能使 $KMnO_4$ 还原，因此 $KMnO_4$ 标准溶液不能直接配制，必须先配成近似浓度的溶液，放置 2 周后滤去沉淀，然后再用基准物质标定。

2. 标定

标定 $KMnO_4$ 溶液的基准物很多，如 $Na_2C_2O_4$、$H_2C_2O_4 \cdot 2H_2O$、$(NH_4)_2Fe(SO_4)_2 \cdot 6H_2O$ 和纯铁丝等。其中常用的是 $Na_2C_2O_4$，它易于提纯且性质稳定，不含结晶水，在 $105\sim110℃$ 烘至恒重，冷却后即可使用。

MnO_4^- 与 $C_2O_4^{2-}$ 的标定反应在 H_2SO_4 介质中进行，其反应如下：

$$2MnO_4^- + 5C_2O_4^{2-} + 16H^+ = 2Mn^{2+} + 10CO_2\uparrow + 8H_2O$$

GB/T 601—2016 中 $KMnO_4$ 标准溶液标定如下：用减量法称取 $0.25g$ 于 $105\sim110℃$ 烘至恒重的工作基准试剂草酸钠，溶于 $100mL$ 硫酸溶液（$8+92$）中，用配制好的高锰酸钾滴定，近终点时加热至 $65℃$，继续滴定到溶液呈粉红色保持 $30s$。同时作空白试验。

计算公式如式（4-6）所示。

$$c\left(\frac{1}{5}KMnO_4\right) = \frac{m(Na_2C_2O_4)\times1000}{[V(KMnO_4)-V_0]\times M\left(\frac{1}{2}Na_2C_2O_4\right)} \tag{4-6}$$

式中　$c\left(\dfrac{1}{5}KMnO_4\right)$——$\dfrac{1}{5}KMnO_4$ 标准溶液的浓度，mol/L；

　　　$V(KMnO_4)$——滴定时消耗 $KMnO_4$ 标准溶液的体积，mL；

　　　V_0——空白试验滴定时消耗 $KMnO_4$ 标准溶液的体积，mL；

　　　$m(Na_2C_2O_4)$——基准物 $Na_2C_2O_4$ 的质量，g；

　　　$M\left(\dfrac{1}{2}Na_2C_2O_4\right)$——$\dfrac{1}{2}Na_2C_2O_4$ 的摩尔质量，$66.999g/mol$。

为了使标定反应能定量地较快进行，标定时应注意以下滴定条件：

① 温度　$Na_2C_2O_4$ 溶液近终点时加热至 $65℃$，再进行滴定。不能使温度超过 $90℃$，否则 $H_2C_2O_4$ 分解，导致标定结果偏高。

$$H_2C_2O_4 \xrightarrow{\geqslant 90℃} H_2O + CO_2\uparrow + CO\uparrow$$

② 酸度　溶液应保持足够大的酸度，一般控制酸度为 $0.5\sim1mol/L$。如果酸度不足，易生成 MnO_2 沉淀，酸度过高则又会使 $H_2C_2O_4$ 分解。

③ 滴定速度　MnO_4^- 与 $C_2O_4^{2-}$ 的反应开始时速率很慢，当有 Mn^{2+} 生成之后，反应速率逐渐加快。因此，开始滴定时，应该等第一滴 $KMnO_4$ 溶液褪色后，再加第二滴。此后，因反应生成的 Mn^{2+} 有自动催化作用而加快了反应速率，随之可加快滴定速度，但不能过快，否则加入的 $KMnO_4$ 溶液会因来不及与 $C_2O_4^{2-}$ 反应，就在热的酸性溶液中分解，导致标定结果偏低。

$$4MnO_4^- + 12H^+ = 4Mn^{2+} + 6H_2O + 5O_2\uparrow$$

若滴定前加入少量的 $MnSO_4$ 为催化剂，则在滴定的最初阶段就以较快的速度进行。

④ 滴定终点　用 $KMnO_4$ 溶液滴定至溶液呈淡粉红色 $30s$ 不褪色即为终点。放置时间过长，空气中还原性物质能使 $KMnO_4$ 还原而褪色。

三、高锰酸钾法应用示例

1. 直接滴定法测定 H_2O_2

在酸性溶液中 H_2O_2 被 MnO_4^- 定量氧化：

$$2MnO_4^- + 5H_2O_2 + 6H^+ =\!=\!= 2Mn^{2+} + 5O_2\uparrow + 8H_2O$$

此反应在室温下即可顺利进行，也可以加温至 65℃ 后滴定，但高锰酸钾滴定速度不要太快，防止 MnO_4^- 在温度高时分解。滴定开始时反应较慢，随着 Mn^{2+} 生成而反应加速，也可先加入少量 Mn^{2+} 为催化剂。

2. 间接滴定法测定 Ca²⁺

Ca^{2+}、Th^{4+} 等在溶液中没有可变价态，通过生成草酸盐沉淀，可用高锰酸钾法间接测定。

以 Ca^{2+} 的测定为例，先沉淀为 CaC_2O_4 再经过滤、洗涤后将沉淀溶于热的稀 H_2SO_4 溶液中，最后用 $KMnO_4$ 标准溶液滴定 $H_2C_2O_4$。根据所消耗的 $KMnO_4$ 的量，间接求得 Ca^{2+} 的含量。

3. 水中化学耗氧量 COD_Mn 的测定

化学耗氧量（COD）是 1L 水中还原性物质（无机的或有机的）在一定条件下被氧化时所消耗的氧含量。用 $KMnO_4$ 法测定的 COD 通常用 COD_{Mn}（O，mg/L）来表示。它是反映水体被还原性物质污染的主要指标。还原性物质包括有机物、亚硝酸盐、亚铁盐和硫化物等，但多数水受有机物污染极为普遍，因此，化学耗氧量可作为有机物污染程度的指标，目前它已经成为环境监测分析的主要项目之一。

COD_{Mn} 的测定方法：在酸性条件下，加入过量的 $KMnO_4$ 溶液，将水样中的某些有机物及还原性物质氧化，反应后在剩余的 $KMnO_4$ 中加入过量的 $Na_2C_2O_4$ 还原，再用 $KMnO_4$ 溶液回滴过量的 $Na_2C_2O_4$，从而计算出水样中所含还原性物质所消耗的 $KMnO_4$，换算为 COD_{Mn}。测定过程所发生的有关反应如下：

$$4KMnO_4 + 6H_2SO_4 + 5C =\!=\!= 2K_2SO_4 + 4MnSO_4 + 5CO_2\uparrow + 6H_2O$$
$$2MnO_4^- + 5C_2O_4^{2-} + 16H^+ =\!=\!= 2Mn^{2+} + 8H_2O + 10CO_2\uparrow$$

$KMnO_4$ 法测定的化学耗氧量 COD_{Mn} 只适用于较为清洁的水样测定。

案例分析 4-1 双氧水中 H₂O₂ 含量的测定

一、原理

在强酸性条件下，$KMnO_4$ 与 H_2O_2 进行如下反应：

$$2KMnO_4 + 5H_2O_2 + 3H_2SO_4 =\!=\!= 2MnSO_4 + K_2SO_4 + 5O_2\uparrow + 8H_2O$$

$KMnO_4$ 自身作指示剂。

二、试剂

① $KMnO_4$ 标准溶液　$c\left(\dfrac{1}{5}KMnO_4\right) = 0.1mol/L$。

② H_2SO_4 溶液　1+15。

③ 双氧水（约 30%）试样。

三、实验内容

用减量法准确称取 2.0g 双氧水试样，精确至 0.0002g，置于装有 150～200mL 水的 250mL 容量瓶中，用水稀释至刻度，摇匀。用移液管吸取上述试液 25.00mL，置于已加有 100mL H_2SO_4（1+15）溶液的锥形瓶中，用 $c\left(\dfrac{1}{5}KMnO_4\right) = 0.1mol/L$ $KMnO_4$ 标准溶液滴定至溶液呈浅粉色，保持 30s 不褪为终点。平行测定 3 次，同时做空白试验。根据不同的要求可以求得过氧化氢的质量分数（ω，%）或过氧化氢的质量浓度（ρ，g/L）。

四、计算公式

$$\omega(H_2O_2) = \frac{c\left(\frac{1}{5}KMnO_4\right)\left[V(KMnO_4) - V(空白)\right] \times 10^{-3} \times M\left(\frac{1}{2}H_2O_2\right)}{m(样品) \times \frac{25.00}{250.00}} \times 100\%$$

或 $$\rho(H_2O_2) = \frac{c\left(\frac{1}{5}KMnO_4\right)\left[V(KMnO_4) - V(空白)\right] \times 10^{-3} \times M\left(\frac{1}{2}H_2O_2\right)}{V(样品) \times \frac{25.00}{250.00}} \times 1000$$

式中　$\omega(H_2O_2)$——过氧化氢的质量分数，%；

　　　$\rho(H_2O_2)$——过氧化氢的质量浓度，g/L；

$c\left(\frac{1}{5}KMnO_4\right)$——$KMnO_4$ 标准溶液的浓度，mol/L；

$V(KMnO_4)$——滴定时消耗 $KMnO_4$ 标准溶液的体积，mL；

　$V(空白)$——空白试验滴定时消耗 $KMnO_4$ 标准溶液的体积，mL；

　$m(样品)$——H_2O_2 试样的质量，g；

　$V(样品)$——H_2O_2 试样的体积，mL；

$M\left(\frac{1}{2}H_2O_2\right)$——$\frac{1}{2}H_2O_2$ 的摩尔质量，g/mol。

五、数据记录

实验数据可记入表 4-5 中。

表 4-5　实验记录表

项目		测定次数			
		1	2	3	备用
样品称量	m(倾样前)/g				
	m(倾样后)/g				
	m(试样)/g				
滴定管初读数/mL					
滴定管终读数/mL					
滴定消耗 $KMnO_4$ 体积/mL					
体积校正值/mL					
溶液温度/℃					
温度补正值/℃					
溶液温度校正值/℃					
实际消耗 $KMnO_4$ 体积/mL					
空白实验消耗 $KMnO_4$ 体积/mL					
$c\left(\frac{1}{5}KMnO_4\right)$/(mol/L)					
$w(H_2O_2)$/%					
$\overline{w}(H_2O_2)$/%					
相对极差/%					

案例分析 4-2 绿矾中硫酸亚铁含量的测定

一、原理

绿矾试样用稀硫酸溶解，用 $KMnO_4$ 标准滴定溶液直接滴定 Fe^{2+} 试液，反应式为：

$$MnO_4^- + 5Fe^{2+} + 8H^+ \Longrightarrow Mn^{2+} + 5Fe^{3+} + 4H_2O$$

以 $KMnO_4$ 自身为指示剂，加入 H_3PO_4 可消除 Fe^{3+} 颜色对终点判断的影响，并使反应进行完全。根据 $KMnO_4$ 标准溶液的浓度、滴定消耗体积以及试样质量，可计算 $FeSO_4 \cdot 7H_2O$ 的质量分数。

二、试剂

① $KMnO_4$ 标准溶液 $c\left(\dfrac{1}{5}KMnO_4\right) = 0.1mol/L$。

② H_2SO_4（$1mol/L$）。

③ H_3PO_4（AR）。

④ 绿矾 $FeSO_4 \cdot 7H_2O$ 试样。

三、测定步骤

准确称量 $0.6 \sim 0.7g$ 绿矾 $FeSO_4 \cdot 7H_2O$ 试样，放入干燥的锥形瓶中，加入 $15mL$ H_2SO_4（$1mol/L$）和 $2mL$ H_3PO_4 以及 $50mL$ 新煮沸并已冷却的蒸馏水，轻摇使样品溶解，立即用 $c\left(\dfrac{1}{5}KMnO_4\right) = 0.1mol/L$ 标准溶液滴定，至溶液呈淡粉红色 $30s$ 不褪色为终点。记录滴定消耗的 $KMnO_4$ 体积。平行测定 3 次。

四、计算公式

绿矾中 $FeSO_4 \cdot 7H_2O$ 的含量按下式计算：

$$w(FeSO_4 \cdot 7H_2O) = \frac{c\left(\dfrac{1}{5}KMnO_4\right) V(KMnO_4) \times 10^{-3} \times M(FeSO_4 \cdot 7H_2O)}{m_{样}} \times 100\%$$

式中　$w(FeSO_4 \cdot 7H_2O)$——$FeSO_4 \cdot 7H_2O$ 的质量分数，%；

$\qquad c\left(\dfrac{1}{5}KMnO_4\right)$——以 $\dfrac{1}{5}KMnO_4$ 为基本单元的 $KMnO_4$ 标准溶液的准确浓度，mol/L；

$\qquad V(KMnO_4)$——滴定所消耗 $KMnO_4$ 标准溶液的体积，mL；

$\qquad M(FeSO_4 \cdot 7H_2O)$——以 $FeSO_4 \cdot 7H_2O$ 为基本单元的 $FeSO_4 \cdot 7H_2O$ 的摩尔质量，g/mol；

$\qquad m_{样}$——绿矾样品的质量，g。

第五节　重铬酸钾法

一、重铬酸钾法的特点

$K_2Cr_2O_7$ 是一种常用的氧化剂之一，它具有较强的氧化性，在酸性介质中 $Cr_2O_7^{2-}$ 被还原为 Cr^{3+}，其电极反应如下：

$$Cr_2O_7^{2-} + 14H^+ + 6e^- \Longrightarrow 2Cr^{3+} + 7H_2O \qquad \varphi^{\ominus}(Cr_2O_7^{2-}/Cr^{3+}) = 1.33V$$

重铬酸钾法和其他方法相比，有如下特点：

① $K_2Cr_2O_7$ 易提纯，干燥后可以制成基准物质，可直接配制标准溶液。$K_2Cr_2O_7$ 标准

溶液相当稳定，保存在密闭容器中，浓度可长期保持不变。

②室温下，当 HCl 溶液浓度低于 3 mol/L 时，$Cr_2O_7^{2-}$ 不会诱导氧化 Cl^-，因此 $K_2Cr_2O_7$ 法可在盐酸介质中进行滴定。$Cr_2O_7^{2-}$ 的滴定还原产物是 Cr^{3+}，呈绿色，滴定时须用指示剂指示滴定终点。常用的指示剂为氧化还原指示剂，如二苯胺磺酸钠等。

按照 GB/T 601—2016《化学试剂　标准滴定溶液的制备》，$K_2Cr_2O_7$ 标准滴定溶液的制备可以采用直接配制法和间接配制法。

1. 直接配制法

要在配制前将 $K_2Cr_2O_7$ 基准试剂在（120±2）℃温度下烘至恒重。称取（4.90±0.20）g 干燥至恒重的工作基准试剂 $K_2Cr_2O_7$，溶于水，移入 1000mL 容量瓶中。稀释至刻度。$K_2Cr_2O_7$ 浓度按下列公式计算：

$$c\left(\frac{1}{6}K_2Cr_2O_7\right) = \frac{m \times 1000}{VM}$$

式中　m——$K_2Cr_2O_7$ 的质量，g；

$\quad\quad V$——$K_2Cr_2O_7$ 的体积，mL；

$\quad\quad M$——$K_2Cr_2O_7$ 的摩尔质量，g/mol$\left[M\left(\frac{1}{6}K_2Cr_2O_7\right) = 49.031\text{g/mol}\right]$。

2. 间接配制法

称取 5g $K_2Cr_2O_7$，溶于 1000mL 水中，摇匀。量取 35.00～40.00mL 配制好的 $K_2Cr_2O_7$ 溶液，置于碘量瓶中（加入过量的 KI 和 H_2SO_4），加 2g KI 及 20mL H_2SO_4（20%）溶液，于暗处放置 10min。加 150mL 水（15～20℃），用已知浓度的 $Na_2S_2O_3$（0.1mol/L）标准溶液进行滴定，近终点加 2mL 淀粉指示剂（10g/L），继续滴定至溶液由蓝色变为亮绿色，同时做空白试验。

其反应式为：

$$Cr_2O_7^{2-} + 6I^- + 14H^+ =\!=\!= 2Cr^{3+} + 3I_2 + 7H_2O$$
$$I_2 + 2S_2O_3^{2-} =\!=\!= S_4O_6^{2-} + 2I^-$$

$K_2Cr_2O_7$ 标准溶液的浓度按下式计算：

$$c\left(\frac{1}{6}K_2Cr_2O_7\right) = \frac{(V_1 - V_2)c(Na_2S_2O_3)}{V}$$

式中　$c\left(\frac{1}{6}K_2Cr_2O_7\right)$——重铬酸钾标准溶液的浓度，mol/L；

$\quad\quad c(Na_2S_2O_3)$——硫代硫酸钠标准滴定溶液的浓度，mol/L；

$\quad\quad V_1$——滴定时消耗硫代硫酸钠标准滴定溶液的体积，mL；

$\quad\quad V_2$——空白试验消耗硫代硫酸钠标准滴定溶液的体积，mL；

$\quad\quad V$——重铬酸钾标准溶液的体积，mL。

二、重铬酸钾法应用示例

1. 铁矿石全铁量的测定——三氯化钛还原法（参考 GB/T 6730.65—2009）

重铬酸钾法是测定矿石中全铁量的标准方法。在此讨论 $SnCl_2$-$TiCl_3$ 法（无汞测定法）。

无汞测定法是将样品用酸溶解后，以 $SnCl_2$（100g/L）趁热将大部分 Fe^{3+} 还原为 Fe^{2+}，再以钨酸钠（250g/L）为指示剂，用 $TiCl_3$（15g/L）还原剩余的 Fe^{3+}，反应为：

$$2Fe^{3+} + Sn^{2+} =\!=\!= 2Fe^{2+} + Sn^{4+}$$

$$Fe^{3+} + Ti^{3+} == Fe^{2+} + Ti^{4+}$$

当 Fe^{3+} 定量还原为 Fe^{2+} 之后，稍过量的 $TiCl_3$ 即可使溶液呈现蓝色。然后滴入重铬酸钾溶液，使蓝色刚好褪色，从而消除少量的还原剂的影响。最后以二苯胺磺酸钠（0.2g/100mL）为指示剂，用重铬酸钾标准溶液滴定溶液中的 Fe^{2+}，即可求出全铁含量。

2. 利用 $Cr_2O_7^{2-}$ -Fe^{2+} 反应测定其他物质

$Cr_2O_7^{2-}$ 与 Fe^{2+} 的反应可逆性强，速率快，计量关系好，无副反应发生，指示剂变色明显。此反应不仅用于测铁，还可利用它间接地测定多种物质。

（1）测定氧化剂 NO_3^-（或 ClO_3^-）等氧化剂被还原的反应速率较慢，测定时可加入过量的 Fe^{2+} 标准溶液与其反应。

$$3Fe^{2+} + NO_3^- + 4H^+ == 3Fe^{3+} + NO\uparrow + 2H_2O$$

待反应完全后用 $K_2Cr_2O_7$ 标准溶液返滴定剩余的 Fe^{2+}，即可求得 NO_3^- 含量。

（2）测定还原剂 一些强还原剂如 Ti^{3+} 等极不稳定，易被空气中氧所氧化。为使测定准确，可将 Ti^{4+} 流经还原柱后，用盛有 Fe^{3+} 溶液的锥形瓶接收，此时发生如下反应：

$$Ti^{3+} + Fe^{3+} == Ti^{4+} + Fe^{2+}$$

置换出的 Fe^{2+}，再用 $K_2Cr_2O_7$ 标准溶液滴定。

（3）测定污水的化学耗氧量（COD_{Cr}） $KMnO_4$ 法测定的化学耗氧量（COD_{Mn}）只适用于较为清洁水样测定。若需要测定污染严重的生活污水和工业废水则需要用 $K_2Cr_2O_7$ 法。用 $K_2Cr_2O_7$ 法测定的化学耗氧量用 COD_{Cr}（O，mg/L）表示。COD_{Cr} 是衡量污水被污染程度的重要指标。其测定原理是：水样中加入一定量的重铬酸钾标准溶液，在强酸性（H_2SO_4）条件下，以 Ag_2SO_4 为催化剂，加热回流 2h，使重铬酸钾与有机物和还原性物质充分作用。过量的重铬酸钾以试亚铁灵（$C_{12}H_8N_2$）为指示剂，用硫酸亚铁铵标准溶液返滴定，其滴定反应为：

$$Cr_2O_7^{2-} + 6Fe^{2+} + 14H^+ == 2Cr^{3+} + 6Fe^{3+} + 7H_2O$$

由所消耗的硫酸亚铁铵标准溶液的量及加入水样中的重铬酸钾标准溶液的量，便可以计算出水样中无机物与还原性物质消耗氧的量。

$$COD_{Cr} = \frac{(V_0 - V_1)c(Fe^{2+}) \times 8.000 \times 1000}{V}$$

式中　　V_0——滴定空白时消耗硫酸亚铁铵标准溶液体积，mL；

　　　　V_1——滴定水样时消耗硫酸亚铁铵标准溶液体积，mL；

　　　　V——水样体积，mL；

　　$c(Fe^{2+})$——硫酸亚铁铵标准溶液浓度，mol/L；

　　8.000——氧 $\left(\dfrac{1}{2}O\right)$ 摩尔质量，g/mol。

（4）测定非氧化、还原性物质 测定 Pb^{2+}（或 Ba^{2+}）等物质时，一般先将其沉淀为 $PbCrO_4$，然后过滤沉淀，沉淀经洗涤后溶解于酸中，再以 Fe^{2+} 标准溶液滴定 $Cr_2O_7^{2-}$，从而间接求出 Pb^{2+} 的含量。

案例分析 4-3　铁矿石或铁粉中 Fe 含量的测定（无汞定铁法）
（参照 GB/T 6730.65—2009）

一、原理

试样用盐酸加热溶解，在热溶液中，用 $SnCl_2$ 还原大部分 Fe^{3+}，然后以钨酸钠为指示剂，用 $TiCl_3$ 溶液定量还原剩余部分 Fe^{3+}，当 Fe^{3+} 全部还原为 Fe^{2+} 后，过量一滴 $TiCl_3$ 溶液使钨酸钠还原为蓝色的五价钨的化合物，溶液呈蓝色，滴加 $K_2Cr_2O_7$ 溶液使钨蓝刚好褪色。溶液中的 Fe^{2+} 在硫、磷混酸介质中，以二苯胺磺酸钠为指示剂，用 $K_2Cr_2O_7$ 标准溶液滴定至紫色为终点。主要反应如下：

（1）试样溶解

$$Fe_2O_3 + 6HCl =\!\!= 2FeCl_3 + 3H_2O$$

$$FeCl_3 + Cl^- =\!\!= [FeCl_4]^-$$

$$FeCl_3 + 3Cl^- =\!\!= [FeCl_6]^{3-}$$

（2）Fe^{3+} 的还原

$$2Fe^{3+} + Sn^{2+} =\!\!= 2Fe^{2+} + Sn^{4+}$$

$$Fe^{3+} + Ti^{3+} =\!\!= Fe^{2+} + Ti^{4+}$$

（3）滴定

$$6Fe^{2+} + Cr_2O_7^{2-} + 14H^+ =\!\!= 6Fe^{3+} + 2Cr^{3+} + 7H_2O$$

二、试剂

① 铁矿石试样。

② 浓盐酸溶液。

③ 盐酸溶液（1+1 及 1+4）。

④ $SnCl_2$ 溶液（100g/L）　取 10g $SnCl_2 \cdot 2H_2O$ 溶于 100mL 盐酸（1+1）中（临用前现配）。

⑤ $TiCl_3$ 溶液（15g/L）　取 10mL $TiCl_3$ 试剂溶液，用盐酸（1+4）稀释至 100mL，存放于棕色试剂瓶中（临用前现配）。

⑥ Na_2WO_4 溶液（100g/L）　取 10g Na_2WO_4 溶于 95mL 水中，加 5mL 磷酸，混匀，存放于棕色试剂瓶中。

⑦ 硫磷混酸溶液　在搅拌下将 100mL 浓硫酸缓缓加入到 250mL 水中，冷却后加入 150mL 磷酸，混匀。

⑧ 二苯胺磺酸钠指示液（2g/L）　称取 0.2g 二苯胺磺酸钠，溶于 100mL 水中，混匀。

三、操作步骤

1. $K_2Cr_2O_7$ 标准溶液 $c\left(\frac{1}{6}K_2Cr_2O_7\right)=0.1mol/L$ 的制备

采用固定称量法，在干燥的小烧杯中准确称取 1.2258g 基准 $K_2Cr_2O_7$，加水溶解，定量转入 250mL 容量瓶中，稀释至刻度，摇匀。此溶液的浓度为 $c\left(\frac{1}{6}K_2Cr_2O_7\right)=0.1000mol/L$。若所称取 $K_2Cr_2O_7$ 质量不是 1.2258g，要经过计算确定其准确浓度。

2. 铁含量的测定

准确称取试样 0.2g（准确至 0.0001g），置于锥形瓶中，滴加水润湿试样，加 10mL 浓 HCl，盖上表面皿，缓缓加热使试样溶解，此时溶液为橙黄色，残渣为白色或浅色时，用少量水冲洗表面皿，加热近沸。趁热滴加 $SnCl_2$ 溶液至溶液呈浅黄色（$SnCl_2$ 不宜过量），加 1mL Na_2WO_4 溶液，滴加 $TiCl_3$ 溶液至刚好出现钨蓝。加水 60mL，放置 10~20s，用 $K_2Cr_2O_7$ 标准溶液滴定至蓝色恰好褪去（不记读数）。加入 10mL 硫磷混酸溶液和 5 滴二苯胺磺酸钠指示液，立即用 $K_2Cr_2O_7$ 标准溶液滴定至溶液呈稳定的紫色即为终点。平行测定 3 次。

四、计算公式

$$w(Fe) = \frac{c\left(\frac{1}{6}K_2Cr_2O_7\right)V(K_2Cr_2O_7) \times 10^{-3} \times M(Fe)}{m} \times 100\%$$

式中 $w(Fe)$——铁矿石中铁的质量分数，%；

$c\left(\dfrac{1}{6}K_2Cr_2O_7\right)$——$K_2Cr_2O_7$ 标准溶液的浓度，mol/L；

 $V(K_2Cr_2O_7)$——滴定时消耗 $K_2Cr_2O_7$ 标准溶液的体积，mL；

    m——铁矿石试样的质量，g；

  $M(Fe)$——Fe 的摩尔质量，g/mol。

五、注意事项

① 平行试样可以同时溶解，但溶解后，应每还原一份试样立即滴定，以免 Fe^{2+} 被空气中的氧氧化。

② 加入 $SnCl_2$ 不宜过量，否则使测定结果偏高。如不慎过量，可滴加 2% $KMnO_4$ 溶液使试液呈浅黄色。

③ Fe^{2+} 在酸性介质中极易被氧化，必须在"钨蓝"褪色后 1min 内立即滴定，否则测定结果偏低。

案例分析 4-4　污水或废水中化学耗氧量的测定（重铬酸钾法）

（参考 HJ 828—2017《水质　化学耗氧量的测定　重铬酸盐法》）

一、原理

在强酸性溶液中，准确地加入过量的重铬酸钾标准溶液和硫酸银催化剂，经沸腾回流一定时间，将水样中还原性物质（大部分是有机物，包括直链脂肪族化合物）氧化，过量的重铬酸钾溶液以试亚铁灵作指示剂，用硫酸亚铁铵溶液回滴未被还原的重铬酸钾，根据所消耗的重铬酸钾标准溶液量计算水样的 COD。

回滴的反应式为：

$$Cr_2O_7^{2-}+6Fe^{2+}+14H^+ \Longrightarrow 2Cr^{3+}+6Fe^{3+}+7H_2O$$

二、试剂与仪器

① 硫酸银-硫酸试剂（10g/L）　向 1L 浓硫酸（AR）中加入 10g 硫酸银（A.R.），放置 1～2 天使之溶解，并混匀，使用前小心摇动。

② 重铬酸钾标准溶液　$c\left(\dfrac{1}{6}K_2Cr_2O_7\right)=0.250$mol/L 的重铬酸钾溶液（12.258g 在 105℃干燥 2h 后的重铬酸钾溶于水中，稀释至 1000mL）；$c\left(\dfrac{1}{6}K_2Cr_2O_7\right)=0.0250$mol/L 的重铬酸钾溶液 $\left[$将 $c\left(\dfrac{1}{6}K_2Cr_2O_7\right)=0.250$mol/L 溶液稀释 10 倍$\right]$。

③ 硫酸亚铁铵标准溶液 $c[(NH_4)_2Fe(SO_4)_2 \cdot 6H_2O]=0.10$mol/L，每次临用前用重铬酸钾标准溶液标定。

④ 邻苯二甲酸氢钾标准溶液 $c(KC_8H_5O_4)=2.0824$mmol/L　称取 105℃时干燥 2h 的邻苯二甲酸氢钾 0.4251g 溶于水，并稀释至 1000mL，混匀。以重铬酸钾为氧化剂，将邻苯二甲酸氢钾完全氧化的 COD 值为 1.176g O_2/g（1g 邻苯二甲酸氢钾耗氧 1.176g），故该标准溶液的理论 COD 值为 500mg/L。

⑤ 邻二氮菲-亚铁指示剂溶液　溶解 0.7g $FeSO_4 \cdot 7H_2O$ 于 50mL 的水中，加入 1.5g1，10-邻二氮菲，搅动至溶解，加水稀释至 100mL。

⑥ 防爆沸玻璃珠。

⑦ 回流装置　带有 24 号标准磨口的 250mL 锥形瓶的全玻璃回流装置。回流冷凝管长

度为 300~500mm。若取样量在 30mL 以上，可采用带 500mL 锥形瓶的全玻璃回流装置。

⑧ 加热装置。

⑨ 25mL 或 50mL 酸性滴定管。

三、操作步骤

① 采样　水样要采集于玻璃瓶中，应尽快分析。如不能立即分析时，应加入硫酸至 pH<2，置 4℃ 以下保存。但保存时间不多于 5 天。采集水样的体积不得少于 100mL。将水样充分摇匀，取出 20.0mL 作为试样。

② 对于 COD 小于 50mg/L 的水样，应采用低浓度的重铬酸钾标准溶液氧化，加热回流以后，采用低浓度的硫酸亚铁铵标准溶液回滴。对未经稀释的水样其测定上限为 700mg/L，超过此限时必须经稀释后测定。对于污染严重的水样，可选取所需体积 1/10 的试样和 1/10 的试剂，放入 10mm×150mm 的硬质玻璃管中，摇匀后，用酒精灯加热至沸腾数分钟，观察溶液是否变成蓝绿色。如呈现蓝绿色，应再适当少取试样，重复以上试验，直至溶液不变蓝绿色为止，从而确定待测水样适当的稀释倍数。

③ 取试样于锥形瓶中，或取适量试样加水至 20.0mL。于试样中加入 10.0mL 重铬酸钾标准溶液和几滴防爆沸玻璃珠，摇匀。将锥形瓶接到回流装置冷凝管下端，接通冷凝水。从冷凝管上端缓慢加入 30mL 硫酸银-硫酸试剂，以防止低沸点有机物的逸出，不断旋动锥形瓶使之混合均匀。自溶液开始沸腾起回流 2h。冷却后，用 20~30mL 水自冷凝管上端冲洗冷凝管后，取下锥形瓶，再用水稀释至 140mL 左右。溶液冷却至室温后，加入 3 滴邻二氮菲-亚铁指示剂溶液，用硫酸亚铁铵标准溶液滴定，溶液的颜色由黄色经蓝绿色变为红褐色即为终点。记下硫酸亚铁铵标准溶液的消耗体积 V_1(mL)。

④ 空白试验　按相同步骤以 20.0mL 水代替试样进行空白试验，其余试剂和试样测定相同，记录下空白滴定时消耗硫酸亚铁铵标准溶液的体积 V_2(mL)。

四、计算公式

$$COD_{Cr} = \frac{c[(NH_4)_2Fe(SO_4)_2 \cdot 6H_2O] \times (V_1 - V_2) \times 8.000 \times 1000}{V}$$

式中　COD_{Cr}——化学耗氧量，mg/L；

$c[(NH_4)_2Fe(SO_4)_2 \cdot 6H_2O]$——硫酸亚铁铵标准溶液的浓度，mol/L；

V_1——空白滴定时消耗硫酸亚铁铵标准溶液的体积，mL；

V_2——试样滴定时消耗硫酸亚铁铵标准溶液的体积，mL；

8.000——$\frac{1}{4}O_2$ 的摩尔质量，g/mol；

V——取水样的体积，mL。

第六节　碘　量　法

碘量法是利用 I_2 的氧化性和 I^- 的还原性进行滴定的方法。碘量法又分为直接碘量法和间接碘量法。其基本反应是

$$I_2 + 2e^- \rightleftharpoons 2I^- \qquad \varphi^{\ominus}(I_2/I^-) = 0.535V$$

固体 I_2 在水中溶解度很小，而且易挥发，通常将固体 I_2 溶解于 KI 溶液中，此时它以 I_3^- 配离子形式存在，其半反应为：

$$I_3^- + 2e^- \Longrightarrow 3I^- \qquad \varphi^\ominus(I_3^-/I^-) = 0.545V$$

从 $\varphi^\ominus$ 值可以看出，I_2 是较弱的氧化剂，能与较强的还原剂作用；I^- 是中等强度的还原剂，能与许多氧化剂作用，因此碘量法可以用直接或间接的两种方式进行。

一、直接碘量法

用 I_2 配成的标准溶液可以直接测定电位值比 $\varphi^\ominus(I_3^-/I^-)$ 小的还原性物质，如 S^{2-}、SO_3^{2-}、Sn^{2+}、$S_2O_3^{2-}$、As(Ⅲ)、维生素 C 等，这种碘量法称为直接碘量法，又叫碘滴定法。

二、间接碘量法

电位值比 $\varphi^\ominus(I_3^-/I^-)$ 高的氧化性物质，可在一定的条件下，用 I^- 还原，然后用 $Na_2S_2O_3$ 标准溶液滴定释放出的 I_2，这种方法称为间接碘量法，又称滴定碘法。利用这一方法可以测定很多氧化性物质，如 Cu^{2+}、$Cr_2O_7^{2-}$、IO_3^-、BrO_3^-、AsO_4^{3-}、ClO^-、NO_2^-、H_2O_2、MnO_4^- 和 Fe^{3+} 等。间接碘量法的基本反应为：

$$2I^- - 2e^- \Longrightarrow I_2$$
$$I_2 + 2S_2O_3^{2-} \Longrightarrow S_4O_6^{2-} + 2I^-$$

碘量法采用可溶性淀粉作指示剂，灵敏度高。当溶液呈蓝色（直接碘量法）或蓝色消失（间接碘量法）即为终点。

三、碘量法标准溶液的制备（GB/T 601—2016）

碘量法中需要配制和标定 I_2 和 $Na_2S_2O_3$ 两种标准滴定溶液。

1. $c(Na_2S_2O_3) = 0.1mol/L$ 标准溶液的制备

（1）配制 市售硫代硫酸钠（$Na_2S_2O_3 \cdot 5H_2O$）一般都含有少量杂质，因此配制 $Na_2S_2O_3$ 标准滴定溶液不能用直接法，只能用间接法。

称取 26g $Na_2S_2O_3 \cdot 5H_2O$ 或 16g $Na_2S_2O_3$，加 0.2g 无水 Na_2CO_3，溶于 1000mL 水中，缓缓煮沸 10min，冷却。

配制好的 $Na_2S_2O_3$ 溶液在空气中不稳定，容易分解，这是由于在水中的微生物、CO_2 和空气中 O_2 的作用下，会发生下列反应：

$$Na_2S_2O_3 \xrightarrow{\text{微生物}} Na_2SO_3 + S\downarrow$$
$$Na_2S_2O_3 + CO_2 + H_2O \Longrightarrow NaHSO_3 + NaHCO_3 + S\downarrow$$
$$2Na_2S_2O_3 + O_2 \Longrightarrow 2Na_2SO_4 + 2S\downarrow$$

配制 $Na_2S_2O_3$ 溶液时，应当用新煮沸并冷却的蒸馏水，并加入少量 Na_2CO_3，使溶液呈弱碱性，以抑制细菌生长。配制好的 $Na_2S_2O_3$ 溶液应贮于棕色瓶中，于暗处放置 2 周后，过滤，然后再标定；标定后的 $Na_2S_2O_3$ 溶液在贮存过程中如发现溶液变浑浊，应重新标定或弃去重配。

（2）标定 标定 $Na_2S_2O_3$ 溶液的基准物质有 $K_2Cr_2O_7$、KIO_3、$KBrO_3$ 及升华 I_2 等。本节只讨论以 $K_2Cr_2O_7$ 作基准物。称取 0.18g 于 $(120\pm2)℃$ 干燥至恒重的工作基准试剂 $K_2Cr_2O_7$，置于碘量瓶中，溶于 25mL 水，加 2g 碘化钾及 20mL 硫酸溶液（20%），摇匀，于暗处放置 10min。加 150mL 水（15～20℃），用配制好的 $Na_2S_2O_3$ 溶液滴定，近终点时加 2mL 淀粉指示剂（10g/L），继续滴定至溶液由蓝色变为亮绿色，同时做空白试验。

$K_2Cr_2O_7$ 在酸性溶液中与 I^- 发生如下反应：

$$Cr_2O_7^{2-} + 6I^- + 14H^+ =\!\!=\!\!= 2Cr^{3+} + 3I_2 + 7H_2O$$

反应析出的 I_2 以淀粉为指示剂用待标定的 $Na_2S_2O_3$ 溶液滴定。

$$I_2 + 2S_2O_3^{2-} =\!\!=\!\!= 2I^- + S_4O_6^{2-}$$

用 $K_2Cr_2O_7$ 标定 $Na_2S_2O_3$ 溶液时应注意：$Cr_2O_7^{2-}$ 与 I^- 反应较慢，为加速反应，须加入过量的 KI 并提高酸度。一般应控制酸度为 $0.2\sim0.4mol/L$。并在暗处放置 10min，保证反应顺利完成。

根据称取 $K_2Cr_2O_7$ 的质量和滴定时消耗 $Na_2S_2O_3$ 标准溶液的体积，可计算出 $Na_2S_2O_3$ 标准溶液的浓度。计算公式如下：

$$c(Na_2S_2O_3) = \frac{m(K_2Cr_2O_7) \times 1000}{(V - V_0)M\left(\frac{1}{6}K_2Cr_2O_7\right)}$$

式中　$m(K_2Cr_2O_7)$——$K_2Cr_2O_7$ 的质量，g；

$\qquad V$——滴定时消耗 $Na_2S_2O_3$ 标准溶液的体积，mL；

$\qquad V_0$——空白试验消耗 $Na_2S_2O_3$ 标准溶液的体积，mL；

$\qquad M\left(\frac{1}{6}K_2Cr_2O_7\right)$——基本单元的 $K_2Cr_2O_7$ 摩尔质量，49.03g/mol。

2. $c\left(\frac{1}{2}I_2\right) = 0.1mol/L$ 标准溶液的制备

(1) $c\left(\frac{1}{2}I_2\right) = 0.1mol/L$ 标准溶液配制　通常是用市售的碘先配成近似浓度的碘溶液，然后用基准试剂或已知准确浓度的 $Na_2S_2O_3$ 标准溶液来标定碘溶液的准确浓度。由于 I_2 难溶于水，易溶于 KI 溶液，故配制时应将 I_2、KI 与少量水一起研磨后再用水稀释。称取 13g I_2 及 35gKI，溶于 100mL 水中，稀释至 1000mL，摇匀，贮存在棕色试剂瓶中待标定。

(2) $c\left(\frac{1}{2}I_2\right) = 0.1mol/L$ 标准溶液的标定　I_2 溶液可用 As_2O_3 基准物标定。As_2O_3 难溶于水，多用 NaOH 溶解，使之生成亚砷酸钠，再用 I_2 溶液滴定 AsO_3^{3-}。

$$As_2O_3 + 6NaOH =\!\!=\!\!= 2Na_3AsO_3 + 3H_2O$$

$$AsO_3^{3-} + I_2 + H_2O =\!\!=\!\!= AsO_4^{3-} + 2I^- + 2H^+$$

此反应为可逆反应，为使反应快速定量地向右进行，可加 $NaHCO_3$，以保持溶液 $pH\approx8$。称取 0.18g 预先在硫酸干燥器中干燥至恒重的工作基准试剂 As_2O_3，置于碘量瓶中，加 6mL NaOH 标准溶液 $[c(NaOH) = 1mol/L]$ 溶解，加 50mL 水，加 2 滴酚酞指示剂 (10g/L)，用 H_2SO_4 标准溶液 $[c(H_2SO_4) = 1mol/L]$ 滴定至无色，加 3g $NaHCO_3$ 及 2mL 淀粉指示液 (10g/L)，用配制好的碘标准溶液 $\left[c\left(\frac{1}{2}I_2\right) = 0.1mol/L\right]$ 滴定至溶液呈浅蓝色。同时做空白实验。

根据称取的 As_2O_3 质量和滴定时消耗 I_2 溶液的体积，可计算出 I_2 标准溶液的浓度。计算公式如下：

$$c\left(\frac{1}{2}I_2\right) = \frac{m(As_2O_3) \times 1000}{(V - V_0) \times M\left(\frac{1}{4}As_2O_3\right)}$$

式中　$m(As_2O_3)$——称取 As_2O_3 的质量，g；

　　　　V——滴定时消耗 I_2 溶液的体积，mL；

　　　　V_0——空白试验消耗 I_2 溶液的体积，mL；

$M\left(\dfrac{1}{4}As_2O_3\right)$——基本单元的 As_2O_3 摩尔质量，49.460g/mol。

由于 As_2O_3 为剧毒物，一般常用已知浓度的 $Na_2S_2O_3$ 标准溶液标定 I_2 溶液。

四、碘量法应用示例

1. 直接碘量法测定维生素 C 含量

用 I_2 标准溶液直接测定维生素 C。由于维生素 C 分子中的烯二醇基具有还原性，能被 I_2 定量地氧化成二酮基。反应式为：

由于维生素 C 的还原性很强，在空气中极易被氧化，尤其在碱性介质中更甚，所以溶液酸化后应立即滴定，要求操作要熟练。

2. 间接碘量法测定铜合金中 Cu 含量

在中性或弱酸性溶液中，Cu^{2+} 可与 I^- 作用析出 I_2 并生成难溶物 CuI，这是碘量法测定铜的基础。析出的 I_2 可用硫代硫酸钠标准溶液滴定。其反应为：

$$2Cu^{2+} + 4I^- == 2CuI\downarrow + I_2$$
$$I_2 + 2S_2O_3^{2-} == 2I^- + S_4O_6^{2-}$$

由于 CuI 沉淀强烈地吸附 I_2，会使测定结果偏低。故在临近终点时，应加入适量 $KSCN$，使 CuI 转化为溶解度更小的 $CuSCN$，转化过程中释放出 I_2。

案例分析 4-5　胆矾中硫酸铜含量的测定

一、原理

在弱酸性介质中，加入过量的 KI 与 Cu^{2+} 作用生成 CuI 沉淀，并定量析出碘。以淀粉为指示剂，用 $Na_2S_2O_3$ 标准溶液滴定析出的碘，计算试验中硫酸铜的含量。反应式为：

$$2CuSO_4 + 4KI == 2K_2SO_4 + 2CuI\downarrow + I_2$$
$$I_2 + 2Na_2S_2O_3 == Na_2S_4O_6 + 2NaI$$

由于 CuI 沉淀表面吸附 I_3^- 粒子，会使测定结果偏低，可在大部分 I_2 被 $Na_2S_2O_3$ 溶液滴定后，加入 $KSCN$，将 CuI 转化为溶解度更小的 $CuSCN$ 沉淀，把吸附的碘释放出来，使反应得以进行完全。

二、试剂

① $Na_2S_2O_3$ 标准溶液 $c(Na_2S_2O_3)=0.1mol/L$。

② H_2SO_4 溶液（1mol/L）。

③ KI 溶液（100g/L）　临用前新配。

④ $KSCN$ 溶液（100g/L）。

⑤ 淀粉溶液（5g/L）。

⑥ $CuSO_4 \cdot 5H_2O$ 样品。

三、操作步骤

准确称取胆矾试样 0.5～0.6g（精确到 0.0001g），置于 250mL 碘量瓶中，加 100mL 蒸馏水和 5mL H_2SO_4 溶液（1mol/L）使其溶解，加 KI 溶液 10mL，摇匀后于暗处放置 10min。用 $Na_2S_2O_3$ 标准溶液滴定至溶液显淡黄色，加 3mL 淀粉指示剂，继续滴定至浅蓝色，再加 KSCN 溶液 10mL（溶液颜色略转深）。继续用 $Na_2S_2O_3$ 标准溶液滴定至蓝色恰好消失为终点，平行测定 3 次。

四、计算公式

$$w(CuSO_4 \cdot 5H_2O) = \frac{c(Na_2S_2O_3)V(Na_2S_2O_3) \times 10^{-3} \times M(CuSO_4 \cdot 5H_2O)}{m} \times 100\%$$

式中　$w(CuSO_4 \cdot 5H_2O)$——胆矾中 $CuSO_4 \cdot 5H_2O$ 的质量分数，%；

　　　$c(Na_2S_2O_3)$——$Na_2S_2O_3$ 标准溶液的浓度，mol/L；

　　　$V(Na_2S_2O_3)$——滴定时消耗 $Na_2S_2O_3$ 标准溶液的体积，mL；

　　　$M(CuSO_4 \cdot 5H_2O)$——$CuSO_4 \cdot 5H_2O$ 的摩尔质量，g/mol；

　　　m——称取胆矾试样的质量，g。

第七节　硫酸铈法和溴酸钾法

除去经常用到的高锰酸钾法、重铬酸钾法、碘量法以外，还可以经常看到硫酸铈法（或硫酸铈铵法）、溴酸钾法等方法。GB/T 601—2016《化学试剂　标准滴定溶液的制备》中也列出相应的标准溶液。

一、硫酸铈法

硫酸铈法是以硫酸铈 $[Ce(SO_4)_2]$ 作标准溶液进行滴定的氧化还原滴定法。$Ce(SO_4)_2$ 是一种强氧化剂，在水溶液中易水解，需在酸度较高的溶液中使用。在酸性溶液中，Ce^{4+} 与还原剂作用被还原为 Ce^{3+}，半反应如下：

$$Ce^{4+} + e^- \Longrightarrow Ce^{3+} \qquad \varphi^\ominus = 1.61V$$

Ce^{4+}/Ce^{3+} 电对的条件电极电势与酸的种类和浓度有关。由于在高氯酸溶液中 Ce^{4+} 不易形成配合物，所以在高氯酸介质中 Ce^{4+}/Ce^{3+} 电对的电极电势最高，应用也较多。

常用的 $Ce(SO_4)_2$ 标准滴定溶液浓度为 $c[Ce(SO_4)_2] = 0.1mol/L$、$c[2(NH_4)_2SO_4 \cdot Ce(SO_4)_2] = 0.1mol/L$。

（1）配制方法　称取 40g 硫酸铈 $[Ce(SO_4)_2 \cdot 4H_2O]$ 或 67g $[2(NH_4)_2SO_4 \cdot Ce(SO_4)_2 \cdot 4H_2O]$，加 30mL 水及 28mL 硫酸（20%），再加 300mL 水，加热溶解，再加 650mL 水，摇匀。

（2）标定硫酸铈标准溶液　称取 0.25g 于 105～110℃电烘箱干燥至恒重的工作基准试剂草酸钠，溶于 75mL 水中，加 4mL 硫酸溶液（20%）及 10mL 盐酸。加热至 65～70℃，用配制好的硫酸铈溶液滴定至溶液呈浅黄色。加入 0.10mL 1,10-邻二氮菲-亚铁指示剂使溶液变为橘红色，继续滴定至溶液呈浅蓝色。同时做空白试验。

（3）计算公式

$$c = \frac{m \times 1000}{(V_1 - V_2)M}$$

式中，m 为草酸钠的质量，g；V_1 为滴定硫酸铈的体积，mL；V_2 为空白试验的硫酸铈的体积，mL；M 为草酸钠的摩尔质量，g/mol，$M\left(\dfrac{1}{2}Na_2C_2O_4\right)=144g/mol$。

$Ce(SO_4)_2$ 的氧化性与 $KMnO_4$ 的氧化性差不多，所以凡是高锰酸钾法能测定的物质，一般也能用硫酸铈法测定。与高锰酸钾法比较，硫酸铈法具有以下优点：①硫酸铈标准滴定溶液可用易于提纯的硫酸铈铵 $Ce(SO_4)_2 \cdot (NH_4)_2SO_4 \cdot 4H_2O$（或 $Ce(SO_4)_2 \cdot (NH_4)_2SO_4 \cdot 2H_2O$）直接配制，溶液稳定，放置较长时间或加热煮沸也不分解；②Ce^{4+} 还原为 Ce^{3+} 时，只有一个电子转移，没有中间产物形成，反应简单；③可在盐酸溶液中用 Ce^{4+} 直接滴定还原剂，如 Fe^{2+}，达化学计量点后 Cl^- 才慢慢被 Ce^{4+} 氧化，因此，Cl^- 的存在不影响滴定；④在多种有机物（如醇类、醛类、甘油、蔗糖、淀粉等）存在下，用 Ce^{4+} 滴定 Fe^{2+} 仍可得到良好结果。但是在酸度较低（低于 1mol/L）时，磷酸有对硫酸铈法干扰，能生成磷酸高铈沉淀；铈盐价格较贵等是硫酸铈法的不足之处。

硫酸铈溶液呈黄色，还原为 Ce^{3+} 时溶液无色，可利用 Ce^{4+} 本身的颜色指示滴定终点，但灵敏度不高。一般多采用邻二氮菲-亚铁作指示剂。

由于硫酸铈法具有上述的优点，又不像重铬酸钾法中六价铬那样有毒，硫酸铈法已逐渐受到重视。在医药工业方面测定药品中铁的含量多采用此法。

二、溴酸钾法

溴酸钾法是利用溴酸钾（$KBrO_3$）作氧化剂进行滴定的氧化还原滴定法。$KBrO_3$ 是强氧化剂，在酸性溶液中与还原性物质作用，BrO_3^- 被还原为 Br^-，半反应为：

$$BrO_3^- + 6H^+ + 6e^- \Longrightarrow Br^- + 3H_2O \qquad \varphi^\ominus = 1.44V$$

$KBrO_3$ 易提纯，故其标准溶液可用直接法配制。$Sn(II)$、$Sb(III)$、$As(III)$、$Tl(I)$、Fe^{2+}、H_2O_2、N_2H_4 等许多还原性物质，均可用溴酸钾标准溶液利用直接滴定法进行测定。

溴酸钾法通常是在溴酸钾标准溶液中加入过量的 KBr，配成 $KBrO_3$-KBr 标准溶液。然后与碘量法配合使用，主要用于测定有机物。此 $KBrO_3$-KBr 标准溶液酸化后，BrO_3^- 与 Br^- 立即反应生成 Br_2：

$$BrO_3^- + 5Br^- + 6H^+ \Longrightarrow 3Br_2 + 3H_2O$$

析出的 Br_2 可与某些有机物发生加成反应或取代反应。为提高反应速率，应加入过量的溴试剂，待 Br_2 与待测物反应完全后，剩余的 Br_2 与 KI 作用，析出的 I_2 用硫代硫酸钠标准滴定溶液滴定。

$$Br_2 + 2I^- \Longrightarrow 2Br^- + I_2$$
$$I_2 + 2S_2O_3^{2-} \Longrightarrow 2I^- + S_4O_6^{2-}$$

溴水不稳定，不适合直接作滴定剂；而 $KBrO_3$-KBr 溶液很稳定，只在酸化时才产生 Br_2。利用 Br_2 的取代反应可测定甲酚、间苯二酚等酚类及芳香胺类有机物；利用 Br_2 的加成反应可测定甲基丙烯醛、甲基丙烯酸及丙烯酸酯类等有机物的不饱和度。根据 $KBrO_3$ 和 $Na_2S_2O_3$ 标准溶液的浓度及消耗的体积，可求得被测有机物的含量。

例如苯酚含量的测定。苯酚又名石炭酸，是医药和有机化工的重要原料。测定时，先在苯酚试样中加入过量的 $KBrO_3$-KBr 标准溶液，用酸酸化后，苯酚羟基邻位和对位上的氢原子被溴取代：

反应完全后，加入 KI 还原剩余的 Br_2，然后以淀粉溶液为指示剂，再用硫代硫酸钠标准溶液滴定析出的 I_2，溶液由蓝色刚变无色即为终点。

（1）溴酸钾标准溶液 $\left[c\left(\dfrac{1}{6}KBrO_3\right)=0.1mol/L\right]$ 配制　称取 3g $KBrO_3$，溶于 1000mL 水中，摇匀。

（2）溴酸钾标准溶液 $\left[c\left(\dfrac{1}{6}KBrO_3\right)=0.1mol/L\right]$ 标定　量取 35.00～40.00mL 配制好的 $KBrO_3$ 溶液，置于碘量瓶中，加 2g 碘化钾及 5mL 盐酸溶液（20%），摇匀，于暗处放置 5min。加 150mL 水，用硫代硫酸钠标准溶液 $[c(Na_2S_2O_3)=0.1mol/L]$ 滴定，近终点加 2mL 淀粉指示剂（10g/L），继续滴加至蓝色消失。同时做空白实验。

（3）溴酸钾标准溶液 $\left[c\left(\dfrac{1}{6}KBrO_3\right)=0.1mol/L\right]$ 计算

$$c\left(\frac{1}{6}KBrO_3\right)=\frac{(V_1-V_2)c}{V}$$

式中，V_1 为滴定硫代硫酸钠标准溶液体积，mL；V_2 为空白实验消耗的硫代硫酸钠标准溶液体积，mL；c 为滴定硫代硫酸钠标准溶液浓度，mol/L；V 为溴酸钾溶液体积，mL。

第五章

沉淀滴定法

第一节 沉淀滴定法和分类

一、沉淀滴定法

沉淀滴定法是以沉淀反应为基础的滴定分析方法。用于沉淀滴定的反应必须具备以下条件：

① 反应能定量地完成，沉淀的溶解度要小，在沉淀过程中不易发生共沉淀现象。

② 反应速率要快，不易形成过饱和溶液。

③ 有适当的方法确定滴定终点。

④ 沉淀的吸附现象不影响滴定终点的确定。

二、沉淀滴定法分类

虽然沉淀反应比较多，但由于受上述条件的限制，许多沉淀反应不能满足滴定分析要求，能用于沉淀滴定的不多。因此，沉淀滴定法应用并不广泛，目前应用较多的是生成难溶银盐的反应：

$$Ag^+ + X^- \Longrightarrow AgX\downarrow \quad K_{sp} = [Ag^+][X^-]$$
$$X^- = Cl^-, Br^-, I^-, CN^-, SCN^-$$

生成难溶性银盐的这类滴定分析方法，习惯上称为银量法。银量法可以测定 Cl^-、Br^-、I^-、Ag^+、CN^-、SCN^- 等离子，用于化工、冶金、农业以及处理"三废"等生产部门的检测工作。银量法按照确定终点的方法不同，分为莫尔法、佛尔哈德法和法扬斯法。

第二节 莫尔法的应用

一、测定原理

莫尔法是以 K_2CrO_4 为指示剂，在中性或弱碱性介质中用 $AgNO_3$ 标准溶液测定卤素离子含量的方法。

根据分步沉淀的原理，由于 AgCl 的溶解度小于 Ag_2CrO_4 的溶解度，因此在含有 Cl^-（或 Br^-）和 CrO_4^{2-} 的溶液中，用 $AgNO_3$ 标准溶液进行滴定过程中，AgCl 首先沉淀出来，当滴定到化学计量点附近时，溶液中 Cl^- 浓度越来越小，Ag^+ 浓度增加，直至 $[Ag^+]^2$

$[CrO_4^{2-}] > K_{sp}(Ag_2CrO_4)$，立即生成砖红色的 Ag_2CrO_4 沉淀，以此指示滴定终点。其反应为：

$$Ag^+ + Cl^- === AgCl\downarrow（白色）$$
$$2Ag^+ + CrO_4^{2-} === Ag_2CrO_4\downarrow（砖红色）$$

二、溶液酸度

莫尔法的测定，用到硝酸银标准溶液和铬酸钾指示剂，溶液的酸碱性不同会影响测定的结果。

在酸性溶液中，CrO_4^{2-} 有如下反应：

$$2CrO_4^{2-} + 2H^+ === 2HCrO_4^- === Cr_2O_7^{2-} + H_2O$$

因而降低了 CrO_4^{2-} 的浓度，使 Ag_2CrO_4 沉淀出现过迟，甚至不会沉淀。

在强碱性溶液中，会有棕黑色 $Ag_2O\downarrow$ 沉淀析出：

$$2Ag^+ + 2OH^- === Ag_2O\downarrow + H_2O$$

从上可以看出，莫尔法只能在中性或弱碱性（pH＝6.5～10.5）溶液中进行。若溶液酸性太强，可用 $Na_2B_4O_7 \cdot 10H_2O$ 或 $NaHCO_3$ 中和；若溶液碱性太强，可用稀 HNO_3 溶液中和；而有 NH_4^+ 存在时，滴定的 pH 范围应控制在 6.5～7.2 之间。

三、指示剂用量

用 $AgNO_3$ 标准溶液滴定 Cl^-，指示剂 K_2CrO_4 的用量对于终点指示有较大的影响，CrO_4^{2-} 浓度过高或过低，Ag_2CrO_4 沉淀的析出就会过早或过迟，从而产生一定的终点误差。因此要求 Ag_2CrO_4 沉淀应该恰好出现在滴定反应的化学计量点。化学计量点时 $c'(Ag^+)$ 为：

$$[Ag^+] = [Cl^-] = \sqrt{K_{sp}(AgCl)} = \sqrt{1.56 \times 10^{-10}} = 1.25 \times 10^{-5}（mol/L）$$

若此时恰有 Ag_2CrO_4 沉淀，则

$$[CrO_4^{2-}] = \frac{K_{sp}^{\ominus}}{[Ag^+]^2} = \frac{2.0 \times 10^{-12}}{[1.25 \times 10^{-5}]^2} = 1.28 \times 10^{-2}（mol/L）$$

在滴定时，由于 K_2CrO_4 显黄色，当其浓度较高时颜色较深，不易判断砖红色的出现。为了能观察到明显的终点，指示剂的浓度以略低一些为好。实验证明，滴定溶液中 K_2CrO_4 的浓度为 5×10^{-3} mol/L 是确定滴定终点的适宜浓度。

显然，K_2CrO_4 浓度降低后，要使 Ag_2CrO_4 析出沉淀，必须多加些 $AgNO_3$ 标准溶液，这时滴定剂就过量了，终点将在化学计量点后出现，但由于产生的终点误差一般都小于0.1%，不会影响分析结果的准确度。但是如果溶液较稀，如用 0.01000mol/L $AgNO_3$ 标准溶液滴定 0.01000mol/L 的 Cl^- 溶液，滴定误差可达 0.6%，此时会影响分析结果的准确度，应当做指示剂空白试验进行校正。

四、工业用水中氯含量的测定（莫尔法）

案例分析 5-1　工业循环水、锅炉用水中氯离子含量的测定
（参考 GB/T 15453—2008）

1.测定原理

本方法以铬酸钾为指示剂，在 pH 为 5～9.5 的范围内用硝酸银标准溶液滴定。硝酸银

与氯化物作用生成白色氯化银沉淀，当有过量硝酸银存在时，则与铬酸钾指示剂反应，生成砖红色铬酸银，表示反应达到终点。

反应式为：

$$Ag^+ + Cl^- =\!=\!= AgCl\downarrow（白色）$$

$$2Ag^+ + CrO_4^{2-} =\!=\!= Ag_2CrO_4\downarrow（砖红色）$$

2.试剂和材料

本标准所用试剂，除非另有规定，应使用分析纯试剂和符合 GB/T 6682—2008《分析实验室用水规格和试验方法》中的三级水规定。

试验中所需标准滴定溶液、制剂及制品，在没有注明其他要求时，均按照 GB/T 601—2016、GB/T 603—2002 之规定制备。

① 硝酸溶液　1+300；

② 氢氧化钠溶液　2g/L；

③ 硝酸银标准溶液　$c(AgNO_3)$ 为 0.01mol/L；

④ 铬酸钾指示剂　50g/L；

⑤ 酚酞指示剂　10g/L 乙醇溶液。

3.分析步骤

移取适量体积的水样于 250mL 锥形瓶中，加入酚酞指示剂，用氢氧化钠溶液或硝酸溶液调节水样的 pH，使红色刚好变为无色。

加入 1.0mL 铬酸钾指示剂，在不断摇动情况下，最好在白色背景条件下用硝酸银标准溶液滴定，直至出现砖红色为止。同时作空白试验。

4.结果计算

氯离子含量以质量浓度 ρ，数值以 mg/L 表示，按下式计算：

$$\rho = \frac{(V_1 - V_0)cM}{1000V} \times 10^6$$

式中　V_1——试样消耗硝酸银标准溶液的体积，mL；

V_0——空白试验消耗硝酸银标准溶液的体积，mL；

V——试样体积的数值，mL；

c——硝酸银标准溶液浓度，mol/L；

M——氯的摩尔质量，g/mol（$M = 35.45$g/mol）。

5.允许差

取平行测定结果的算术平均值为测定结果。平行测定结果的绝对差值不大于 0.5mg/L。

第三节　佛尔哈德法的应用

佛尔哈德法是在酸性介质中，以铁铵矾［$NH_4Fe(SO_4)_2 \cdot 12H_2O$］作指示剂来确定滴定终点的一种银量法。根据滴定方式的不同，佛尔哈德法分为直接滴定法和返滴定法两种。直接滴定法常用于测定 Ag^+，返滴定法常用于测定卤素离子和 SCN^-。

一、直接滴定法测定 Ag^+

以 HNO_3 为介质，以铁铵矾作指示剂，在含有 Ag^+ 的溶液中，用 NH_4SCN 标准溶液直接滴定，当滴定到化学计量点时，微过量的 SCN^- 与 Fe^{3+} 结合生成红色的 $[Fe(SCN)]^{2+}$ 即为滴定终点。其反应为：

$$Ag^+ + SCN^- \Longrightarrow AgSCN \downarrow （白色）$$
$$Fe^{3+} + SCN^- \Longrightarrow [Fe(SCN)]^{2+} （红色）$$

由于指示剂中的 Fe^{3+} 在中性或碱性溶液中将形成 $[Fe(OH)]^{2+}$、$[Fe(OH)_2]^+$ 等深色配合物，碱度再大，还会产生 $Fe(OH)_3$ 沉淀，因此滴定应在酸性（$0.1 \sim 1mol/L$）溶液中进行。

用 NH_4SCN 溶液滴定 Ag^+ 溶液时，生成的 $AgSCN$ 沉淀能吸附溶液中的 Ag^+，使 Ag^+ 浓度降低，以致红色的出现略早于化学计量点。因此在滴定过程中需剧烈摇动，使被吸附的 Ag^+ 释放出来。

二、返滴定法测定卤化物

佛尔哈德法测定卤素离子（如 Cl^-、Br^-、I^-）和 SCN^- 时应采用返滴定法。即在酸性（HNO_3 介质）待测溶液中，先加入已知过量的 $AgNO_3$ 标准溶液，再用铁铵矾作指示剂，用 NH_4SCN 标准溶液回滴剩余的 Ag^+。

反应如下：

$$Ag^+ + Cl^- \Longrightarrow AgCl \downarrow （白色）$$
（过量）
$$Ag^+ + SCN^- \Longrightarrow AgSCN \downarrow （白色）$$
（剩余量）

终点指示反应：　　　$Fe^{3+} + SCN^- \Longrightarrow [Fe(SCN)]^{2+} （红色）$

需要注意，用佛尔哈德法测定 Cl^-，滴定到临近终点时，经摇动后形成的红色会褪去，这是因为 $AgSCN$ 的溶解度小于 $AgCl$ 的溶解度而发生沉淀的转化，加入的 NH_4SCN 将与 $AgCl$ 发生沉淀转化反应：

$$AgCl + SCN^- \Longrightarrow AgSCN \downarrow + Cl^-$$

沉淀的转化速率比较慢，滴加 NH_4SCN 形成的红色会随着溶液的摇动而消失。这种转化作用将继续进行到 Cl^- 与 SCN^- 浓度之间建立一定的平衡关系，才会出现持久的红色，无疑滴定已多消耗了 NH_4SCN 标准溶液。为了避免上述现象的发生，通常采用以下措施：

① 试液中加入过量的 $AgNO_3$ 标准溶液之后，将溶液煮沸，使 $AgCl$ 沉淀凝聚，以减少 $AgCl$ 沉淀对 Ag^+ 的吸附。滤去沉淀，并用稀 HNO_3 充分洗涤沉淀，然后用 NH_4SCN 标准溶液回滴滤液中的过量 Ag^+。

② 在滴入 NH_4SCN 标准溶液之前，加入有机溶剂硝基苯或邻苯二甲酸二丁酯或 1,2-二氯乙烷。用力摇动后，有机溶剂将 $AgCl$ 沉淀包住，使 $AgCl$ 沉淀与外部溶液隔离，阻止 $AgCl$ 沉淀与 NH_4SCN 发生转化反应。此法虽然方便，但是硝基苯有毒，使用时要注意安全。

③ 提高 Fe^{3+} 的浓度以减小终点时 SCN^- 的浓度，从而减小上述误差（实验证明，一般溶液中 $[Fe^{3+}] = 0.2mol/L$ 时，终点误差将小于 0.1%）。

佛尔哈德法在测定 Br^-、I^- 和 SCN^- 时，滴定终点十分明显，不会发生沉淀转化，因此不必采取上述措施。但是在测定碘化物时，必须加入过量 $AgNO_3$ 溶液之后再加入铁铵矾指示剂，以免 I^- 对 Fe^{3+} 的还原作用而造成误差。

三、硫氰酸铵标准溶液的制备

案例分析 5-2 硫氰酸铵（或硫氰酸钾或硫氰酸钠）**标准滴定溶液**
（参考 GB/T 601—2016《化学试剂 标准滴定溶液的制备》、
GB/T 9725—2007《化学试剂 电位滴定法通则》）

1. 硫氰酸铵标准溶液的配制 $[c(NH_4SCN)=0.1mol/L$、$c(KSCN)=0.1mol/L$、$c(NaSCN)=0.1mol/L]$

称取 7.9g 硫氰酸铵（或 9.7g 硫氰酸钾或 8.2g 硫氰酸钠），溶于 1000mL，水中，摇匀。

2. 硫氰酸铵标准溶液的标定

（1）方法一 称取 0.6g 于硫酸干燥器中干燥至恒重的工作基准试剂硝酸银，溶于 90mL 水中，加 10mL 淀粉溶液（10g/L）及 10mL 硝酸溶液（25%），以 216 型银电极作指示电极，217 型双盐桥饱和甘汞电极作参比电极，用配制好的硫氰酸铵（或硫氰酸钾或硫氰酸钠）溶液滴定，记录消耗硫氰酸铵（或硫氰酸钾或硫氰酸钠）溶液的体积 V_0。

硫氰酸铵（或硫氰酸钾或硫氰酸钠）标准溶液的浓度（c），数值以摩尔每升（mol/L）表示，按照下式计算：

$$c=\frac{m\times1000}{V_0M}$$

式中 m——硝酸银的质量，g；

V_0——硫氰酸铵（或硫氰酸钾或硫氰酸钠）溶液的体积，mL；

M——硝酸银的摩尔质量，g/mol $[M(AgNO_3)=169.87g/mol]$。

（2）方法二 量取 35.00～40.00mL 硝酸银标准溶液 $[c(AgNO_3)=0.1mol/L]$，加 60mL 水、10mL 淀粉溶液（10g/L）及 10mL 硝酸溶液（25%），以 216 型银电极作指示电极，217 型双盐桥饱和甘汞电极作参比电极，用配制好的硫氰酸铵（或硫氰酸钾或硫氰酸钠）溶液滴定，记录消耗硫氰酸铵（或硫氰酸钾或硫氰酸钠）溶液的体积 V_0。

硫氰酸铵（或硫氰酸钾或硫氰酸钠）标准滴定溶液的浓度（c），数值以摩尔每升（mol/L）表示，按照下式计算：

$$c=\frac{Vc_1}{V_0}$$

式中 V——硝酸银标准溶液的体积，mL；

c_1——硝酸银标准溶液的浓度，mol/L；

V_0——硫氰酸铵（或硫氰酸钾或硫氰酸钠）溶液的体积，mL。

第四节 法扬司法的应用

法扬司法是用硝酸银作标准滴定溶液，以吸附指示剂确定滴定终点的一种银量法。

一、测定原理

吸附指示剂是一类有机染料，它的阴离子在溶液中易被带正电荷的胶状沉淀吸附，吸附后结构改变，从而引起颜色的变化，指示滴定终点的到达。现以 $AgNO_3$ 标准溶液滴定 Cl^- 为例，说明指示剂荧光黄的作用原理。

荧光黄是一种有机弱酸，用 HFI 表示，在水溶液中可解离为荧光黄阴离子 FI^-，呈黄绿色：

$$HFI \rightleftharpoons FI^- + H^+$$

在化学计量点前，生成的 AgCl 沉淀在过量的 Cl^- 溶液中，AgCl 沉淀吸附 Cl^- 而带负电荷，形成的 $(AgCl) \cdot Cl^-$ 不吸附指示剂阴离子 FI^-，溶液呈黄绿色。达化学计量点时，微过量的 $AgNO_3$ 可使 AgCl 沉淀吸附 Ag^+ 形成 $(AgCl) \cdot Ag^+$ 而带正电荷，此带正电荷的 $(AgCl) \cdot Ag^+$ 吸附荧光黄阴离子 FI^-，结构发生变化呈现粉红色，使整个溶液由黄绿色变成粉红色，指示终点的到达。

$$(AgCl) \cdot Ag^+ + FI^- \xrightarrow{\text{吸附}} (AgCl)Ag^+ \cdot FI^-$$
$$\text{（黄绿色）} \qquad \text{（粉红色）}$$

二、使用吸附指示剂的注意事项

为了使终点变色敏锐，应用吸附指示剂时需要注意以下几点。

（1）保持沉淀呈胶体状态　由于吸附指示剂的颜色变化发生在沉淀微粒表面上，因此应尽可能使卤化银沉淀呈胶体状态，具有较大的表面积。为此，在滴定前应将溶液稀释，并加糊精或淀粉等高分子化合物作为保护剂，以防止卤化银沉淀凝聚。

（2）控制溶液酸度　常用的吸附指示剂大多是有机弱酸，而起指示剂作用的是它们的阴离子。酸度大时，H^+ 与指示剂阴离子结合成不被吸附的指示剂分子，无法指示终点。酸度的大小与指示剂的解离常数有关，解离常数大，酸度可以大些。例如荧光黄的 $pK_a \approx 7$，适用于 $pH = 7 \sim 10$ 的条件下进行滴定，若 $pH < 7$，荧光黄主要以 HFI 形式存在，不被吸附。

（3）避免强光照射　卤化银沉淀对光敏感，易分解析出银使沉淀变为灰黑色，影响滴定终点的观察，因此在滴定过程中应避免强光照射。

（4）吸附指示剂的选择　沉淀胶体微粒对指示剂离子的吸附能力，应略小于对待测离子的吸附能力，否则指示剂将在化学计量点前变色。但不能太小，否则终点出现过迟。卤化银对卤化物和几种吸附指示剂的吸附能力的次序如下：

$$I^- > SCN^- > Br^- > \text{曙红} > Cl^- > \text{荧光黄}$$

因此，滴定 Cl^- 不能选曙红，而应选荧光黄。表 5-1 中列出了几种常用的吸附指示剂及其应用。

表 5-1　常用的吸附指示剂

指示剂	被测离子	滴定剂	滴定条件	终点颜色变化
荧光黄	Cl^-、Br^-、I^-	$AgNO_3$	pH7～10	黄绿→粉红
二氯荧光黄	Cl^-、Br^-、I^-	$AgNO_3$	pH4～10	黄绿→红
曙红	Br^-、SCN^-、I^-	$AgNO_3$	pH2～10	橙黄→红紫
溴酚蓝	生物碱盐类	$AgNO_3$	弱酸性	黄绿→灰紫
甲基紫	Ag^+	NaCl	酸性溶液	黄红→红紫

三、法扬司法的应用

法扬司法可用于测定 Cl^-、Br^-、I^- 和 SCN^- 及生物碱盐类（如盐酸麻黄碱）等。此法终点明显，方法简便，但反应条件要求较严，应注意溶液的酸度，浓度及胶体的保护等。

在沉淀滴定的三种方法中，莫尔法比较简单常用，现将三种滴定分析方法列表（见表5-2）比较，便于学习和使用。

表 5-2　莫尔法、佛尔哈德法和法扬司法比较

项目	莫尔法	佛尔哈德法	法扬司法
指示剂	K_2CrO_4	Fe^{3+}	吸附指示剂
滴定剂	$AgNO_3$	SCN^-	Cl^- 或 $AgNO_3$
滴定反应	$Ag^+ + Cl^- \Longrightarrow AgCl\downarrow$	$SCN^- + Ag^+ \Longrightarrow AgSCN\downarrow$	$Cl^- + Ag^+ \Longrightarrow AgCl\downarrow$
指示反应	$2Ag^+ + CrO_4^{2-} \Longrightarrow Ag_2CrO_4\downarrow$ （砖红色）	$SCN^- + Fe^{3+} \Longrightarrow [FeSCN]^{2+}$ （红色）	$(AgCl)\cdot Ag^+ + FI^- \Longrightarrow$ （黄绿色） $(AgCl)Ag^+ \cdot FI^-$ （粉红色）
酸度	$pH = 6.5 \sim 10.5$	$0.1 \sim 1mol/L\ HNO_3$ 介质	与指示剂的 pK_a 大小有关，使 其以 FI^- 形式存在
滴定对象	Cl^-、CN^-、Br^-	直接滴定法测 Ag^+；返滴定法 测 Cl^-、Br^-、I^-、SCN^-、PO_4^{3-} 和 AsO_4^{3-} 等	Cl^-、Br^-、SCN^-、SO_4^{2-} 和 Ag^+ 等

四、氯化物中氯含量的测定（荧光黄指示剂法）

案例分析 5-3　氯化钠试样中氯化钠含量的测定
（参考 GB/T 1266—2006）

1.基本原理

以 $AgNO_3$ 标准溶液滴定 Cl^- 时，可用荧光黄吸附指示剂来指示滴定终点。荧光黄指示剂是一种有机弱酸用 HFI 表示，它在溶液中解离出黄绿色的 Fi^- 阴离子 $HFI \Longrightarrow H^+ + FI^-$。

在化学计量点前，溶液中有剩余的 Cl^- 存在，AgCl 沉淀吸附 Cl^- 而带负电荷，因此荧光黄阴离子留在溶液中呈黄绿色。滴定进行到化学计量点后，AgCl 沉淀吸附 Ag^+ 而带正电荷这时溶液中 FI^- 被吸附，溶液变为粉红色，指示终点到达。

$$Cl^- \text{过量}\quad (AgCl)\cdot Cl^- + FI^-（黄绿色）$$
$$Ag^+ \text{过量}\quad (AgCl)\cdot Ag^+ + FI^- \Longrightarrow (AgCl)Ag^+ \cdot FI^-（粉红色）$$

2.试剂与仪器

（1）试剂　10g/L 淀粉溶液、5g/L 荧光黄溶液、0.1mol/L 硝酸银标准溶液。

（2）仪器　台秤 1 台、分析天平 1 台、40mm×25mm 称量瓶 1 个、10mL 和 100mL 量筒各 1 个、250mL 锥形瓶、洗瓶、250mL 烧杯、50mL 棕色酸式滴定管、氯化钠试样。

3.操作步骤

称取 0.2g 干燥恒重的样品（精准至 0.0001g），溶于 70mL 水中，加 10mL 淀粉溶液（10g/L），在摇动下用 0.1mol/L 硝酸银标准溶液避光滴定，近终点时加 3 滴荧光黄指示液（5g/L），继续滴定至乳液呈粉红色。平行测定三次。

4. 数据记录与结果计算

按下式计算氯化钠的百分含量

$$w(NaCl)\frac{cVM}{m \times 1000} \times 100\%$$

式中　V——AgNO$_3$ 标准溶液的体积，mL；

　　　c——AgNO$_3$ 标准溶液的浓度，mol/L；

　　　m——试样的质量，g；

　　　M——氯化钠的摩尔质量，g/mol $[M(NaCl)=58.44g/mol]$。

第六章

重量分析法

第一节　概　　述

重量分析，通常是通过物理或化学反应将试样中待测组分与其它组分分离，以称量的方法，称得待测组分或它的难溶化合物的质量，计算出待测组分在试样中的含量。

一、重量分析法的分类和特点

根据分离法的不同分类，重量分析法分为挥发法、沉淀法两大类。

1. 挥发法

挥发法也叫汽化法，它是利用物质的挥发性，通过加热或其他方法使试样中的待测组分挥发逸出，根据试样质量的减少计算该组分的含量；或者利用吸收剂吸收逸出的组分，根据吸收剂质量的增加计算该组分的含量。

2. 沉淀法

沉淀法也叫沉淀重量法，它是使欲测组分转化为难溶化合物从溶液中沉淀出来，经过滤、洗涤、干燥或灼烧后称量而进行测定的方法。

例如测定试液中 SO_4^{2-} 含量时，在试液中加入过量 $BaCl_2$ 溶液，使 SO_4^{2-} 完全生成难溶的 $BaSO_4$ 沉淀，经过滤、洗涤、干燥后，称量 $BaSO_4$ 的质量，从而计算试液中硫酸根离子的含量。

重量分析法的特点：

① 重量分析法是一种经典的化学分析法，是直接用天平称量而获得分析结果，不需要标准试样或基准物质进行比较。

② 重量分析法的准确度较高，对于常量组分的测定，其相对误差为 $0.1\%\sim0.2\%$；它可以用于高含量的硅、硫、磷、镍及某些稀有元素的测定。

③ 重量分析法操作比较复杂，程序多，耗时长，不能满足快速分析的要求，对低含量组分的测定误差较大，灵敏度低。

二、沉淀重量法对沉淀形式和称量形式的要求

沉淀形式：沉淀的化学组成；

称量形式：沉淀经烘干或灼烧后，供最后称量的化学组成。

在重量分析法中，为获得准确的分析结果，沉淀形式和称量形式必须满足以下要求。

1. 沉淀重量分析法对沉淀形式的要求

　　① 溶解度小，以保证沉淀完全；

　　② 沉淀的结晶形态好，以便于过滤、洗涤；

　　③ 沉淀的纯度高；

　　④ 易于转化为称量形沉淀。

2. 沉淀重量分析法对称量形式的要求

　　① 有确定的化学组成；

　　② 稳定，不易与 CO_2、H_2O、O_2 反应；

　　③ 摩尔质量足够大，以减小称量误差。

三、沉淀剂的选择

1. 沉淀剂的分类和特点

　　按照物质的组成不同，沉淀剂可分为无机沉淀剂和有机沉淀剂。无机沉淀剂的选择性较差，产生的沉淀溶解度较大，吸附杂质较多。如果生成的是无定形沉淀时，不仅吸附杂质多，而且不易过滤和洗涤，有时也可以考虑有机沉淀剂。与无机沉淀剂相比较，有机沉淀剂具有下列特点。

　　① 选择性高　有机沉淀剂在一定条件下，一般只与少数离子发生沉淀反应。

　　② 沉淀的溶解度小　由于有机沉淀的疏水性强，所以溶解度较小，有利于沉淀完全。

　　③ 沉淀吸附杂质少　吸附杂质离子少，易于获得纯净的沉淀。

　　④ 沉淀称量形式的摩尔质量大。

2. 沉淀剂的选择

　　① 选用具有较好选择性的沉淀剂。

　　② 选用能与待测离子生成溶解度最小沉淀的沉淀剂。

　　③ 尽可能选用易挥发或经灼烧易除去的沉淀剂。

　　④ 选用溶解度较大的沉淀剂。

四、重量分析法的主要操作过程

　　重量分析法的主要操作过程如下：

$$\boxed{试样} \longrightarrow \boxed{溶解} \longrightarrow \boxed{沉淀} \longrightarrow \boxed{过滤和洗涤} \longrightarrow \boxed{烘干或灼烧} \longrightarrow \boxed{称量恒重}$$

　　(1) 溶解　将试样溶解制成溶液。根据不同性质的试样选择适当的溶剂。对于不溶于水的试样，一般采取酸溶法、碱溶法或熔融法。

　　(2) 沉淀　加入适当的沉淀剂，使之与待测组分迅速定量反应生成难溶化合物沉淀。

　　(3) 过滤和洗涤　过滤使沉淀与母液分开。根据沉淀的性质不同，过滤沉淀时常采用无灰滤纸或玻璃砂芯坩埚。洗涤沉淀是为了除去不挥发的盐类杂质和母液。洗涤时要选择适当的洗液，以防沉淀溶解或形成胶体。洗涤沉淀要采用少量多次的洗法。

　　(4) 烘干或灼烧　烘干可除去沉淀中的水分和挥发性物质，同时使沉淀组成达到恒定。烘干的温度和时间应随着沉淀不同而异。灼烧可除去沉淀中的水分和挥发性物质外，还可使初始生成的沉淀在高温下转化为组成恒定的沉淀。灼烧温度一般在 800℃ 以上。以滤纸过滤的沉淀，常置于瓷坩埚中进行烘干和灼烧。若沉淀需加氢氟酸处理，应改用铂坩埚。使用玻璃砂芯坩埚过滤的沉淀，应在电烘箱里烘干。

　　(5) 称量到达恒重　称得沉淀质量即可计算分析结果。不论沉淀是烘干或是灼烧，其最后称量必须达到恒重。即沉淀反复烘干或灼烧经冷却称量，直至两次称量的质量相差不大于 0.2mg。

第二节　沉淀的溶解度及其影响因素

一、溶解度与溶度积

严格来说，在水中绝对不溶的物质是不存在的。物质在水中溶解性的大小常以溶解度来衡量。通常大致可以把溶解度小于 $0.01g/100gH_2O$ 的物质称为难溶物质，溶解度在 $(0.01\sim0.1g)/100gH_2O$ 的物质称为微溶物质，其余的则称为易溶物质。当然，这种分类也不是绝对的。

例如，将难溶电解质 $BaSO_4$ 固体放入水中，在极性的水分子作用下，表面上的 Ba^{2+} 和 SO_4^{2-} 进入溶液，成为水合离子，这就是 $BaSO_4$ 固体溶解的过程。同时，溶液中的 Ba^{2+} 和 SO_4^{2-} 在无序的运动中，可能同时碰到 $BaSO_4$ 固体的表面而析出，这个过程称为沉淀过程。在一定温度下，当溶解的速率与沉淀的速率相等时，溶解与沉淀就会建立起动态平衡，这种状态称之为难溶电解质的溶解沉淀平衡。其平衡式可表示为：

$$BaSO_4(s) \Longrightarrow Ba^{2+}(aq) + SO_4^{2-}(aq)$$

该反应的标准平衡常数为：

$$K_{sp}^{\ominus} = [Ba^{2+}][SO_4^{2-}]$$

对于一般的难溶电解质的溶解沉淀平衡可表示为：

$$A_nB_m(s) \Longrightarrow nA^{m+}(aq) + mB^{n-}(aq)$$

$$K_{sp}^{\ominus} = [A^{m+}]^n[B^{n-}]^m \tag{6-1}$$

式（6-1）表明，在一定温度时，难溶电解质的饱和溶液中，各离子浓度幂的乘积为常数，该常数称为溶度积常数，简称溶度积，用符号 $K_{sp}^{\ominus}$ 表示。

原则上 K_{sp} 应以活度积常数表示，难溶物质的饱和溶液，由于其溶解度都很小，活度系数接近 1，所以一般不考虑活度系数的影响。$K_{sp}^{\ominus}$ 是表征难溶物质溶解能力的特征常数，其数值可由实验测得或通过热力学数据计算得到。

溶度积 $K_{sp}^{\ominus}$ 和溶解度 s 的数值都可以反映物质的溶解能力，它们之间可以相互换算。若不考虑溶液离子强度的影响，对难溶物质 A_nB_m，若溶解度为 $s\,mol/L$，在其饱和溶液中存在如下平衡：

$$A_nB_m(s) \Longrightarrow nA^{m+}(aq) + mB^{n-}(aq)$$

平衡浓度/（mol/L）　　　　　　　　ns　　　　　　ms

$$K_{sp}^{\ominus}(A_nB_m) = [A^{m+}]^n[B^{n-}]^m = (ns)^n(ms)^m$$

即

$$K_{sp}^{\ominus}(A_nB_m) = n^n m^m s^{n+m}$$

$$s = \sqrt[m+n]{\frac{K_{sp}^{\ominus}(A_nB_m)}{n^n m^m}} \tag{6-2}$$

显然，只要知道难溶物质的 $K_{sp}^{\ominus}$，就能求得该难溶物质的溶解度；相反，只要知道难溶物质的溶解度，就能求得该难溶物质的 $K_{sp}^{\ominus}$。

【例 6-1】　试比较 $AgCl$、AgI 和 Ag_2CrO_4 在纯水中溶解度的大小。

已知 $K_{sp}^{\ominus}(AgCl) = 1.56 \times 10^{-10}$，$K_{sp}^{\ominus}(AgI) = 8.5 \times 10^{-17}$，$K_{sp}^{\ominus}(Ag_2CrO_4) = 9.0 \times 10^{-12}$

解 根据式 (6-2) 得三种难溶物的溶解度如下:

AgCl 的溶解度: $s = \sqrt{K_{sp}^{\ominus}(\text{AgCl})} = \sqrt{1.56 \times 10^{-10}} = 1.25 \times 10^{-5}$ (mol/L)

AgI 的溶解度: $s = \sqrt{K_{sp}^{\ominus}(\text{AgI})} = \sqrt{8.5 \times 10^{-17}} = 9.2 \times 10^{-9}$ (mol/L)

Ag_2CrO_4 的溶解度: $s = \sqrt[3]{\dfrac{K_{sp}^{\ominus}(\text{Ag}_2\text{CrO}_4)}{2^2 \times 1}} = \sqrt[3]{\dfrac{9.0 \times 10^{-12}}{4}} = 1.31 \times 10^{-4}$ (mol/L)

溶解度大小比较结果是: $s(\text{Ag}_2\text{CrO}_4) > s(\text{AgCl}) > s(\text{AgI})$

对于同类型难溶物质,溶度积大的,溶解度也大,因此可以根据溶度积的大小来直接比较它们溶解度的相对大小。例如, $K_{sp}^{\ominus}(\text{AgCl}) > K_{sp}^{\ominus}(\text{AgI})$,那么 AgCl 的溶解度比 AgI 的大。但是,对于不同类型的难溶物质,不能简单地根据它们的 $K_{sp}^{\ominus}$ 来判断它们溶解度的相对大小。例如例 6-1 中,虽然 $K_{sp}^{\ominus}(\text{AgCl}) > K_{sp}^{\ominus}(\text{Ag}_2\text{CrO}_4)$,但在同温下, Ag_2CrO_4 的溶解度比 AgCl 的大。

在溶解度和溶度积的相互换算时应注意,所采用的浓度单位应为 mol/L。另外,由于难溶物质的溶解度很小,溶解度在以 mol/L 为单位和以 g/100g H_2O 为单位间进行换算时可以认为其饱和溶液的密度等于纯水的密度。同时,上述溶度积与溶解度之间的换算只是一种近似的计算。只适用于溶解度很小的难溶物质,而且离子在溶液中不发生任何副反应(不水解、不形成配合物等)或发生副反应程度不大的情况,如 BaSO_4 、AgCl 等。在某些难溶的硫化物、碳酸盐和磷酸盐水溶液中,如 ZnS,不能忽略相应阴阳离子在水溶液中的解离反应,此时若用上述简单方法进行溶度积与溶解度的换算将会产生较大的偏差。上述换算也只有当难溶物质一步完全解离才有效,它不适用于难溶的弱电解质,如 Fe(OH)_3 之类以及某些易于在溶液中以 "离子对" 形式存在的难溶物质。另外,计算时忽略了饱和溶液中未解离的难溶物质的浓度(即分子溶解度或固有溶解度),仅仅考虑了离子溶解度,而有些物质的分子溶解度相当大。因而难溶物质的实测溶解度往往大于计算所得到的离子溶解度,有些甚至相差百万倍以上(如 HgI_2 、CdS)。

二、同离子效应

为了减少沉淀的溶解损失,在进行沉淀时,应加入过量的沉淀剂,以增大构晶离子(与沉淀组成相同的离子)的浓度,从而减小沉淀的溶解度。这一效应,称为同离子效应。

例如,以 BaCl_2 为沉淀剂,沉淀 SO_4^{2-} ,生成 BaSO_4 沉淀,当滴加 BaCl_2 到达化学计量点时,在 200mL 溶液中溶解的 BaSO_4 质量为 $[K_{sp}^{\ominus}(\text{BaSO}_4) = 8.7 \times 10^{-11}]$:

$$m = \sqrt{K_{sp}^{\ominus}(\text{BaSO}_4)} \times 233 \times \frac{200}{1000} = \sqrt{8.7 \times 10^{-11}} \times 233 \times \frac{200}{1000}$$
$$= 4.3 \times 10^{-4} (\text{g})$$
$$= 0.43 (\text{mg})$$

重量分析中,一般要求沉淀的溶解损失不超过 0.2mg,现按化学计量关系加入沉淀剂,沉淀溶解损失超过重量分析的要求。如果利用同离子效应加入过量的 BaCl_2 ,设过量的 $[\text{Ba}^{2+}] = 0.01$mol/L,计算在 200mL 溶液中溶解 BaSO_4 的质量为:

$$m = \frac{K_{sp}^{\ominus}(\text{BaSO}_4)}{[\text{Ba}^{2+}]} \times 233 \times \frac{200}{1000}$$
$$= \frac{8.7 \times 10^{-11}}{0.01} \times 233 \times \frac{200}{1000}$$
$$= 4.0 \times 10^{-7} (\text{g})$$
$$= 0.0004 (\text{mg})$$

溶解损失符合重量分析的要求，因此可认为 $BaSO_4$ 实际上沉淀完全。所以，利用同离子效应是降低沉淀溶解度的有效措施之一。

但是，在实际操作中，并非加沉淀剂越过量越好，由于盐效应、配位效应等原因，有时沉淀剂过量太多，反而使沉淀的溶解度增大，沉淀剂究竟应过量多少，应根据沉淀的具体情况和沉淀剂的性质而定。如果沉淀剂在烘干或灼烧时能挥发除去，一般可过量 $50\%\sim100\%$；不易除去的沉淀剂，只宜过量 $10\%\sim30\%$。

三、盐效应

往弱电解质的溶液中加入与弱电解质没有相同离子的强电解质时，由于溶液中离子总浓度增大，离子间相互牵制作用增强，使得弱电解质解离的阴、阳离子结合形成分子的机会减小，从而使弱电解质分子浓度减小，离子浓度相应增大，解离度增大，这种效应称为盐效应。

盐效应分为盐溶效应和盐析效应，当溶解度降低时为盐析效应；反之为盐溶效应。盐溶效应通常又称盐效应。

例如，在 $PbSO_4$ 饱和溶液中加入 Na_2SO_4，就同时存在着同离子效应和盐效应，而哪种效应占优势，取决于 Na_2SO_4 的浓度。表 6-1 为 $PbSO_4$ 溶解度随 Na_2SO_4 浓度变化的情况。从表中可知，初始时由于同离子效应，使 $PbSO_4$ 溶解度降低，可是当加入 Na_2SO_4 浓度大于 $0.04mol/L$ 时，盐效应超过同离子效应，使 $PbSO_4$ 溶解度反而逐步增大。又如，$AgCl$ 在 $0.1mol/L\,HNO_3$ 中的溶解度比在纯水中的溶解度约大 33%。

表 6-1 $PbSO_4$ 在 Na_2SO_4 溶液中的溶解度

Na_2SO_4 浓度/(mol/L)	0	0.001	0.01	0.02	0.04	0.100	0.200
$PbSO_4$ 溶解度/(mol/L)	45	7.3	4.9	4.2	3.9	4.9	7.0

通过上述讨论得知：同离子效应与盐效应对沉淀溶解度的影响恰恰相反，所以进行沉淀时应避免加入过多的沉淀剂；如果沉淀的溶解度本身很小，一般来说，可以不考虑盐效应。

四、酸效应

溶液的酸度对沉淀溶解度的影响称为酸效应。酸效应的发生主要是由于溶液中 H^+ 浓度的大小对弱酸、多元酸或难溶酸解离平衡的影响。因此酸效应对于不同类型沉淀的影响情况是不同的，强酸盐沉淀的溶解度受酸度影响较小，而弱酸盐的沉淀受酸效应影响明显。例如，CaC_2O_4 是弱酸盐的沉淀，受酸度的影响较大。

$$CaC_2O_4 \rightleftharpoons Ca^{2+} + C_2O_4^{2-} \xrightarrow{+H^+} HC_2O_4^- \xrightarrow{+H^+} H_2C_2O_4$$

$$CaC_2O_4 \rightleftharpoons Ca^{2+} + C_2O_4^{2-} \xleftarrow{-H^+} HC_2O_4^- \xleftarrow{-H^+} H_2C_2O_4$$

当溶液中 H^+ 浓度增大时，平衡向生成 $HC_2O_4^-$ 和 $H_2C_2O_4$ 的方向移动，破坏了 CaC_2O_4 沉淀的平衡，致使 $C_2O_4^{2-}$ 浓度降低，CaC_2O_4 沉淀的溶解度增加。所以，对于某些弱酸盐的沉淀，通常应在较低的酸度下进行，目的在于减少酸效应对沉淀溶解度的影响。

五、配位效应

溶液中如有配位剂能与构成沉淀的离子形成可溶性配合物，而增大沉淀的溶解度，甚至不产生沉淀，这种现象称为配位效应。配位效应对于沉淀溶解度的影响程度与沉淀的溶度积、配位剂的浓度和形成配合物的稳定常数有关系。

例如，在 $AgNO_3$ 溶液中加入 Cl^-，开始时有 $AgCl$ 沉淀生成，但若继续加入过量的 Cl^-，则 Cl^- 与 $AgCl$ 形成 $AgCl_2^-$ 和 $AgCl_3^{2-}$ 等配离子而使 $AgCl$ 沉淀逐渐溶解。显然，形成的配合物越稳定，配位剂的浓度越大，其配位效应就越显著。

上面介绍了四种效应对沉淀溶解度的影响，在实际分析中应根据具体情况确定哪种效应是主要的。一般地说，对无配位效应的强酸盐沉淀，主要考虑同离子效应；对弱酸盐沉淀主要考虑酸效应；对能与配位剂形成稳定的配合物而且溶解度又不是太小的沉淀，应该主要考虑配位效应。此外，还要考虑其它因素如温度、溶剂及沉淀颗粒大小等对沉淀溶解度的影响。

第三节　沉淀的形成及沾污

一、沉淀的类型

沉淀按其物理性质不同，可粗略地分为两类：一类是晶形沉淀；另一类是无定形沉淀，无定形沉淀又称为非晶形沉淀或胶状沉淀。$BaSO_4$ 是典型的晶形沉淀，$Fe_2O_3 \cdot nH_2O$ 是典型的无定形沉淀。$AgCl$ 是一种凝乳状沉淀，按其性质来说，介于两者之间。它们的最大差别是沉淀颗粒的大小不同。颗粒最大的是晶形沉淀，其直径约 $0.1 \sim 1\mu m$；无定形沉淀的颗粒很小，直径一般小于 $0.02\mu m$；凝乳状沉淀的颗粒大小介于两者之间。

应该指出，从沉淀的颗粒大小来看，晶形沉淀最大，无定形沉淀最小，然而从整个沉淀外形来看，由于晶形沉淀是由较大的沉淀颗粒组成，内部排列较规则，结构紧密，所以整个沉淀所占的体积是比较小的，极易沉降于容器的底部。无定形沉淀是由许多疏松聚集在一起的微小沉淀颗粒组成的，沉淀颗粒的排列杂乱无章，其中又包含大量数目不定的水分子，所以是疏松的絮状沉淀，整个沉淀体积庞大，不像晶形沉淀能很好地沉降在容器的底部。

在重量分析中，最好能获得晶形沉淀。晶形沉淀有粗晶形沉淀和细晶形沉淀之分。粗晶形沉淀有 $MgNH_4PO_4$ 等；细晶形沉淀有 $BaSO_4$ 等。如果是无定形沉淀，则应注意掌握好沉淀条件，以改善沉淀的物理性质。

沉淀的颗粒大小，与进行沉淀反应时构晶离子的浓度有关。例如，在一般情况下，从稀溶液中沉淀出来的 $BaSO_4$ 是晶形沉淀。但是，如以乙醇和水为混合溶剂，将浓的 $Ba(SCN)_2$ 溶液和 $MnSO_4$ 溶液混合，得到的却是凝乳状的 $BaSO_4$ 沉淀。此外，沉淀颗粒的大小，也与沉淀本身的溶解度有关。

二、沉淀的形成

生成的沉淀是晶形沉淀还是无定形沉淀，除取决于沉淀的性质外，还与沉淀形成时的条件有关。在沉淀的形成过程中，存在两种速度：当沉淀剂加入待测溶液中，形成沉淀的离子互相碰撞而结合成晶核，晶核长大生成沉淀微粒的速度称为聚集速度；同时，构晶离子在晶格内的定向排列速度称为定向速度。如果定向速度大于聚集速度，将形成晶形沉淀，反之，则形成非晶形沉淀。定向速度主要决定于沉淀的性质，而聚集速度主要决定于沉淀时的反应条件。聚集速度的经验公式如下：

$$\mu = K \frac{Q-s}{s}$$

式中　　μ——聚集速度；

　　　　Q——加入沉淀剂瞬间，生成沉淀物质的浓度；

　　　　s——沉淀的溶解度；

　　$Q-S$——沉淀物质的过饱和度；

$(Q-s)/s$——相对过饱和度；

　　　　K——比例常数，与沉淀的性质、温度有关，也与溶液中其它组分有关系。

　　从上式可知，聚集速度与相对过饱和度成正比。可见，要想生成需要的沉淀类型，可以通过控制溶液的相对过饱和度，改变形成沉淀颗粒的大小，甚至有可能改变沉淀的类型。

三、沉淀的沾污

　　重量分析要求制备纯净的沉淀，但从溶液中析出沉淀时，一些杂质会或多或少地夹杂于沉淀内，使沉淀沾污。因此，有必要了解沉淀过程中杂质混入的原因。

1. 共沉淀现象

　　在进行沉淀反应时，溶液中某些可溶性杂质混杂于沉淀中一起析出，这种现象称为共沉淀。例如，在 Na_2SO_4 溶液中加入 $BaCl_2$ 时，若从溶解度来看，Na_2SO_4、$BaCl_2$ 都不应沉淀，但由于共沉淀现象，有少量的 Na_2SO_4 或 $BaCl_2$ 被带入 $BaSO_4$ 沉淀中。产生共沉淀现象大致有如下两个原因。

　　（1）表面吸附　在沉淀晶体表面的离子或分子与沉淀晶体内部的离子或分子所处的状况是有所不同的，例如，$BaSO_4$ 晶体表面吸附杂质。在晶体内部，每个 Ba^{2+} 周围有六个 SO_4^{2-} 包围着，每个 SO_4^{2-} 的周围也有六个 Ba^{2+}，它们的静电引力相互平衡而稳定。但是，在晶体表面上的离子只能被五个带相反电荷的离子包围，至少有一面未被带相反电荷的 Ba^{2+} 或 SO_4^{2-} 相吸，因此表面上的离子就有吸附溶液中带相反电荷离子的能力。处在边角上的离子，它们吸附离子的能力就更大。

　　晶体表面的静电引力是沉淀发生吸附现象的根本原因。将 H_2SO_4 溶液与过量 $BaCl_2$ 溶液混合时，$BaCl_2$ 有剩余，$BaSO_4$ 晶体表面首先吸附溶液中过剩的 Ba^{2+}，形成第一吸附层，第一吸附层又吸附抗衡离子形成第二吸附层（扩散层），二者共同组成包围沉淀颗粒表面的双电层，处于双电层中的正、负离子总数相等，形成了被沉淀表面吸附的化合物 $BaCl_2$，这是沾污沉淀的杂质，双电层能随颗粒一起下沉，因而使沉淀被污染。

　　显然，沉淀的表面积越大，吸附杂质的量也越多；溶液浓度越高，杂质离子的价态越高，越易被吸附。因为吸附作用是一个放热过程，所以使溶液温度升高，可减少杂质的吸附。由于表面吸附现象是在沉淀表面发生的，故洗涤沉淀就是减少吸附杂质的有效方法之一。

　　（2）包夹作用　在进行沉淀时，除了表面吸附外，杂质还可以通过其它渠道进入沉淀内部，由此引起的共沉淀现象称为包夹作用。包夹作用主要有两种：一种是形成混晶。当杂质离子的半径与沉淀的构晶离子的半径相似并能形成相同的晶体结构时，它们就很容易形成混晶，例如，Pb^{2+}、Ba^{2+} 不仅有相同的电荷而且两种离子的大小相似，因此，Pb^{2+} 能取代 $BaSO_4$ 晶体中的 Ba^{2+} 而形成混晶，使沉淀受到严重的污染。由于杂质进入沉淀的内部，不能用洗涤的方法除去，甚至采取陈化、再沉淀等措施也没有多大的效果。在重量分析中，减少或消除混晶的最好方法是将这些杂质预先分离除去。另一种是包藏。在过量 $BaCl_2$ 溶液中沉淀 $BaSO_4$ 时，$BaSO_4$ 晶体表面就要吸附构晶离子 Ba^{2+}，并吸附 Cl^- 作为抗衡离子，如果抗衡离子来不及被 SO_4^{2-} 交换，就被沉积下来的离子所覆盖而包在晶体里，这种现象称为包藏，也叫吸留。因此，在进行沉淀时，要注意沉淀剂浓度不能太大，沉淀剂加入的速度不要太快。包藏在沉淀内的杂质只能通过沉淀陈化或重结晶的方法来减少。

2. 后沉淀现象

在沉淀过程结束后，当沉淀与母液一起放置时，溶液中某些杂质离子可能慢慢地沉积到原沉淀上，放置的时间越长，杂质析出的量越多，这种现象称为后沉淀。例如，以 $(NH_4)_2C_2O_4$ 沉淀 Ca^{2+}，若溶液中含有少量 Mg^{2+}，由于 $K_{sp}(MgC_2O_4) > K_{sp}(CaC_2O_4)$，当 CaC_2O_4 沉淀时，MgC_2O_4 不沉淀，但是在 CaC_2O_4 沉淀放置过程中，CaC_2O_4 晶体表面吸附大量的 $C_2O_4^{2-}$，使 CaC_2O_4 沉淀表面附近 $C_2O_4^{2-}$ 的浓度增加，这时 $[Mg^{2+}][C_2O_4^{2-}] > K_{sp}(CaC_2O_4)$，在 CaC_2O_4 表面就会有 MgC_2O_4 析出。要避免或减少后沉淀的产生，主要是缩短沉淀与母液共置的时间。

四、减少沉淀沾污的方法

为了得到纯净的沉淀，针对造成沉淀不纯的原因，可以采取如下方法。

（1）选择适当的分析程序　例如分析试液中待测组分含量较少，而杂质含量较多的情况，则应使少量待测组分首先沉淀下来。如果先分离杂质，则由于大量沉淀的生成会造成待测组分随之共沉淀，从而引起分析结果的误差。

（2）降低易被吸附的杂离子的浓度　吸附作用因为有选择性，故在实际分析工作中，应尽量避免被吸附的杂离子存在，或者设法降低它的浓度，减少吸附共沉淀现象。如沉淀 $BaSO_4$ 时，溶液中经常会含有 Fe^{3+} 杂离子，可将 Fe^{3+} 预先还原为不易被吸附的 Fe^{2+}，以减少共沉淀。

（3）选择适当的洗涤剂来洗涤　由于吸附作用是可逆过程，洗涤可以使沉淀上吸附的杂质进入洗涤液，而提高沉淀的纯度。但是选择的洗涤剂必须是容易通过烘干或者灼烧挥发除去的物质。

（4）进行再沉淀　沉淀过滤洗涤后，再重新溶解，把沉淀中残留的杂质再溶解回到溶液中，进行第二次沉淀（再沉淀），再沉淀是除去吸附留存在沉淀中的杂质的最好方法。

（5）选择适当的沉淀条件　沉淀的吸附作用跟沉淀颗粒大小、沉淀类型、沉淀的温度以及陈化过程等有关，所以要获得纯净的沉淀，应根据沉淀来选择合适的沉淀条件。

第四节　沉淀的条件

重量分析中，为了获得准确的分析结果，要求沉淀完全、纯净，而且易于过滤和洗涤。为此，必须根据不同类型沉淀的特点，选择适宜的沉淀条件，采取相应的措施，以期达到重量法对沉淀形成的要求。

一、晶形沉淀

为了获得易于过滤、洗涤的大颗粒晶形沉淀（$BaSO_4$，CaC_2O_4，$MgNH_4PO_4$ 等），减少杂质的包藏，必须掌握以下条件：

① 沉淀应在比较稀的热溶液中进行，缓缓地滴加沉淀剂稀溶液，并不断搅拌，以降低其相对过饱和度，减小聚集速度，有利于晶体逐渐长大，同时也减少杂质的吸附。

② 沉淀完成后，应将沉淀与母液一起放置陈化一段时间，由于小颗粒结晶的溶解度比

大颗粒结晶的溶解度大，同一溶液对小颗粒结晶是未饱和的，而对于大颗粒结晶则是饱和的，因此陈化过程中小结晶将溶解，而大结晶长大。同时也会释放出部分包藏在晶体中的杂质，减少杂质的吸附，使沉淀更为纯净。

③ 为减少沉淀的溶解损失，应将沉淀冷却后再过滤。

二、无定形沉淀

无定形沉淀的特点是结构疏松，比表面积大，吸附杂质多，溶解度小，易形成胶体，易吸附杂质，而不易过滤和洗涤。无定形沉淀的条件是：

（1）在较浓的溶液中进行沉淀　浓溶液中形成沉淀时，离子化程度低，结构相对紧密，体积较小，比较容易过滤和洗涤。但是浓溶液中的杂质浓度较高，沉淀吸附的杂质的量相对较多。故最好在沉淀结束后，应立即加入热水稀释搅拌，使被吸附的杂离子回到溶液中。

（2）在有电解质存在下的热溶液中进行沉淀　电解质的存在可以促使带电荷的胶体粒子相互凝聚沉降，加快沉降速率；在热溶液中进行沉淀可以防止生成胶体，减少杂质的吸附。

（3）趁热过滤洗涤，不需要陈化　沉淀结束后趁热过滤，不要陈化，这是因为沉淀放置后逐渐失去水分，聚集得更为紧密，吸附的杂质更难洗涤除去。

（4）必要时进行再沉淀　无定形沉淀一般含杂质的量较多，如果准确度要求较高时，应当进行再沉淀。

三、均匀沉淀法

在溶液中通过缓慢的化学反应，逐步而均匀地在溶液中产生沉淀剂，使沉淀在整个溶液中均匀、缓慢地形成，因而生成颗粒较大的沉淀，该法称为均匀沉淀法。例如，在含有 Ba^{2+} 的试液中加入硫酸甲酯，利用酯水解产生的 SO_4^{2-}，均匀缓慢地生成 $BaSO_4$ 沉淀。

$$(CH_3)_2SO_4 + 2H_2O \Longrightarrow 2CH_3OH + SO_4^{2-} + 2H^+$$

此外，还可利用其它有机化合物的水解、配合物的分解、氧化还原反应等来缓慢产生所需的沉淀剂。

均匀沉淀法是重量沉淀法的一种改进方法。但均匀沉淀法对避免生成混晶及后沉淀的效果不大，且长时间的煮沸溶液使溶液在容器壁上沉积一层黏结的沉淀，不易洗去，往往需要用溶剂溶解再沉淀，这也是均匀沉淀法的不足之处。

四、称量形式的获得

重量分析中，试样的干燥、称取及溶解与其他分析方法相同，这里不再叙述。只是应注意，形成结晶形沉淀的量应不超过 0.5g，胶状沉淀不超过 0.2g，据此来确定开始的称样量。

1. 沉淀的形成

应根据沉淀的不同性质采取不同的操作方法。

形成晶形沉淀一般是在热的、较稀的溶液中进行，沉淀剂用滴管加入。操作时，左手拿滴管滴加沉淀剂溶液；滴管口需接近液面以防溶液溅出；滴加速度要慢，接近沉淀完全时可以稍快。与此同时，右手持玻璃棒充分搅拌，且不要碰到烧杯的壁或底。充分搅拌的目的是防止沉淀剂局部过浓而形成的沉淀太细，太细的沉淀容易吸附杂质而难于洗涤。

要检查沉淀是否完全。方法是：静置，待沉淀完全后，于上层清液液面加入少量沉淀剂，观察是否出现浑浊。沉淀完全后，盖上表面皿，放置过夜或在水浴上加热 1h 左右，使沉淀陈化。

形成非晶形沉淀时，宜用较浓的沉淀剂，加入沉淀剂的速度和搅拌的速度都可以快些。

沉淀完全后用适量热蒸馏水稀释，不必放置陈化。

2. 沉淀的过滤和洗涤

需要灼烧的沉淀，要用定量（无灰）滤纸过滤，若滤纸灰分过重，则需进行空白校正；而对于过滤后只要烘干就可进行称量的沉淀，则可采用微孔玻璃滤埚过滤。

（1）用滤纸过滤

① 滤纸的选择　国产滤纸有三种类型，即快速型、中速型和慢速型。要根据沉淀的量和沉淀的性质选用合适的滤纸。定量滤纸的规格见表 6-2。

表 6-2　定量滤纸的规格

类别和标志		快速（白条）	中速（蓝条）	慢速（红条）
每平方米的质量/g		75	75	80
孔度		大	中	小
水分/%	≤	7	7	7
灰分/%	≤	0.01	0.01	0.01
应用示例		氢氧化铁	碳酸锌	硫酸钡

注：每张滤纸灼烧后的灰分重约 0.03～0.06mg，因为灰分极少，俗称无灰滤纸。这样在称量沉淀时，滤纸灰量可忽略不计。

滤纸放入滤斗后，其边缘应比漏斗边缘低约 0.5～1cm；将沉淀转移至滤纸中后，沉淀的高度不得超过滤纸高的 2/3。

滤纸的致密程度要与沉淀的性质相适应。胶状沉淀应选用质松孔大的滤纸；晶形沉淀应选用致密孔小的滤纸。沉淀越细，所用的滤纸应越致密。

② 漏斗的准备　应选用锥体角度为 60°、颈口倾斜角度为 45°的长颈漏斗；颈长一般为 15～20cm；颈的内径不宜过粗，以 3～5mm 为宜。这样的漏斗过滤速度较快。

所需要的滤纸选好后，先将手洗净擦干，将滤纸轻轻地对折后再对折。为保证滤纸与漏斗密合，第二次对折时暂不压紧（图 6-1），可改变滤纸折叠的角度，直到与漏斗密合为止（这时可把滤纸压紧，但不要用手指在纸上抹，以免滤纸破裂而造成沉淀穿滤）。为了使滤纸的三层那边能紧贴漏斗，常把这三层的外面两层撕去一角（撕下来的纸角保存起来，以备需要时擦拭沾在烧杯口外或漏斗壁上少量残留的沉淀用）。用手指按住滤纸中三层的一边，以少量的水润湿滤纸，使它紧贴在漏斗壁上。轻压滤纸，赶走气泡（切勿上下搓揉，湿滤纸极易破损！）。加水至滤纸边缘，使之形成水柱（即漏斗颈中充满水）。若不能形成完整的水柱，

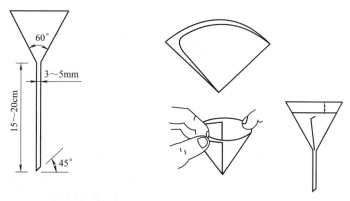

图 6-1　漏斗的类型、滤纸的折叠和安放

可一边用手指堵住漏斗的下口，一边稍掀起三层那一边的滤纸，用洗瓶在滤纸和漏斗之间加水，使漏斗颈和锥体的大部分被水充满，然后一边轻轻按下掀起的滤纸，一边断续放开堵在出口处的手指，即可形成水柱。将这种准备好的漏斗安放在漏斗架上，盖上表面皿，下接一洁净烧杯，烧杯的内壁与漏斗出口尖处接触，收集滤液的烧杯也用表面皿盖好，然后开始过滤。

③ 过滤和洗涤的操作　一般采用倾注法进行过滤：首先只过滤上层清液，将沉淀留在烧杯中，然后在烧杯中加洗涤液，初步洗涤沉淀，澄清后再滤去上层清液，经几次洗涤后，最后再转移沉淀。倾注法的主要优点是过滤开始时，不致因沉淀堵塞滤纸而减缓过滤速度，而且在烧杯中初步洗涤沉淀可提高洗涤效果。具体操作分三步。

第一步：用倾注法把清液倾入滤纸中，留下沉淀。在漏斗上方将玻璃棒从烧杯中慢慢取出并直立于漏斗中，下端对着三层滤纸的那一边约 2/3 滤纸高处，尽可能靠近滤纸，但不要碰到滤纸 [图 6-2 (a)]。将上层清液沿着玻棒倾入漏斗，漏斗中的液面不得高于滤纸的 2/3 高度，以免部分沉淀可能由于毛细管作用越过滤纸上缘而损失。用 15mL 左右洗涤液吹洗玻璃棒和杯壁并进行搅拌，澄清后，再按上法滤出清液。当倾注暂停时，要小心地把烧杯扶正，玻璃棒不离杯嘴 [图 6-2 (b)]，到最后一滴流完后，立即将玻璃棒收回直接放入烧杯中 [图 6-2 (c)]，此时玻璃棒不要靠在烧杯嘴处，因为此处可能沾有少量的沉淀，然后将烧杯从漏斗上移开。如此反复用洗涤液洗 2~3 次，使黏附在杯壁的沉淀洗下，并将杯中的沉淀进行初步洗涤。

第二步：把沉淀转移到滤纸上。用少量洗涤液冲洗杯壁和玻璃棒上的沉淀，再把沉淀搅起，将悬浮液小心地转移到滤纸上，每次加入的悬浮液不得超过滤纸锥体高度的 2/3。

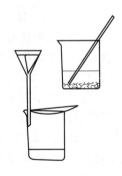

(a) 玻璃棒垂直紧靠烧杯嘴，烧杯　　(b) 慢慢扶正烧杯与玻璃棒贴紧，　　(c) 玻璃棒远离烧杯嘴搁放
　　嘴下端对着滤纸三层的一边　　　　接住最后一滴溶液　　　　　　　但不能碰到滤纸

图 6-2　过滤

如此反复进行几次，尽可能地将沉淀转移到滤纸上。烧杯中残留的少量沉淀，则可按图 6-3 所示的方法转移：用左手将烧杯斜放在漏斗上方，杯底略朝上，玻璃棒下端对准三层滤纸处，右手拿洗瓶冲洗杯壁上所粘附的沉淀，使沉淀和洗涤液一起顺着玻璃棒流入漏斗中（注意勿使溶液溅出）。

第三步：洗涤烧杯和洗涤沉淀。粘着在烧杯壁上和玻璃棒上的沉淀，可用淀帚自上而下刷至杯底，再转移到滤纸上。也可用撕下的滤纸角擦净玻棒和烧杯的内壁，将擦过的滤纸角放在漏斗的沉淀里。最后在滤纸上将沉淀洗至无杂质，洗涤沉淀时应先使洗瓶出口管充满液体，然后用细小的洗涤液流缓慢地从滤纸上部沿漏斗壁螺旋向下冲洗，绝不可骤然浇在沉淀上。待上一次洗涤液流完后，再进行下一次洗涤。在滤纸上洗涤沉淀的目的主要是洗去杂质，并将黏附在滤纸上部的沉淀冲洗至下部。

为了检查沉淀是否洗净，先用洗瓶将漏斗颈下端外壁洗净。用小试管收集滤液少许，用适当的方法（例如用 $AgNO_3$ 检验是否有 Cl^-）进行检验。

过滤和洗涤沉淀的操作必须不间断地一气呵成。否则，搁置较久的沉淀干涸后，结成团块，这样就几乎无法将其洗净。

（2）用微孔玻璃过滤器过滤　微孔玻璃过滤器分滤埚形和漏斗形两种类型 ［见图 6-4（a）、图 6-4（b）］。前者称玻璃坩埚式过滤器或玻璃滤埚；后者称玻璃漏斗式过滤器或砂芯漏斗。这两种玻璃滤器虽然形状不同，但其底部滤片皆是用玻璃砂在 600℃左右烧结制成的多孔滤板。

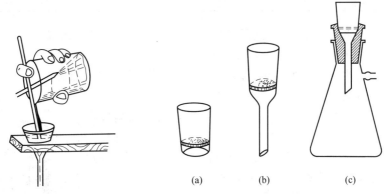

图 6-3　残留沉淀的转移　　　　图 6-4　玻璃过滤器与吸滤瓶

1990 年我国开始实施新的标准，滤器的牌号规定在每级孔径的上限值前置以字母"P"表示，牌号及孔径见表 6-3。

表 6-3　滤器的牌号及孔径

牌号	孔径分级/μm		牌号	孔径分级/μm	
	>	≤		>	≤
P1.6	—	1.6	P40	16	40
P4	1.6	4	P100	40	100
P10	4	10	P160	100	160
P16	10	16	P250	160	250

分析实验中常用 P40 和 P16 号玻璃滤器，例如过滤金属汞用 P40 号；过滤 $KMnO_4$ 溶液用 P16 号漏斗式滤器；重量法测 Ni 用 P16 号坩埚式滤器；P4～P16 号常用于过滤微生物。

玻璃滤埚一般可用稀盐酸洗涤，用自来水冲洗后再用蒸馏水荡洗，并在吸滤瓶［见图 6-4(c)］上抽洗干净。抽洗干净的滤埚不能用手直接接触，可用洁净的软纸衬垫着拿取，将其放在洁净的烧杯中，同称量瓶的准备一样，盖上表面皿，置于烘箱中在烘沉淀的温度下烘干，直至恒重（连续两次称量之差不超过沉淀质量的千分之一）。

玻璃滤埚不能用来过滤不易溶解的沉淀（如二氧化硅等），否则沉淀将无法清洗；也不宜用来过滤浆状沉淀，因为它会堵塞烧结玻璃的细孔。

砂芯滤板耐酸性强，但强碱性溶液会腐蚀滤板，因此不能用来过滤碱性强的溶液，也不能用碱液清洗滤器。

滤器用过后，先尽量倒出其中沉淀，再用适当的清洗剂清洗（参见表 6-4）。不能用去污粉洗涤，也不要用坚硬的物体擦划滤板。

表 6-4　玻璃过滤器常用清洗剂

沉淀物	清洗剂
油脂等各种有机物	先用四氯化碳等适当的有机溶剂洗涤，继用铬酸洗液洗涤
氯化亚铜、铁斑	含 $KClO_4$ 的热浓盐酸
汞渣	热浓 HNO_3
氯化银	氨水或 $Na_2S_2O_3$ 溶液
铝质、硅质残渣	先用 HF，继用浓 H_2SO_4 洗涤，随即用蒸馏水反复漂洗几次
二氧化锰	HNO_3-H_2O_2

玻璃滤埚和砂芯漏斗配合吸滤瓶使用 [图 6-4（c）]。玻璃滤埚通过一特制的橡皮座接在吸滤瓶上，用水泵抽气。过滤时应先开水泵，接上橡皮管，倒入过滤溶液。过滤完毕，应先拔下橡皮管，关水泵，否则由于瓶内负压，会使自来水倒吸入瓶。

3. 沉淀的干燥或灼烧

（1）干燥器的准备和使用　干燥器是一种用来对物品进行干燥或保存干燥物品的玻璃器具（图 6-5）。器内放置一块有圆孔的瓷板将其分成上、下两室。下室放干燥剂，上室放待干燥物品。为防止物品落入下室，常在瓷板下衬垫一块铁丝网。

准备干燥器时用干抹布将磁板和内壁抹干净，一般不用水洗，因为水洗后不能很快地干燥。干燥剂装到下室的一半即可，太多容易沾污干燥物品。装干燥剂时，可用一张稍大的纸折成喇叭形，插入干燥器底部，大口向上，从中倒入干燥剂，可使干燥器避免沾污。干燥剂一般用变色硅胶，当蓝色的硅胶变成红色（钴盐的水合物）时，即应将硅胶重新烘干。常用的干燥剂见表 6-5。

图 6-5　干燥器

表 6-5　常用干燥剂

干燥剂	25℃时，1L 干燥后的空气中残留的水分/mg	再生方法
$CaCl_2$（无水）	0.14～0.25	烘干
CaO	3×10^{-3}	烘干
NaOH（熔融）	0.16	熔融
MgO	8×10^{-3}	再生困难
$CaSO_4$（无水）	5×10^{-3}	于 230～250℃ 加热
H_2SO_4（95%～100%）	3×10^{-3}～0.30	蒸发浓缩
$Mg(ClO_4)_2$（无水）	5×10^{-4}	减压下，于 220℃ 加热
P_2O_5	$<2.5\times10^{-5}$	不能再生
硅胶	(-1×10^{-3})	于 110℃ 烘干

干燥器的沿口和盖沿均为磨砂平面，用时涂敷一薄层凡士林以增加其密封性。开启或关闭干燥器时，用左手向右抵住干燥器身，右手握住盖的圆把手向左平推干燥器盖（图 6-6）。取下的盖子应盖里朝上盖沿在外放在实验台上，以防止其滚落在地。

灼烧的物体放入干燥器前，应先在空气中冷却 30～60s。放入干燥器后，为防止干燥器内空气膨胀而将盖子顶落，应反复将盖子推开一道细缝，让热空气逸出，直至不再有热空气排出时再盖严盖子。

搬移干燥器时，务必用双手拿着干燥器和盖子的沿口（图 6-7）以防盖子滑落打碎。绝对禁止只用手捧其下部。

干燥器不能用来保存潮湿的器皿或沉淀。

图 6-6　干燥器盖的开启和关闭　　　　图 6-7　干燥器的搬移

（2）坩埚的准备　坩埚是用来进行高温灼烧的器皿，如图 6-8 所示。重量分析中常用 30mL 的瓷坩埚灼烧沉淀。为了便于识别坩埚，可用钴盐（如 $CoCl_2$）或铁盐（如 $FeCl_3$）在干燥的瓷坩埚上编号，烘干灼烧后，即可留下不褪色的字迹。

坩埚钳（图 6-8）常用铁或铜合金制作，表面镀以镍或铬，它用来夹持热的坩埚和坩埚盖。用坩埚钳夹持热坩埚时，应将坩埚钳预热，不用时应如图 6-8 那样放置，不能将钳倒放，以免弄脏。

图 6-8　坩埚和坩埚钳

坩埚在使用前需灼烧至恒重，即两次称量相差 0.2mg 以下，恒重的具体方法如下：将洗净的瓷坩埚倾斜放在泥三角上［图 6-9（a）］，斜放好盖子，用小火（必须是氧化焰）小心加热坩埚盖［图 6-9（b）］，使热空气流反射到坩埚内部将其烘干，然后在坩埚底部［图 6-9（c）］灼烧，灼烧温度与时间应与灼烧沉淀时相同（沉淀灼烧所需的温度和时间，随沉淀而异）。在灼烧过程中，要用热坩埚钳将坩埚慢慢转动数次，使其灼烧均匀。例如，灼烧 $BaSO_4$ 的实验中，空坩埚第一次灼烧 15～30min 后，停止加热，稍冷却（红热退去，再冷 1min 左右），用热坩埚钳夹取坩埚，放入干燥器内冷却 45～50min，然后称量（称量前 10min 应将干燥器拿到天平室）。第二次再灼烧 15min，冷却、称量（每次冷却时间要相同），直至恒重。将恒重后的坩埚放在干燥器中备用。

若使用马弗炉而不用煤气灯灼烧，可将编好号、烘干的瓷坩埚，用长坩埚钳渐渐移入 800～850℃马弗炉中（坩埚直立并盖上坩埚盖，但留有空隙）。第一次和第二次灼烧的时间和冷却、称量的条件与上述用煤气灯的灼烧类似。

（3）沉淀的包裹　晶形沉淀一般体积较小，可按如下方法包裹：用清洁的玻璃棒将滤纸的三层部分挑起，再用洗净的手将带有沉淀的滤纸小心取出，打开成半圆形，自右边半径的 1/3 处向左折叠，再自上边向下折，然后自右向左卷成小卷（见图 6-10）。最后将滤纸放入

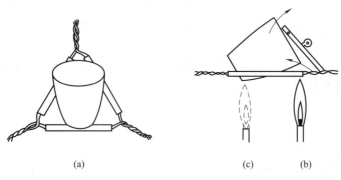

图 6-9　坩埚（沉淀）的烘干和灼烧

已恒重的坩埚中，包卷层数较多的一面应朝上，以便于炭化和灰化。

　　对于胶状沉淀，由于体积一般较大，不宜采用上述包裹方法，而采用如下的方法（见图6-11）：用玻璃棒从滤纸三层的部分将其挑起，然后用玻璃棒将滤纸向中间折叠，将三层部分的滤纸折在最外面，包成锥形滤纸包。用玻璃棒轻轻按住滤纸包，旋转漏斗颈，慢慢将滤纸包从漏斗的锥底移至上沿，这样可擦下粘附在漏斗上的沉淀。将滤纸包移至恒重的坩埚中，尖头向上。再仔细检查原烧杯嘴和漏斗内是否残留沉淀。如有沉淀，可用准备漏斗时撕下的滤纸再擦拭，一并放入坩埚内。此法也可以用于包裹晶形沉淀。

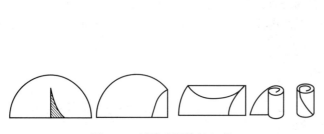

图 6-10　过滤后沉淀的包裹

图 6-11　胶体沉淀
滤纸的折卷

　　（4）沉淀的烘干、灼烧和恒重　如图6-9所示，把坩埚斜放在泥三脚架上，坩埚盖斜靠在坩埚口和泥三角上，用煤气灯小心加热坩埚盖，这时热空气流反射到坩埚内部，使滤纸和沉淀烘干，并利于滤纸的炭化。要防止温度升得太快，坩埚中氧不足致使滤纸变成整块的炭。如果生成大块炭，则使滤纸完全炭化非常困难。在炭化时不能让滤纸着火，否则会将一些微粒扬出。

第五节　重量分析结果计算

一、重量分析中的换算因数

　　重量分析是根据称量形式的质量来计算待测组分的含量。称量形式与待测组分的形式往往是不同的，待测组分与称量形式乘以适当系数（保证分子与分母中待测元素的原子数相等）后的摩尔质量之比称为"换算因数"或者"化学因数"，常用 F 表示。待测组分的换算因数可按下式计算：

$$换算因数\ F=\frac{a\times被测组分的摩尔质量}{b\times沉淀称量形式的摩尔质量}$$

式中，a、b 是使分子、分母中所含主体元素的原子个数相等，而需要乘以适当的系数。例如换算因数 $2M(Fe_3O_4)/3M(Fe_2O_3)$ 中，$a=2$，$b=3$，则分子与分母中 Fe 的原子数相等。

求算换算因数时，一定要注意使分子和分母所含被测组分的原子或分子数目相等，所以在待测组分的摩尔质量和称量形式摩尔质量之前有时需要乘以适当的系数。例如，待测组分的形式为 Fe、Fe_3O_4，它们的换算因数分别为：

$$F=\frac{M(Fe)}{M\left(\frac{1}{2}Fe_2O_3\right)}$$

$$F=\frac{M\left(\frac{1}{3}Fe_3O_4\right)}{M\left(\frac{1}{2}Fe_2O_3\right)}$$

《分析化学手册》中可查到常见物质的换算因数。表 6-6 列出几种常见物质的换算因数。

表 6-6　几种常见物质的换算因数

被测组分	沉淀形式	称量形式	换算因数
Fe	$Fe_2O_3 \cdot nH_2O$	Fe_2O_3	$2M(Fe)/M(Fe_2O_3)=0.6994$
Fe_3O_4	$Fe_2O_3 \cdot nH_2O$	Fe_2O_3	$2M(Fe_3O_4)/3M(Fe_2O_3)=0.9666$
P	$MgNH_4PO_4 \cdot 6H_2O$	$Mg_2P_2O_7$	$2M(P)/M(MgP_2O_7)=0.2783$
P_2O_5	$MgNH_4PO_4 \cdot 6H_2O$	$Mg_2P_2O_7$	$M(P_2O_5)/M(Mg_2P_2O_7)=0.6377$
MgO	$MgNH_4PO_4 \cdot 6H_2O$	$Mg_2P_2O_7$	$2M(MgO)/M(Mg_2P_2O_7)=0.3621$
S	$BaSO_4$	$BaSO_4$	$M(S)/M(BaSO_4)=0.1374$

换算因数×沉淀的质量＝被测组分的质量。

显然利用换算因数可以很方便地从称量的沉淀质量和样品质量，计算出被测组分的含量。

$$w_B=\frac{mF}{m_s}\times100\%$$

式中　m——待测组分称量形式的质量；

　　　m_s——待测试样的质量。

二、结果计算示例

（1）最后称量形与被测组分形式一致时　此种情况，计算其分析结果就比较简单了。例如，测定要求计算 SiO_2 的含量，重量分析最后称量形也是 SiO_2，其分析结果按下式计算：

$$w_{SiO_2}=\frac{m_{SiO_2}}{m_s}\times100\%$$

式中　W_{SiO_2}——SiO_2 的质量分数，%；

　　　m_{SiO_2}——SiO_2 沉淀质量，g；

　　　m_s——试样质量，g。

【例 6-2】　称取某矿样 0.5010g，经化学处理后，称得 SiO_2 的质量为 0.2932g，计算矿样中 SiO_2 的质量分数。

解　因为称量形式和被测组分的化学式相同，因此 F 等于 1。

$$\omega_{SiO_2} = \frac{m_{SiO_2}}{m_s} \times 100\% = \frac{0.2932}{0.5010} \times 100\%$$
$$= 58.52\%$$

（2）最后称量形与被测组分形式不一致时　此种情况，分析结果就要进行适当的换算，有些就要用到换算因数。如测定钡时，得到 $BaSO_4$ 沉淀 0.5025g，可按下列方法换算成被测组分钡的质量。

$$BaSO_4 \longrightarrow Ba$$

$$M/(g/mol)233.4 \qquad 137.4$$
$$m/g \ 0.5025 \qquad m_{Ba}$$

$$m_{Ba} = m_{BaSO_4} \times \frac{M(Ba)}{M(BaSO_4)}$$
$$= \frac{0.5025 \times 137.4}{233.4}$$
$$= 0.2958(g)$$

【例 6-3】　测定某试样中铁的含量时，称取样品重 $m(x)$ 为 0.2350g，经处理后其沉淀形式为 $Fe(OH)_3$，然后灼烧为 Fe_2O_3，称得其质量 $m(s)$ 为 0.1125g，求此试样中铁的质量分数，若以 Fe_3O_4 表示结果，其组成质量分数又为多少？

解　以铁表示时：

$$\omega(Fe) = \frac{m(s) \times \dfrac{2M(Fe)}{M(Fe_2O_3)}}{m(x)} \times 100\%$$
$$= \frac{0.1125 \times 0.6994}{0.2350} \times 100\%$$
$$= 33.48\%$$

以 Fe_3O_4 表示时：

$$\omega(Fe_3O_4) = \frac{m(s) \times \dfrac{2M(Fe_3O_4)}{3M(Fe_2O_3)}}{m(x)} \times 100\%$$
$$= \frac{0.1125 \times 0.9666}{0.2350} \times 100\%$$
$$= 46.27\%$$

用不同形式表示分析结果时，由于化学因数不同，所得结果也不同。

第六节　重量分析法的应用

一、挥发法在分析中应用

（一）氯化钡中结晶水含量的测定

案例分析 6-1　氯化钡中结晶水含量的测定

挥发法是通过加热或者其他方法使试样中某种挥发组分逸出后，根据试样减轻的质量计算该组分的含量。测定氯化钡中结晶水含量就可以采用挥发法。

$BaCl_2 \cdot 2H_2O$ 中结晶水的蒸气压，在 20℃ 时为 0.17kPa，35℃ 时为 1.57kPa。所以氯化钡除了在特别干燥的气候中以外，一般情况下，含 2 分子结晶水是稳定的。$BaCl_2 \cdot 2H_2O$ 在 113℃ 失去结晶水，无水氯化钡不挥发，也不易变质，故干燥温度可高于 113℃。

1. 仪器和药品

① 仪器：分析天平，称量瓶（扁平型），电热干燥箱，坩埚钳，干燥器。

② 药品：$BaCl_2 \cdot 2H_2O$ 样品，A.R.。

2. 实验内容

（1）称量瓶恒重　取直径约为 3cm 的扁平型称量瓶 3 只，洗净，放于炉温达 120℃ 电热干燥箱中干燥 1~1.5h 后，再置于干燥器中放冷至室温（30min）后，称重。在上述条件下再烘、放冷、称重。至连续两次干燥的重量差异小于或等于 0.2mg 为恒重。

（2）样品结晶水测定　将 $BaCl_2 \cdot 2H_2O$ 样品放置研钵中研成粗粉，分别精密称取 3 份试样，每份约 1~2g，置于恒重的称量瓶中，使样品平铺于瓶底（厚度不超过 5mm），称量瓶盖斜放于瓶口，以利于通气。

置称量瓶于炉温达 120℃ 电热干燥箱中干燥 2h，移至干燥器中，盖好称量瓶盖，放置 30min，冷至室温，称其重量。再重复上述操作，直至恒重。

3. 数据处理

数据处理公式如下。

$$\omega(H_2O) = \frac{m_1 - m_2}{m_{样}} \times 100\%$$

式中　$\omega(H_2O)$——水的质量分数，%；

$\quad\quad m_1$——烘干前氯化钡试样与称量瓶的质量，g；

$\quad\quad m_2$——烘干后氯化钡试样与称量瓶的质量，g；

$\quad\quad m_{样}$——氯化钡试样的质量（烘干前氯化钡试样与称量瓶的质量减去称量瓶质量），g。

4. 注意事项

① 要求恒重的称量，应注意平行原则，即扁平型称量瓶（或加样品后）在烘箱中干燥温度以及置于干燥器中冷却时间应保持一致。

② 称量速度要快，在称扁平型称量瓶与样品时，要盖好称量瓶盖子，以免称样过程中吸湿。

③ 正确使用干燥器和坩埚钳。干燥器打开或盖上时应采用推开方法。搬动干燥器应用双手拿干燥器两侧底和盖子的边缘，以免干燥器的盖子滑落打破。

④ 在使用干燥器之前，更换新的干燥剂。

⑤ 扁平型称量瓶烘干后，取出置于干燥器中冷却，切勿将盖子盖严，以防冷却后很难将它打开。

⑥ 样品要均匀地铺在扁平型称量瓶底部，以便样品中的水分挥发。

（二）工业用尿素灰分的测定

案例分析 6-2　工业用尿素灰分的测定（重量法）
（参考 GB 2440—2001）

1. 范围

本方法规定重量法测定尿素的灰分，且适用于由氨和二氧化碳合成制得的工业用尿素中灰分的测定。

2. 方法提要

试样于（800±25）℃灼烧，残渣表示为灰分。

3. 仪器

① 一般实验室仪器；

② 铂皿或石英皿，平底，直径 50mm、高 25mm；

③ 箱式高温炉，能控制（800±25）℃。

4. 分析步骤

称量约 100g 试样（精确到 0.1g），置于清洁、干净的容器中。

称量已于（800±25）℃灼烧至恒重并在干燥器中冷却的铂皿或石英皿（精确至 0.001g），将它置于通风橱内的小火上，加入少量已精确称量的试样，当熔融后，再加入少量剩余试样至所有的试样加完并熔融和部分分解为止。

转移含熔融物的铂皿或石英皿于约 300℃的高温炉中，为避免在升温过程中的飞溅损失需缓慢升温至（800±25）℃（约 1h），继续加热至残余物被灼烧完全（约 30min），取出铂皿或石英皿，于干燥器中冷却至室温，称量（精确至 0.001g），重复灼烧、冷却、称量操作，直至两次连续称量之差不超过 0.0005g。

注：如果灰分≤0.001% 或用其测定铁含量，应使用铂皿。

5. 分析结果

试样中灰分（w），以质量分数（%）表示，按下式计算

$$w = \frac{m_2 - m_1}{m} \times 100\%$$

式中　m_1——空铂皿或石英皿的质量，g；

　　　m_2——含灰分的铂皿或石英皿的质量，g；

　　　m——试样的质量，g。

所得结果应表示至五位小数。

二、沉淀法在分析中应用

（一）工业循环冷却水中硫酸盐的测定

案例分析 6-3　工业循环冷却水中硫酸盐的测定
（参考 GB/T 6911—2017）

1. 方法提要

在酸性条件下硫酸盐与氯化钡反应，生成硫酸钡沉淀，经过滤干燥称重后，根据硫酸钡重量可求出硫酸根含量。

2. 试剂和材料

① 试剂和材料所用试剂在没有注明时均指分析纯试剂和 GB/T 6682—2008 规定的三级水；

② 试验中所用制剂和制品，在没有注明其他要求时，按照 GB/T 603—2016 的规定制备；

③ 盐酸（GB/T 622—2006）　1+1 溶液；

④ 氯化钡（$BaCl_2 \cdot 2H_2O$）（GB/T 652—2003）　100g/L 溶液；

⑤ 硝酸银（GB/T 670—2007）　17g/L 溶液；

⑥ 甲基橙　1g/L 指示剂。

3.仪器设备

① 一般实验室仪器。

② 坩埚式过滤器　滤板孔径 5～15μm。

4.分析步骤

用慢速滤纸过滤试样，用移液管移取一定量过滤后的试样，置于 500mL 烧杯中，加 2 滴甲基橙指示剂，滴加盐酸溶液至红色并过量 2mL，加水至总体积为 200mL，煮沸 5min，搅拌下缓慢加入 10mL 热的（约80℃）氯化钡溶液，于 80℃水浴中放置 2h。

用已于（105±2）℃干燥恒重的坩埚式过滤器过滤。用水洗涤沉淀，直至滤液中无氯离子为止（用硝酸银溶液检验）。

将坩埚式过滤器在（105±2）℃干燥至恒重。

5.分析结果表述

以 mg/L 表示的硫酸盐含量（以 SO_4^{2-} 计）（ρ）按下式计算

$$\rho = \frac{(m - m_0) \times 0.4116 \times 10^6}{V_0}$$

式中　m——坩埚式过滤器和沉淀的质量，g；

　　　m_0——坩埚式过滤器的质量，g；

　　　V_0——所取试样的体积，mL；

0.4116——硫酸钡换算成 SO_4^{2-} 的系数。

6.允许差

取平行测定结果的算术平均值为测定结果，平行测定结果的绝对值不大于 0.5mg/L。

（二）食品添加剂碳酸钠中水不溶物含量测定

案例分析 6-4　食品添加剂碳酸钠中水不溶物含量测定
（参考 GB 1886.1—2015）

1.方法提要

试样（以干基计）溶于（50±5）℃的水中，将不溶物经过过滤、洗涤、干燥后称重。

2.试剂和材料

① 盐酸溶液　1+3；

② 无水碳酸钠溶液　100g/L；

③ 酚酞溶液　10g/L；

④ 酸洗石棉　取适量酸洗石棉置于烧杯中，加入盐酸溶液，煮沸 20min，用布氏漏斗过滤并洗至中性，取出浸泡于碳酸钠溶液并煮沸 20min，用布氏漏斗过滤并用水洗至中性（用酚酞试液检验），取出置于烧杯中加水调成糊状，备用；

⑤ 石棉滤纸。

3.仪器和设备

① 古氏坩埚　容量 30mL；

② 电烘箱　能控制在（110±5）℃。

4.分析步骤

（1）古氏坩埚的铺制

① 酸洗石棉古氏坩埚法（仲裁法） 将古氏坩埚置于抽滤瓶上，在筛板上下各均匀铺一层酸洗石棉，边抽滤边用平头玻璃棒压紧，每层厚约 3mm。用 $(50\pm5)℃$ 水洗涤至滤液中不含石棉纤维。将古氏坩埚置于电烘箱中，于 $(110\pm5)℃$ 下干燥后称量，重复洗涤、干燥至质量恒定。

② 石棉纸古式坩埚法 将古氏坩埚置于抽滤瓶上，在筛板下铺一层石棉滤纸，在筛板上铺两层石棉滤纸，边抽滤边用平头玻璃棒压紧，用 $(50\pm5)℃$ 水洗涤滤纸，将古氏坩埚置于电烘箱中，于 $(110\pm5)℃$ 下干燥后称量，重复洗涤、干燥至质量恒定。

（2）测定 称取约 40g 试样（精确到 0.01g），置于烧杯中，加入 400mL 约 40℃ 的水使其溶解，保持溶液在 $(50\pm5)℃$。用已质量恒定的古氏坩埚过滤。用 $(50\pm5)℃$ 水洗涤，直至取 20mL 滤液加 2 滴酚酞后不显红色为止，控制洗涤水总体积为 800mL，取下古氏坩埚置于 $(110\pm5)℃$ 电烘箱中干燥至质量恒定。

5. 结果计算

水不溶物（以干基计）的质量分数 w，按照下式计算：

$$w=\frac{m_1\times100}{m_0\times(100-w_0)}\times100\%$$

式中 m_1——水不溶物的质量，g；

m_0——试样的质量，g；

w_0——灼烧失量的质量分数，%。

试验结果以平行测定结果的算术平均值为准。在重复性条件下获得的两次独立测定结果绝对差值不大于 0.006%。

三、硫酸镍中镍含量的测定

案例分析 6-5 硫酸镍中镍含量的测定
（参考 GB/T 26524—2011）

1. 方法提要

在氨性溶液中，加入酒石酸与铁、铝等杂质形成可溶性配合物以消除干扰，以二甲基乙二醛肟和镍生成红色的二甲基乙二醛肟镍沉淀，过滤、洗涤、干燥称重后，计算出镍含量。

2. 试剂

① 乙醇溶液 1+4；

② 盐酸溶液 1+1；

③ 氨水溶液 1+1；

④ 氯化铵溶液 200g/L；

⑤ 酒石酸溶液 200g/L；

⑥ 二甲基乙二醛肟乙醇溶液 10g/L。

3. 仪器

玻璃砂坩埚 5～15μm。

4. 分析步骤

称取约 2g 试样（精确到 0.0002g），置于 250mL 烧杯中，加入 1mL 盐酸溶液、50mL 水加热至试样溶解，冷却至室温，完全转移至 100mL 容量瓶中，加水稀释至刻度，摇匀。

用移液管移取 10mL 试验溶液，置于 400mL 烧杯中，加入 150mL 水、5mL 氯化铵溶液、5mL 酒石酸溶液，盖上表面皿，加热至沸，冷却至 70～80℃ 时，在不断搅拌下缓慢加入 30mL 二甲基乙二醛肟乙醇溶液，滴加氨水溶液调节 pH 为 8～9（用精密 pH 试纸检验），再过量 1～2mL，在 70～80℃下保温 30min，用已于 105～110℃干燥至质量恒定的玻璃砂坩埚过滤，用乙醇溶液洗涤 4～5 次，于 105～110℃干燥至质量恒定。

5. 结果计算

镍含量以镍（Ni）的质量分数 w 计，数值以％表示，按照下式计算

$$w = \frac{(m_1 - m_0) \times 0.2031}{m \times \frac{10}{100}} \times 100\%$$

式中　m_1——沉淀和玻璃砂坩埚质量，g；

　　　　m_0——玻璃砂坩埚的质量，g；

　　0.2031——二甲基乙二醛肟镍换算为镍的系数；

　　　　m——试样的质量，g。

取平行测定结果的算术平均值为测定结果，两次平行测定结果的绝对差值不大于 0.05％。

第七章
电化学分析基础知识

第一节 电化学基础知识

一、界面双电层

电化学反应是在电极/溶液界面进行的异相反应，电极/溶液界面是实现电极反应的客观环境，得失电子的过程是直接在该界面上进行的。电极/溶液界面是指两相之间的一个界面层，即与任何一相基体性质不同的相间过渡区域。界面结构是指在电极/溶液界面过渡区域中剩余电荷和电位的分布以及它们与电极电位的关系。界面性质是指界面层的物理化学特性，尤其是电性质。界面基本结构和性质对电极反应的动力学规律有很大影响，这是电极反应不同于一般的化学反应的根源。在研究电极/溶液界面中，可通过使用一些可测的界面参数来研究电极/溶液界面，也可根据一定的界面结构模型来推算界面参数，根据实验测量数据来检验模型。

当固体与液体接触时，可以是固体从溶液中选择性吸附某种离子，也可以是固体分子本身发生电离而使离子进入溶液，以致使固液两相分别带有不同符号的电荷，在界面上形成了双电层的结构。一般地，在金属/溶液界面上的荷电物质和偶极子的定向排列称为电解质双电层，简称双电层。双电层是在相界面上形成的电荷层，该层能产生巨大场强，直接影响电化学反应，具有非常重要的研究意义。其研究方法主要是根据假定模型计算得到界面参数值并与实验测定值相比较，如果吻合，则说明假定成立。

1. 双电层分类

电极和溶液接触后，在电极和溶液的相界面会自然形成双电层，这是电量相等符号相反的两个电荷层。双电层可分为以下三种。

① 离子双电层　由电极表面过剩电荷和溶液中与之电性相反的离子组成。一层在电极表面，一层在贴近电极的溶液中，如图 7-1（a）。

② 吸附双电层　由吸附于电极表面的离子电荷，以及由这层电荷所吸引的另一层离子电荷组成，如图 7-1（b）。

③ 偶极双电层　由在电极表面定向排列的偶极分子组成，如图 7-1（c）。

双电层中单位面积的电容一般在 $0.2\sim0.4\text{F/m}^2$ 之间，电场强度在一定条件下可以高达 108V/m 以上。双电层的总电位差为这三种双电层的电位差之和：三种双电层可以同时存在，电位差叠加在一起，较复杂，还没有人把它们严格地计算或区分开。在三种双电层中，只有离子双电层是分布在相界面两侧的，而偶极双电层与吸附双电层均存在于

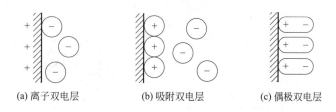

(a) 离子双电层　　　　(b) 吸附双电层　　　　(c) 偶极双电层

图 7-1　几种双电层示意图

同一相中。对于电化学反应来说，离子双电层才是有巨大影响的因素，因此是电化学理论研究的内容。

2. 双电层结构模型

双电层的微观结构即双电层模型的建立经过了较长的历史发展的过程。早在 1879 年，首个双电层模型由 Helmholtz 提出，即为平板电容器模型，或称紧密型双电层。在该模型中，电极表面与溶液中剩余电荷都紧密地排列在界面两侧形成类似于平板电容器的结构。电极上的电荷位于电极表面，溶液中的电荷集中排列在贴近电极的一个平面上，构成紧密层。该模型所描述的双电层电容是一个常数，但这个模型过于简单，由于离子热运动，不可能形成平板电容器，在实际体系中电容值也并非常数。

到 20 世纪初，Gouy 和 Chapman 分别独立提出了 Gouy-Chapman 模型，又称分散双电层。在该模型中，考虑了离子的热运动，溶液中剩余电荷不是紧密排列在界面上，而是按照势能场中粒子的分配规律分布在某一狭窄范围的邻近界面液层中，形成电荷的分散层，分布规律遵循 Boltzmann 分布。

1924 年，Stern 综合了上述两个模型中的合理部分，提出了 Stern 双电层模型，他认为溶液中离子分为两层，一层排列在贴近电极的一个平面上，另一层向溶液本体方向扩散，即分为紧密层和分散层两层。因此，双电层的电位差为分散层电位差和紧密层电位差之和。双电层电容由紧密层电容和分散层电容串联而成。

图 7-2 是上述三种模型的图像，图中的垂直虚线为紧密层所在平面，阴影处代表电极，图中曲线为双电层的电位分布。在 Stern 之后，很多研究者对紧密层的结构进行了探讨。他们考虑了双电层的介电常数和电场强度的联系。Bockris 等人认为，当紧密层与电极表面之间电场强度较大时，紧密层中包含了一层水分子偶极层，这层水分子在一定程度上定向吸附在电极表面上。双电层图像如图 7-3（a）所示，第一层为水分子偶极层，第二层为水化离子层。除了静电力之外，在电极和溶液的界面上还存在非静电力，发生离子或分子在电极上的非静电吸附，这种吸附常称特性吸附，如图 7-3（b）。

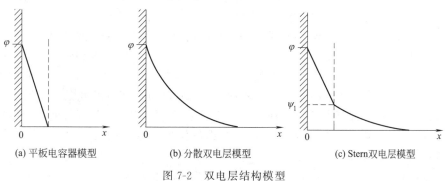

(a) 平板电容器模型　　　　(b) 分散双电层模型　　　　(c) Stern双电层模型

图 7-2　双电层结构模型

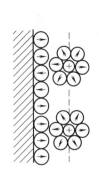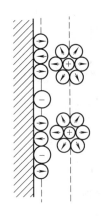

(a) 紧密层的结构(无特性吸附)　　　　(b) 存在特性吸附的双电层结构

图 7-3　双电层结构图像

3. 电极/溶液界面性质及研究方法

由外电源输入的电荷电量全部被用于改变电极电位形成双电层的电极体系称之为理想极化电极。由外电源提供的电荷电量全部用于电化学反应而电极电位不变的电极体系称为理想非极化电极。通常一个理想极化电极都是针对一定的电位范围才成立的，例如汞电极与除氧的氯化钾溶液所构成的电极体系，在 2V 的电位范围内，就接近于一个理想极化电极的行为，超出就不是了。理想极化电极特别适于研究界面的构造和性质，因为通电时没有任何电化学反应发生，电荷全部用来给电极充电，改变界面构造，这样就可以定量地计算和考查。理想极化电极可以等效为平板电容器，两者特点相似，它的行为遵守如下公式：

$$\frac{q}{\varphi} = C \tag{7-1}$$

式中　q——电容器上存储的电荷，C；

　　　φ——跨越电容器的电位，V；

　　　C——电容，F。

（1）电毛细曲线法　当两相互相接触时，就形成一界面，这个界面与相临的两相相比有一自由能过剩，单位界面上的能量过剩（即比自由能）就定义为界面张力，有时也称作表面张力。电极/溶液界面存在着界面张力，电极电位的变化会改变界面张力的大小，这种现象即电毛细现象。通过测出理想极化电极不同电位（φ）下的界面张力值（σ），就得到电毛细曲线，进而推测界面性质、结构以及各种因素的影响。电毛细曲线测量法是在汞电极上发展起来以对汞表面张力的测量为基础的一种方法，只能应用于液体电极，Lippmann 于 1875 年最先研究了汞电极/溶液界面的电毛细现象。

利用毛细管静电计测量电毛细曲线可得到高度精确的试验结果，该实验装置基于重力和表面张力相互抵消原理（图 7-4）。将装有纯净汞的倒锥开毛细管浸入 Na_2SO_4 溶液中，管的上方通过胶管与储汞瓶相连，并在电解池内加一参比电极，以测量毛细管中的汞的电极电位 φ 值，加一电位差计构成测量回路。整个装置叫毛细管静电计或古依静电计。通过放大的毛细管口可见，由于汞与玻璃不浸润，在管口附近可形成一弯月面，该弯月面处产生一个向上的附加压强，其大小与 σ 有关（$2\pi r\sigma$）。电弯月面的位置固定不动时，向上的附加压强与向下的重力相平衡（$\pi r^2 \rho h g$），即：

$$2\pi r\sigma\cos\theta = \pi r^2 \rho h g$$

式中，σ 是表面张力；r 是弯月面所在毛细管处内截面半径；ρ 是汞的密度；θ 是接触

角；g 是重力加速度；h 是汞柱的高度。用 σ
对 φ 作图，所得曲线形状如图 7-5（a）所示。
物理意义可作如下解释：开始时溶液一侧由阴
离子构成双电层，随着电位向负方移，电极表
面的正电荷减少，引起表面张力增加。当表面
电荷变为零，表面张力达到最大值，相应的电
位称为零电荷电位，以 φ_Z 表示。当电位继续
向负方移；电极表面荷负电，由阳离子代替阴
离子组成双电层。随着电位不断负移，表面张
力不断下降。因此电毛细曲线呈抛物线状。

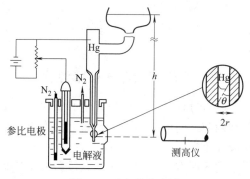

图 7-4　毛细管静电计

对电极电位求微分，可得到电极表面电荷，
用 Lippmann 公式（李普曼方程式）表示如下：

$$\frac{\partial \sigma}{\partial \varphi} = -q_M = q_S \tag{7-2}$$

式中　　q_M——金属电极所带电荷，即通常所说的电极表面剩余电荷密度；

　　　　q_S——溶液一侧所带的剩余电荷密度。

（2）微分电容法　通过测量电极/溶液界面微分电容与电位的关系曲线研究界面结构的
方法称为微分电容法。界面双电层的微分电容定义为 C_d，由表面张力对电极电位求二阶微
商所得。

$$C_d = \frac{\partial q_M}{\partial \varphi} \tag{7-3}$$

用微分电容 C_d 相对电极电位 φ 的变化所作的曲线，称为微分电容曲线，曲线形状如图
7-5（b）所示。电极/溶液界面的微分电容不但与电极电位有关而且与溶液浓度有关，溶液
浓度对微分电容曲线的位置和形状都有很大影响。只有稀溶液中微分电容曲线才有最小值，
最小值的电位正好对应于零电荷电位。较浓的溶液中微分电容曲线不出现这种最小值，因而
无法确定其零电荷电位。

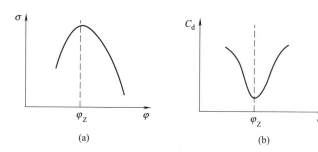

图 7-5　电毛细曲线（a）和微分电容曲线（b）

微分电容既可以用交流电桥法精确测量，也可用阻抗技术求得。交流电桥法仅适用于液
体电极，而阻抗法可用于固体电极。为测出不同电位下 q 值，对式（7-3）积分可得：

$$q = \int C_d d\varphi + A$$

式中，A 为积分常数，可由 $q(\varphi_Z) = 0$ 求得，因此

$$q = \int_{\varphi_Z}^{\varphi} C_d \, d\varphi \tag{7-4}$$

电毛细曲线法利用曲线的斜率求表面电荷密度 q，实际测量的 σ 是 q 的积分函数，微

分电容法利用曲线的下方面积求表面电荷密度 q，微分电容法的精确度和灵敏度都比电毛细曲线法优越得多，电毛细曲线法只能用于液体金属电极，微分电容法可用于固体金属电极。

二、法拉第过程和非法拉第过程

电极过程是一个异相催化的氧化还原的过程，与一般的氧化还原过程不同的是，伴随电荷在两相之间的转移，在界面上会发生化学的变化。和一般的化学反应不一样，通常电极的反应发生在电极/溶液界面上，而界面的结构和性质对于电极的过程有着很大的影响。上节所述的界面双电层的存在，直接影响了电极反应的速率，并且通过在一定范围内任意地和连续地改变表面上电场的强度和方向，就能够改变电极反应的活化能和反应速率。

法拉第过程是指在电极表面发生氧化还原反应并且在电极/溶液界面上有电子转移的过程。这一过程遵守法拉第定律，即：因电流通过而引起的化学反应的量与所通过的电量成正比。法拉第过程可在广阔的速率范围内以各种不同的速率进行。如果该过程进行得非常迅速，以至于物质的氧化态和还原态始终处于平衡状态，则反应为可逆过程，符合能斯特方程。

非法拉第过程是指在电极/溶液界面上没有电荷转移，但是伴随着电位变化的过程，由于有吸附和脱附过程以及双电层的充放电，会引起电流的流动。非法拉第过程的重要例子就是电极充电的过程。在某电位 φ_A 时，单位面积的金属电极上带一定量的电荷，而紧靠电极溶液中出现等量相反电荷，形成了双电层。如果电位变为正 φ_B 时，单位面积电极上电荷量变大，则会形成充电电流。这是一种瞬时电流，当新的电荷平衡建立后，则停止流动。因为没有氧化还原反应，也就没有电流流过界面的动力源泉，于是电流中断。所以，充电过程是非法拉第过程，充电电流为非法拉第电流。在分析应用中，充电电流往往是明显的不利因素，因为它常常是电化学分析法中灵敏度的限制因素。

对于理想极化电极，只有非法拉第过程发生，而没有电荷穿过界面，也不存在连续的电流流动。在特定的电位差时，随着能被氧化或还原的物质加入，便可产生电流；电极被去极化，所加的物质为去极化剂。

三、电极反应

电解池中所发生的总化学反应，由两个独立的半反应构成，分别描述了两个电极真实的化学变化。电极上发生的反应是一种异相的氧化还原反应，在界面上发生了电荷的转移。考察一个电极反应，为了使电极表面发生的溶液中溶解的氧化态 Ox 转化成还原态 Red 的过程可以持续地进行，在发生电子转移的同时，还经常伴随有其他基本过程。电极反应过程指与电极反应有关的步骤，它们在电极与溶液界面附近的液层里（合称电极表面区）进行。电极反应一般包括以下几个基本步骤：

① 反应物向电极表面传质（迁移、扩散、对流）；
② 电子转移（或称电子传递、电荷传递）；
③ 产物离开电极或进入电极内部；
④ 电子转移前或电子转移后在溶液中进行的化学转化；
⑤ 表面反应，如吸附、电结晶、生成气体。

如果把电极过程的步骤按照进行的先后安排，可以用图 7-6 表示。

具体到某一电极反应时，电极过程不一定包含上述所有步骤。例如，在 $Zn(NH_3)_3^{2+}$ 的槽液中电镀锌，阴极反应是 $Zn(NH_3)_3^{2+}$ 的还原，阳极反应是锌阳极的溶解，分别对应于电极反应：

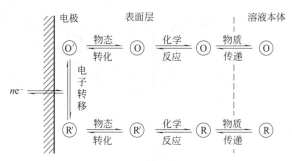

图 7-6 电极反应经历的步骤

$$Zn(NH_3)_3^{2+} + 2e^- \Longrightarrow Zn + 3NH_3\uparrow \qquad 阴极$$

$$Zn + 3NH_3 \Longrightarrow Zn(NH_3)_3^{2+} + 2e^- \qquad 阳极$$

与阴极还原相应的阴极过程包括：$Zn(NH_3)_3^{2+}$ 从溶液向电极扩散；$Zn(NH_3)_3^{2+}$ 到达电极前，在电极表面附近进行化学转化；$Zn(NH_3)_3^{2+}$ 在电极表面接受电子还原成锌原子 Zn；Zn 在电极表面上进行电结晶。与阳极氧化相应的阳极过程包括：Zn 阳极溶解产生 $Zn(NH_3)_3^{2+}$；$Zn(NH_3)_3^{2+}$ 在电极表面进行化学转化；$Zn(NH_3)_3^{2+}$ 向本体溶液扩散。

最简单的电极反应仅包括反应物向电极的传质、电子转移和产物向溶液本体的传质。较为复杂的反应则涉及了一系列的电子转移以及质子化、副反应和并行反应等。在电极反应的几个步骤中，有的进行得较快，有的进行得较慢，速度最慢的是电极反应的控制步骤，被称为速率决定步骤。

四、电极/溶液界面的传质过程

当电极反应进行时，溶液中不免有传质过程同时进行。液相传质步骤是整个电极过程中的一个重要环节，因为液相中的反应粒子需要通过液相传质向电极表面不断地输送，而电极反应产物又需通过液相传质过程离开电极表面，只有这样，才能保证电极过程连续地进行下去。在许多情况下，液相传质步骤不但是电极过程中的重要环节，而且可能成为电极过程的控制步骤，由它来决定整个电极过程动力学的特征。因此研究液相传质步骤动力学的规律具有非常重要的意义。

1. 传质方式

由于电极反应过程的各个单元步骤是连续进行的，并且存在着相互影响。因此，要想单独研究液相传质步骤，首先要假定电极反应过程的其他各单元步骤的速度非常快，处于准平衡态，以便使问题的处理得以简化，从而得到单纯由液相传质步骤控制的动力学规律，然后再综合考虑其他单元步骤对它的影响。液相传质动力学，实际上是讨论电极反应过程中电极表面附近液层中物质浓度变化的速度，这种物质浓度的变化速度主要取决于液相传质的方式及其速度。溶液中的传质过程，可以依靠三种方式进行，即扩散、电迁移和对流。其示意图见图 7-7。

（1）电迁移　电解质溶液中的带电粒子（离子）在电场作用下沿着一定的方向移动，这种现象就叫做电迁移。电化学体系是由阴极、阳极和电解质溶液组成的。当电化学体系中有电流通过时，阴极和阳极之间就会形成电场。在这个电场的作用下，电解质溶液中的阴离子就会定向地向阳极移动，而阳离子定向地向阴极移动。由于这种带电粒子的定向运动，使得电解质溶液具有导电性能。显然，由于电迁移作用也使溶液中的物质进行了传输，因此，电迁移是传质的一种重要方式。

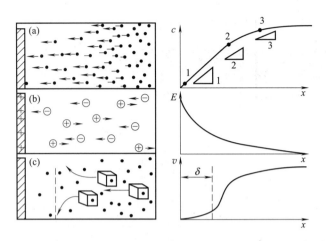

图 7-7 三种传质方式以及浓度、电位、速度分布
(a) 扩散；　(b) 电迁移；　(c) 对流

（2）对流　所谓对流是一部分溶液与另一部分溶液之间的相对流动。通过溶液各部分之间的这种相对流动，也可进行溶液中的物质传输过程。因此，对流也是种重要的传质方式。根据产生对流的原因的不同，可将对流分为自然对流和强制对流两大类。由于溶液中各部分之间存在着密度差或温度差而引起的对流，叫做自然对流。这种对流在自然界中是大量存在的，自然发生的。强制对流是用外力搅拌溶液引起的。搅拌溶液的方式有多种。通过自然对流和强制对流作用，可以使电极表面附近流层中的溶液浓度发生变化，其变化量用对流流量表示。

（3）扩散　当溶液中存在着某一组分的浓度差，即在不同区域内某组分的浓度不同时，该组分将自发地从浓度高的区域向浓度低的区域移动，这种传质运动叫做扩散。电极/溶液界面上扩散的方向为：反应粒子将向电极表面方向扩散，而反应产物粒子将向远离电极表面的方向扩散。

2. 传质的推动力

从传质运动的推动力来看：电迁移传质的推动力是电场力。对流传质的推动力，对于自然对流来说是由于密度差或温度差的存在，其实质是溶液的不同部分存在着重力差；对于强制对流来说，其推动力是搅拌外力。扩散传质的推动力是由于存在着浓度差，或者说是由于存在着浓度梯度，其实质是由于溶液中的不同部位存在着化学位梯度。从所传输的物质粒子的情况来看：电迁移所传输的物质只能是带电粒子，即是电解质溶液中的阴离子或阳离子。扩散和对流所传输的物质，既可以是离子，也可以是分子，甚至可能是其他形式的物质微粒。在电迁移传质和扩散传质过程中，溶液粒子与溶剂粒子之间存在着相对运动；在对流传质过程中，是溶液的一部分相对于另一部分作相对运动，而在运动着的一部分溶液中，溶质与溶剂一起运动，它们之间不存在明显的相对运动。

电极/溶液界面的扩散过程分为非稳态扩散和稳态扩散。在开始通电的短暂时间里发生的扩散总是非稳态扩散。非稳态扩散时，扩散层中各反应粒子的浓度是距离和时间的函数 $c = f(x, t)$，在平面电极的情况下，浓度随距离和时间的变化服从 Fick 第二定律。

$$\frac{\partial c}{\partial t} = D \frac{\partial^2 c}{\partial x^2}$$

该式是一个二阶偏微分方程，解方程需要初始条件和两个边界条件，并假设电迁移和对流传质不存在，以及扩散系数 D 与浓度无关。

如果随着时间的推移，扩散速率不断提高，有可能使扩散补充过来的反应粒子数与电极反应所消耗的反应粒子数相等，则可以达到一种动态平衡状态，即扩散速率与电极反应速率相平衡。这时，反应粒子在扩散层中各点的浓度分布不再随时间变化而变化，而仅仅是距离的函数。存在浓度差的范围即扩散层的厚度不再变化，离子的浓度梯度是一个常数。在扩散的这个阶段中，虽然电极反应和扩散传质过程都在进行，但二者的速率恒定并且相等，整个过程处于稳定状态。这个阶段的扩散过程就称为稳态扩散。扩散流量由 Fick 第一定律来确定。

$$J = -D \left(\frac{\partial c}{\partial x} \right)_x$$

式中，负号表示扩散方向与浓度增大方向相反，J 是扩散流量。

　　稳态扩散与非稳态扩散的区别，主要看反应粒子的浓度分布是否为时间的函数。非稳态扩散时，扩散范围不断扩展，不存在确定的扩散层厚度，只有在稳态扩散时，才有确定的扩散范围，即存在不随时间改变的扩散层厚度。即使在稳态扩散时，由于反应粒子在电极上不断消耗，溶液本体中的反应粒子不断向电极表面进行扩散传质，故溶液本体中的反应粒子浓度也在不断下降，因此严格说来，在稳态扩散中也存在着非稳态因素，把它看成是稳态扩散，只是人为讨论问题方便而作的近似处理。

五、电极反应动力学

　　电极反应的特点就是反应速率与电极电势有关，仅通过改变电势就可以使反应速率改变许多个数量级。图 7-8 是电极反应 $O + ne^- \underset{k_b}{\overset{k_f}{\rightleftharpoons}} R$ 中的氧化态 O、还原态 R 沿反应坐标的自由能分布。如果设原来的电位为零，那么使电位向正方向移动 EV 时，电极上电子的能量就降低 nFE，阴极反应和阳极反应的活化能分别变成：

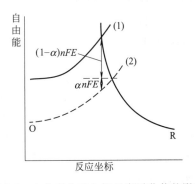

图 7-8　电位变化对电极反应活化能的影响
(1) 电位为零时；(2) 电位向正方向移动 EV 时

$$W_1 = W_1^0 + \alpha nFE$$
$$W_2 = W_2^0 - (1-\alpha)nFE$$

式中，W_1^0 是电位改变之前，即 $E = 0$ 时阴极反应的活化能；W_2^0 是 $E = 0$ 时阳极反应的活化能。

　　设 $1 - \alpha = \beta$，则 $W_2 = W_2^0 - \beta nFE$。电位向正方移动 EV 时，使阳极反应的活化能降低，对阳极氧化有利，而使阴极反应的活化能升高，使阴极反应受阻。α、β 称传递系数。α 和 β 反映了电位对反应活化能的影响程度。$\alpha + \beta = 1$，即两者都是小于 1 的数。α 是活化能曲线对称性的一种衡量，$\alpha = 0.5$ 时，两条活化能曲线对称相交。通常 α 的数值近似地取作 0.5。

　　上述电极反应的 k_f 是前向反应的速率常数，k_b 是逆向反应的速率常数。因为电子转移反应是在溶液和电极这两个不同的个相间进行的，所以是异相反应。异相反应的动力学规律也可用于电极反应。

　　已知在固相和液相界面单位面积上进行的单分子反应的反应速率为：

$$v = kc = k' \exp(-W/RT)c$$

式中，k 是反应速率常数；k' 是指前因子；c 是反应物的表面浓度；W 是活化能。因此，单位电极面积上电极反应的前向反应（还原反应）的速率为：

$$v_f = k'_f c_O \exp(-W_1/RT)$$

逆向反应（氧化反应）的速率为：

$$v_b = k'_b c_R \exp(-W_2/RT)$$

式中，W_1 和 W_2 分别是阴极反应和阳极反应的活化能；c_O 和 c_R 分别是氧化态 O 和还原态 R 的表面浓度。

用电流密度表示电极反应速率，$i = nF\upsilon_O$，则：

$$\vec{i} = nFk_f'c_O\exp(-W_1/RT) = nFk_f'c_O\exp\left(-\frac{W_1^0 + \alpha nFE}{RT}\right)$$

$$\overleftarrow{i} = nFk_b'c_R\exp(-W_2/RT) = nFk_b'c_R\exp\left(-\frac{W_2^0 - \beta nFE}{RT}\right)$$

设 k_f^0，k_b^0 为 $E = 0$ 时的反应速率常数，即令 $k_f^0 = k_f'\exp(-W_1^0/RT)$，$k_b^0 = k_b'\exp(-W_2^0/RT)$，得到：

$$\vec{i} = nFk_f^0 c_O\exp\left(-\frac{\alpha nFE}{RT}\right)$$

$$\overleftarrow{i} = nFk_b^0 c_R\exp\left(\frac{\beta nFE}{RT}\right)$$

以上两式是电化学步骤的基本动力学方程。

$\vec{i}$ 和 $\overleftarrow{i}$ 都是总电流（外电流）的两个分量，是不能用电表直接测量的。阴极还原时，阴极电流密度为：

$$i_K = \vec{i} - \overleftarrow{i} = nFk_f^0 c_O\exp\left(-\frac{\alpha nFE}{RT}\right) - nFk_b^0 c_R\exp\left(\frac{\beta nFE}{RT}\right)$$

$$i_A = \overleftarrow{i} - \vec{i} = nFk_b^0 c_R\exp\left(\frac{\beta nFE}{RT}\right) - nFk_f^0 c_O\exp\left(-\frac{\alpha nFE}{RT}\right)$$

以上两式表示电极电位与活化控制的电极反应净速率的关系。式中 i_K 和 i_A 都是电极反应的净电流密度，可以用电表直接测量，所以又称外电流密度。

阴极极化时，$\vec{i} > \overleftarrow{i}$，阳极极化时，$\vec{i} < \overleftarrow{i}$。而当电极处于平衡状态时，$\vec{i} = \overleftarrow{i}$，净电流密度为零。从宏观上看，平衡时没有任何情况发生，但实际上电极与溶液之间进行着电荷的交换，只是两个方向的速度（电流）大小相等方向相反。在平衡状态下大小相等方向相反的电流密度称交换电流密度，用 i^0 表示。i^0 反映了在平衡电位下的反应速率，$i^0 = \vec{i} = \overleftarrow{i}$，则可将电化学基本动力方程变为：

$$i^0 = nFk_f^0 c_O\exp\left(-\frac{\alpha nFE_e}{RT}\right) = nFk_b^0 c_R\exp\left(\frac{\beta nFE_e}{RT}\right)$$

取对数，根据 $\alpha + \beta = 1$ 整理得到：

$$E_e = \frac{RT}{nF}\ln\frac{k_f^0}{k_b^0} + \frac{RT}{nF}\ln\frac{c_O}{c_R}$$

$$\frac{RT}{nF}\ln\frac{k_f^0}{k_b^0} = E^\ominus + \frac{RT}{nF}\ln\frac{\gamma_O}{\gamma_R} = E^{\ominus'}$$

$$当 c_O = c_R = c 时, E_e = E^{\ominus'},$$

$$则：i^0 = nFk_f^0 c\exp\left(-\frac{\alpha nFE^{\ominus'}}{RT}\right) = nFk_b^0 c\exp\left(\frac{\beta nFE^{\ominus'}}{RT}\right)$$

$$令 k_s = k_f^0\exp\left(-\frac{\alpha nFE^{\ominus'}}{RT}\right) = k_b^0\exp\left(\frac{\beta nFE^{\ominus'}}{RT}\right)$$

$$则有 i^0 = nFk_s c$$

式中，k_s 称为标准电极反应速率常数，简称电极反应速率常数。k_s 的物理意义：在电位

为 E 和反应物浓度为单位浓度时，电极反应的速率。若 c_O 不等于 c_R 时，则 $i^0 = nFk_s c_O^\beta c_R^\alpha$。

交换电流密度不但与电极反应的本性决定的量 k_s、α、β 有关，而且与温度、反应物及生成物的浓度有关。

交换电流密度与标准反应速率常数成正比关系，两者都反映电极反应的可逆程度，i^0 越大或 k_s 越大电荷转移的速度越大，也即电极反应的可逆程度越大。

第二节　电化学分析实验测量

一、三电极体系

电极是与电解质溶液或电解质接触的电子导体或半导体，为多相体系。电化学体系借助于电极实现电能的输入或输出，电极是实施电极反应的场所。一般电化学体系分为二电极体系和三电极体系，用得较多的是三电极体系。相应的三个电极为工作电极、参比电极和辅助电极。由图 7-9 所示，体系由三个电极组成，WE 代表工作电极，工作电极的电极过程是实验研究的对象，RE 代表参比电极，是电极电位的比较标准，用来确定电极电位。CE 代表辅助电极，也称为对电极，用来通过极化电流，实现对工作电极的极化。P 代表极化电源，为研究工作电极提供了极化电流，R 为可变电阻，V 为测量或控制电极电位的仪器。极化电源、工作电极、辅助电极、可变电阻以及电流表等构成的回路，称为极化回路。通过调节或控制流经工作电极的电流，实现极化电流的变化与测量。控制与测量电位的仪器、工作电极、参比电极等组成的回路，称为测量控制回路。通过实现控制或测量极化的变化，用于研

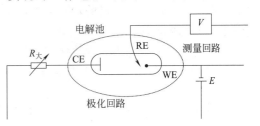

图 7-9　三电极体系电路示意图

究工作电极通电时的变化情况。由于回路中没有极化电流流过，只有极小的测量电流，所以不会对工作电极的极化状态、参比电极的稳定性造成干扰。

可见，在电化学测量中采用三电极体系，既可使工作电极的界面上通过极化电流，又不妨碍工作电极的电极电位的控制与测量，可以同时实现对电流和电位的控制测量。因此在绝大多数的情况下，采用三电极系统进行电化学测量。

二、工作电极

工作电极又称为研究电极，是电化学测量的主体，其选用的材料、结构形式、表面的状态对于电极上发生的电化学反应的影响很大。在电化学测定中，最使人们感兴趣的是工作电极表面上所发生的反应，根据工作电极的功能可以按以下进行分类：

① 以研究工作及本身的化学特性为目的的研究电极，如电池用的锌负极。因为研究的对象是电极，所以只要把它作为电极，在适合的溶剂中进行测定即可。

② 以研究溶解于溶液中的化学物质，或者是从外部导入的某气体的电化学特性为目的的工作电极，即提供电化学反应场所的电极。电极本身不发生溶解反应，叫做惰性电极。但惰性电极并不是电绝缘体。它指的是以铂和金为代表的，在测定电位区域里能稳定地工作的电极。

1. 汞电极

汞电极是许多年来电化学测量中常用的电极材料。汞电极包括滴汞电极、静汞电极、悬汞电极、汞池电极、汞齐电极、汞膜电极等。其中最具有代表性的就是滴汞电极。滴汞电极

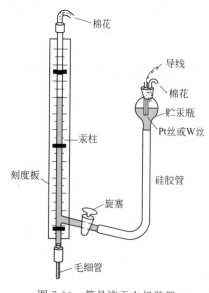

图 7-10　简易滴汞电极装置

棉花
导线
棉花
贮汞瓶
Pt丝或W丝
汞柱
硅胶管
刻度板
旋塞
毛细管

是液态的金属电极，因此同固体电极相比，其表面均匀、光洁、重现性好。滴汞电极是极谱法常用的一种特殊电极，其简易的电极装置如图 7-10 所示。它是汞从外径 3～7mm，内径 0.04～0.08mm 的垂直玻璃毛细管下端流出，并形成汞滴而滴下的电极。每个汞滴不断地从小到大，当大到直径约 0.5～1.0mm 时，由于重力作用而滴下。可以调节贮汞瓶的高度或用机械方法如敲击器，来控制汞滴的滴下时间。

滴汞电极作为极谱方法的指示电极，常用作阴极，是一个极化电极，电解过程中在其表面产生浓差极化。其优点是电极表面不断更新，重现性好；许多金属能与汞生成汞齐，它们的离子在汞电极上还原的可逆性好；汞易纯化；氢在汞上的超电位比较高，使极谱测定有可能在微酸性溶液中进行。主要缺点是：使用电位范围不能大于 0.4V，汞要氧化；产生的电容电流限制了直流极谱法的灵敏度；汞有毒。更多的情况是，滴汞电极作为表面状态确定的理想电极，被用于理论性的研究。

2. 惰性金属固体电极

惰性电极以金属电极为主，适用于作惰性电极的金属特性如下：

① 所研究的电化学反应不会因电极自身所发生的反应而受影响，并且能够在较大的电位区域中进行测定。

② 所使用的金属电极不会与溶剂或者支持电解质反应而使其分解。

③ 电极表面均一，根据需要，有时还要求具有较大的表面积。

④ 电极本身不易溶解或者生成氧化膜。

⑤ 能够通过简单的方法进行表面净化。

⑥ 电解合成时，金属电极表面对电化学反应具有催化作用，即富有表面活性的金属。

惰性金属电极本身不参与反应，但其晶格间的自由电子可与溶液进行交换。故惰性金属电极可作为溶液中氧化态和还原态获得电子或释放电子的场所。如将 Pt 电极放入含有 Fe^{2+}、Fe^{3+} 的溶液中，Pt 电极不参与反应，仅作为 Fe^{2+}、Fe^{3+} 发生相互转化时的电子转移的场所，电极反应为：

$$Fe^{3+} + e^- \rightleftharpoons Fe^{2+}$$

在 25℃时，其电极电位为：

$$\varphi(Fe^{3+}/Fe^{2+}) = \varphi^{\ominus}(Fe^{3+}/Fe^{2+}) + 0.059 \lg \frac{a_{Fe^{3+}}}{a_{Fe^{2+}}}$$

固体电极试样必须要和导线连接，才能接通外电路。在使用前应当对电极进行适当的绝缘封装后才能进行测试。

工作电极是否具有清洁的表面是电化学测定中很重要的问题。一旦电极表面沾附了杂质，将出现非目的性的电流。作循环扫描时电位峰将偏离理论值，常常得不到理想的实验数据。以铂电极为例，电极表面前处理的一般方法可按以下顺序进行：

① 用小号砂纸将表面磨平滑；

② 用氧化铝研磨液磨成镜面；

③ 用重铬酸混合液、热硝酸等洗净；

④ 用水冲洗干净；

⑤ 先在与测定用的电解液相同组成的溶液中做几遍电位扫描。

另外，因为有机物等一旦吸附在电极表面，将严重影响电极反应，所以除了要注意电极的前处理外，电解池的洗净以及电解液的纯度也要十分注意。例如，铂电极表面一旦吸附上有机物，氢吸附峰电流就减少，代之而产生新的电流峰。此外使用铂线电极时也经常有人把铂线放在灯火焰上白热，得到再现性好、清洁的表面。

3. 碳电极

碳是最常用的电极材料之一，其优越性表现在多个方面。首先，碳电极具有多种不同的形式，因而可获得各种不同的电极性能，通常价格都比较便宜。其次，碳电极氧化缓慢，因而具有较宽的电势窗范围，特别是在正电势方向。这一点优于铂电极和汞电极，后者则具有明显的阳极背景电流。再次，碳电极可发生丰富的表面化学反应，特别是在石墨和玻碳表面可进行表面化学修饰，从而改变电极的表面活性。最后，碳电极表面不同的电子转移动力学和吸附行为也有助于对某些特殊电极过程的研究。总之，只要能够掌握碳材料性质、表面制备方式和电化学行为之间的关系，碳电极的这些特点可被充分利用。

碳电极材料种类繁多，性能各异，并且还处在不断的发展之中，选择何种碳电极材料取决于对电极性能的具体要求。碳电极材料基本上可分为几大类：热解石墨和高定向热解石墨电极，多晶石墨电极，玻碳电极，碳纤维电极。在过去的一二十年内，玻碳电极在电化学研究中被广泛应用。由于具有非多孔性，液体、气体不可透过；并且易于装配，简单的机械抛光即可更新表面，同所有常用溶剂兼容。所有这些优点使玻碳电极成为了最常使用的碳电极材料。玻碳由高分子量的含碳聚合物（如聚丙烯腈、酚醛树脂）热分解制成。首先将高聚物加热到 $600 \sim 800℃$，此时大部分非碳元素挥发，而碳骨架不发生分解。在此热处理阶段，六角形的 sp^2 碳区域形成，但由于聚合物骨架未发生断裂而不能形成大范围的石墨化区域。此后，在加压条件下缓慢加热到 $1000℃$（所得材料称为 GC-10）、$2000℃$（所得材料称为 GC-20）或 $3000℃$（所得材料称为 GC-30）。即使在 $3000℃$ 下，材料中也仅有小的石墨化区域形成，结构上类似于缠绕成团的带状石墨。电极的表面粗糙度依赖于电极表面的预处理方式，对于良好抛光的玻碳表面，粗糙度大致在 $1.3 \sim 3.5$ 之间。对于表面抛光平滑、经过热处理的玻碳电极，界面电容可低到 $10 \sim 20 \mu F/cm^2$，而对于大多数抛光的玻碳电极，界面电容大致在 $30 \sim 70 \mu F/cm^2$ 之间。由于玻碳电极表面全部为活性表面，玻碳电极的背景电流通常大于石墨复合电极。尽管玻碳电极的界面电容大于铂的界面电容，但是碳的氧化动力学缓慢，固此玻碳可使用的阳极电势极限明显正于铂电极。这一性质使得玻碳电极成为研究氧化，特别是在水溶液中研究氧化反应的合适的电极材料。

三、参比电极和辅助电极

参比电极的性能直接影响着电极电势测量或控制的稳定性、重现性和准确性。不同场合对参比电极的要求不尽相同，应根据具体对象合理选择参比电极。但是，参比电极的选择还是存在一些共性的要求。

1. 参比电极的一般性要求

① 参比电极应为可逆电极，电化学反应处于平衡状态，可用 Nernst 方程计算不同浓度时的电势值。

② 参比电极应该不易极化，以保证电极电势比较标准的恒定。

③ 参比电极应具有好的恢复特性。当有电流突然流过，或温度突然变化时，参比电极的电极电势都会随之发生变化。当断电或温度恢复原值后，电极电势应能够很快恢复到原电

势值，不发生滞后。

④ 参比电极应具有良好的稳定性。具体而言，温度系数要小，电势随时间的变化要小。

⑤ 参比电极应具有好的重现性。不同次、不同人制作的电极，其电势应相同。

⑥ 在具体选用参比电极时，应考虑使用的溶液体系的影响。例如，是否存在液接界电势，是否会引起研究电极体系和参比电极体系间溶液的相互作用和相互污染。一般采用同种离子溶液的参比电极，如在氯离子的溶液中采用甘汞电极；在硫酸根离子的溶液中采用汞-硫酸亚汞电极；在碱性溶液中采用汞-氧化汞电极。

2. 常用参比电极

（1）银-氯化银电极　电极具有非常好的电势重现性，是一种常用的参比电极，也有市售商品可得。其电极反应为：

$$AgCl + e^- \Longrightarrow Ag + Cl^-$$

25℃下银-氯化银电极的电极电势为

$$\varphi(AgCl/Ag) = \varphi^{\ominus}(AgCl/Ag) - 0.059 \lg a_{Cl^-} = -0.222V$$

当使用饱和 KCl 溶液作为电解液时，银-氯化银电极的电极电势为 0.197V。银-氯化银电极的主要部分是一根覆盖有 AgCl 的银丝浸在含有 Cl^- 的溶液中。常用的银-氯化银电极结构如图 7-11 所示。

AgCl 在水中的溶解度是很小的，但是如果在较浓的 KCl 溶液中，由于 AgCl 和 Cl^- 能生成络合离子 $AgCl_2^-$，会使 AgCl 的溶解度显著增加。因此，为保持电极电势的稳定，所用 KCl 溶液需预先用 AgCl 饱和，特别是在饱和 KCl 溶液中。另外，AgCl 见光会发生分解，因此应尽量避免电极直接受到阳光的照射。

（2）甘汞电极　甘汞电极由于方便、耐用，可购得商品电极，因此是最常用的参比电极。其电极反应为

$$Hg_2Cl_2 + 2e^- \Longrightarrow 2Hg + 2Cl^-$$

25℃下甘汞电极的电极电势为

$$\varphi(Hg_2Cl_2/Hg) = \varphi^{\ominus}(Hg_2Cl_2/Hg) - 0.059 \lg a_{Cl^-}$$

图 7-12 给出了甘汞电极的几种结构形式。图 7-12（a）和图 7-12（b）是两种市售的甘汞电极。在电极（a）的内部有一根小玻璃管，管内的上部放置汞，它通过封在玻璃管内的铂丝

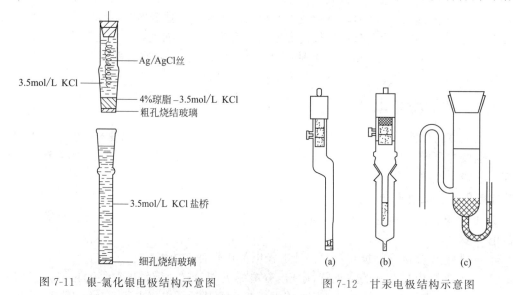

图 7-11　银-氯化银电极结构示意图　　　　图 7-12　甘汞电极结构示意图

与外部的导线相通；汞的下面放汞和甘汞的糊状物。为了防止它们下落，在小玻璃管的下部用脱脂棉花塞住，小玻璃管浸在 KCl 溶液内。这种甘汞电极的下端用多孔性陶瓷封口，以减缓溶液的流出速度。在使用时可把上部的橡胶塞打开，这样可使电极管内的溶液很慢地流出，以阻抑外界溶液渗进电极管内部。由于甘汞电极采用 KCl 溶液，所以它的液接界电势较小。电极（b）是由电极（a）增加一根过渡玻璃套管构成的，该玻璃套管作为盐桥使用，测量时该玻璃管中可注入与阴、阳离子电导接近，并且对被测溶液无影响的电解液，或注入研究体系的溶液。由于该管下端也有多孔性陶瓷封口，因此流速也很慢，这样就可以减少甘汞电极溶液中的 Cl⁻ 对研究体系溶液的污染。制作电极（c）时，先在电极管的底部封一段铂丝，使内外导电。然后在电极管内加一定量的纯汞，再在汞的表面上铺一薄层汞和甘汞的糊状物。该糊状物的制作方法为：在清洁的研钵中放一些 Hg_2Cl_2 细粉，加几滴汞仔细进行干研磨，有时可再加几滴 KCl 溶液进行研磨，最后可研磨成灰色糊状物。应注意电极管内所铺糊状物层不能太厚。待铺好后，在电极管内加注所需的 KCl 溶液。电极的导电采用汞把铂丝和导电铜丝连接的方法。通常甘汞电极内的溶液采用饱和 KCl 溶液，这种电极称为饱和甘汞电极。其溶液配制较为方便，但它的温度系数较大。此外，温度改变后，KCl 达到新的饱和溶解度需要时间，电势的改变会发生滞后现象。采用 1mol/L 或 0.1mol/L KCl 溶液的甘汞电极也比较常用，它们的温度系数较小，由于 Hg_2Cl_2 在高温时不稳定，所以甘汞电极一般适用于 70℃ 以下的测量。在 25℃ 下，饱和甘汞电极的电极电势为 0.2412V，1mol/L 的甘汞电极的电极电势为 0.2801V，而 0.1mol/L KCl 的甘汞电极的电极电势为 0.3337V。

3. 辅助电极

辅助电极也称对电极，它只用来通过电流以实现研究电极的极化。研究阴极过程时，辅助电极作阳极，而研究阳极过程时，辅助电极作阴极。辅助电极的面积一般比研究电极大，这样就降低了辅助电极上的电流密度，使其在测量过程中基本上不被极化，因而常用铂黑电极作辅助电极，也可以使用在研究介质中保持惰性的金属材料如 Ag、Ni、W、Pb 等；在特定情况下有时使用特定电极。有时为了测量简便，辅助电极也可以用与研究电极相同的金属制作。

四、电解池

电解池的各个部件需要由具有各种不同性能的材料制成，对于材料的选择要依据具体的使用环境。特别重要的性质是电解池材料的稳定性，要避免使用时材料分解产生杂质，干扰被测的电极过程。最常用的电解池材料是玻璃，一般采用硬质玻璃。玻璃具有很宽的使用温度范围，能在火焰中加工成各种形状。玻璃在有机溶液中十分稳定，在大多数无机溶液中也很稳定。但在 HF 溶液、浓碱及碱性熔盐中不稳定。

聚四氟乙烯，也称特氟隆，具有极佳的化学稳定性，在王水、浓碱中均不发生变化，也不溶于任何有机溶剂。聚四氟乙烯具有较宽的使用温度范围，为−195～250℃。聚四氟乙烯是较软的固体，在压力下容易发生变形，因此适合于封装固体电极，而且聚四氟乙烯具有强烈的憎水性，电解液不易渗入，因而具有良好的密封性。有机玻璃，化学名为聚甲基丙烯酸甲酯（PMMA）。PMMA 具有良好的透光性，易于机械加工。在稀溶液中稳定，浓氧化性酸和浓碱中不稳定，在丙酮、氯仿、二氯乙烷、乙醚、四氯化碳、醋酸乙酯及醋酸等很多有机溶剂中可溶。作为电解池材料，PMMA 只能用于低于 70℃ 的场合。电解池的设计要遵循如下设计要点：

① 电解池的体积要适当，同时要选择适当的研究电极面积和溶液体积之比。在多数的

电化学测量中，需要保证溶液本体浓度不随反应的进行而改变，这时就要采用小的工作电极面积和溶液体积之比；在某些测量中，如电解分析中，为了在尽可能短的时间内使溶液中的反应物电解反应完毕，则应使用足够大的研究电极面积和溶液体积之比。

② 工作电极体系和辅助电极体系之间可用磨口活塞或烧结玻璃隔开，以防止辅助电极产物对被测体系的影响；当工作体系和辅助体系的溶液不同时，也应采用适当的隔离措施。但是，这些措施会增大电解池的电阻，增高电解池的电压。

③ 电化学测量常常需要在一定的气氛中进行，如通入惰性气体以除去溶解在溶液中的氧气，或者氢电极、氧电极的测量需通入氢气和氧气。此时，电解池须设有进气管和出气管。进气管的管口通常设在电解池底部，并可接烧结玻璃板，使通入的气体易于分散，在溶液中达到饱和；出气管口常可接水封装置，以防止空气进入。有时溶液需要充分的搅动，可采用电磁搅拌，也可靠通入的气体进行搅拌。

图 7-13 是一类常用的电解池，称为 H 型电解池。工作电极、辅助电极和参比电极各自处于一个电极管中，所以也称为三池电解池。工作电极和辅助电极间用多孔烧结玻璃板隔开，参比电极通过 Luggin 毛细管同研究体系相连，毛细管管口靠近工作电极表面。三个电极管的位置可做成以研究电极管为中心的直角，这样有利于电流的均匀分布和进行电势测量，并且也可以把电解池稳妥地放置。如果工作电极采用平板状电极，则其背面必须绝缘，这样才能保证表面电流的均匀分布。工作电极和辅助电极的塞子可用磨口玻璃塞[如图 7-13(a)]或橡胶塞、特氟龙塞[如图 7-13(b)]。

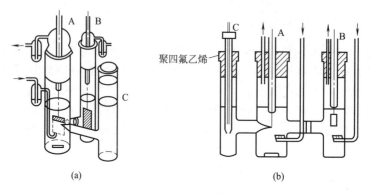

图 7-13   H 型电解池

A—工作电极；B—参比电极；C—辅助电极

第八章

电解和库仑分析法

电解分析法和库仑分析法是化学电池中有较大电流流过的电化学分析方法。当电流通过化学电池时，就必须在电极表面发生氧化-还原反应，即产生电解。按进行电解后所采用的计量方式的不同，可将这类方法区分为电解分析法和库仑分析法。电解分析法和库仑分析法所用的化学电池是将电能转变为化学能的电解池。其测量过程是在电解池的两个电极上，外加一定的直流电压，使电解池中的电化学反应向着非自发的方向进行，电解质溶液在两个电极上分别发生氧化还原反应，此时电解池中有电流通过。

电解分析法是通过称量在电解过程中，沉积于电极表面的待测物的质量为基础的电分析方法，又称电重量法。电解分析法也可作为一种离子分离的手段。实现电解分析的方式有三种：控制外加电压电解、控制阴极电位电解和恒电流电解。

库仑分析法的基本原理与电解分析法相似。它是通过测量在电解过程中，待测物发生氧化还原反应所消耗的电量为基础的电化学分析方法。库仑分析法不一定要求待测物在电极上沉积，但要求电流效率为 100%。实现库仑分析的方式有恒电位库仑分析和恒电流库仑分析。

电解分析法与库仑分析法还有一个共同的特点，即在分析工作中无须应用基准物质和标准溶液。

第一节　电解分析法

一、电解过程

1. 电解分析基本装置

在电解池的两个电极上，加一直流电压，使电解池中有电流通过，在两个电极上便发生电极反应，而引起物质的分解。阳极使用螺旋状 Pt 并旋转（使生成的气体尽量扩散出来），阴极使用网状 Pt（大的表面），电极通过导线分别与直流电源的正、负两极相连接，构成如图 8-1 所示的电解分析的基本装置。

为使电极反应向非自发方向进行，外加电压应足够大，以克服电池的反电动势。通常将两电极上产生迅速的连续不断的电极反应所需的最小电压称为理论分解电压，因此理论分解电压即电池的反电动势。由于电池回路的电压降和阴、阳极的极化所产生的超电位 η，使得实际上的分解电压要比理

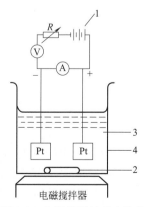

图 8-1　电解分析的基本装置

1—直流电源；2—磁子；

3—被测溶液；4—电解池

论分解电压大。使电解反应按一定速率进行所需的实际电压称为实际分解电压。

2. 恒电流电解分析法

恒电流电解分析法也简称为恒电流电解法，它是在恒定的电流条件下进行电解，然后称量电极上析出物质的质量来进行分析测定的一种电重量方法。

电解时，通过电解池的电流是恒定的。在实际工作中，一般控制电流为 0.5～2A。随着电解的进行被电解的测定组分不断析出，在电解液中该物质的浓度逐渐减小，电解电流也随之降低，此时可增大外加电压以保持电流恒定。

恒电流电解法的主要优点是仪器装置简单，测定速度快，准确度较高，方法的相对误差小。该方法的准确度在很大程度上决定于沉积物的物理性质。电解析出的沉积物必须牢固地吸附于电极的表面，以防在洗涤、烘干和称量等操作中脱落散失。电解时电极表面的电流密度越小，沉积物的物理性质越好。电流密度越大，沉积速度越快。为能得到物理性能好的沉积物，不能使用太大的电流，并应充分搅拌电解液，或使电解物质处于配位状态，以便控制适当的电解速度，改善电解沉积物的物理性能。

恒电流电解法的主要缺点是选择性差，只能分离电动序中氢以上与氢以下的金属。电解时氢以下的金属先在阴极上析出，当这类金属完全被分离析出后，再继续电解就析出氢气，所以在酸性溶液中电动序在氢以上的金属就不能析出。加入去极剂可以克服恒电流电解选择性差的问题。如在电解 Cu^{2+} 时，为防止 Pb^{2+} 同时析出，可加入 NO_3^- 作去极剂。因为 NO_3^- 可先于 Pb^{2+} 析出。

3. 控制电位电解分析法

在实际电解分析工作中，阴极和阳极的电位都会发生变化。当试样中存在两种以上离子时，随着电解反应的进行，离子浓度将逐渐下降，电池电流也逐渐减小，此时第二种离子亦可能被还原，从而干扰测定。应用控制外加电压的方式往往达不到好的分离效果。较好的方法是控制工作电极（阴极或阳极）电位为一恒定值的方式进行电解。

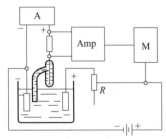

图 8-2　控制阴极电位电解装置
A—辅助电极；Amp—放大；
M—可逆电机

控制阴极电位电解装置如图 8-2 所示。它与恒电流电解不同之处，在于它具有测量和控制阴极电位的装置。在电解过程中，阴极电位可用电位计或电子毫伏计准确测量，并且通过变阻器 R 来调节加于电解池的电压，使阴极电位保持为一定值，或使之保持在某一特定的电位范围之内。

在控制电位电解过程中，被电解的只有一种物质，随着电解的进行，该物质在电解液中的浓度逐渐减小，因此电解电流也随之越来越小。当该物质被电解完全后，电流就趋近于零，可以此作为完成电解的标志。

控制电位电解法的主要特点是选择性高，可用于分离并测定 Ag（与 Cu 分离）、Cu（与 Bi，Pb，Ag，Ni 等分离）、Bi（与 Pb，Sn，Sb 等分离）、Cd（与 Zn 分离）等。

4. 汞阴极电解法

上述电解分析的阴极都是以 Pt 作阴极，如果以 Hg 作阴极即构成所谓的 Hg 阴极电解法。因 Hg 密度大，用量多，不易称量、干燥和洗涤，因此只用于电解分离，而不用于电解分析。汞阴极电解法与通常以铂电极为阴极的电解法相比较，主要有以下特点。

① 可以与沉积在 Hg 上的金属形成汞齐，更易于分离；

② H_2 在 Hg 上的超电位较大，扩大了电解分析的电压范围；

③ Hg 相对密度大，易挥发除去。

这些特点使得该法特别适合用于分离。

二、超电位

当有电流通过电极时，导致电极的实际电位偏离平衡（可逆）电位。这一偏离值称为超电位（或过电位），用符号 η 表示。根据电极极化规律，即阳极越来越正，阴极越来越负及习惯上 η 为正值，则有：

$$\eta_c = E_c^r - E_c$$
$$\eta_a = E_a - E_a^r$$

式中，η_c，η_a 分别为阴、阳两极的超电位；E_c^r，E_a^r 分别为阴、阳两极的可逆电位；E_c，E_a 分别为阴、阳两极的析出电位（或称实际电位，由于有电流通过电解质溶液发生的电解反应，通常在两极伴有金属的析出或气体单质的产生，所以习惯称电极的不可逆电位为析出电位）。由上式可见，超电位是表征电极实际电位偏离平衡态的情况，亦即超电位数值的大小反映电极极化的强弱程度。

电极极化主要有化学极化和浓差极化，它们与电极反应速率和浓度梯度有关，分别产生活化超电位和浓差超电位。

① 浓差极化　和溶液中离子的迁移速率相比，电极反应速率是比较快的。随着电解反应的进行，阳离子在阴极上还原沉积，导致阴极附近溶液层中阳离子数目减少，浓度迅速降低。如果溶液中的离子不能及时扩散到电极表面补充阳离子的减少，则阴极表面参加电极反应的阳离子浓度就要小于溶液主体中浓度，形成浓度梯度。电极电位取决于电极表面附近的阳离子活（浓）度，根据能斯特方程式，电极电位值要偏离平衡电位值，向更负方向移动，这种现象称为浓差极化。由浓差极化产生的超电位称为浓差超电位。阳极也有浓差极化，但通常比阴极极化小，而且极化后的电极电位高于平衡电位。浓差极化可通过增大电极表面积、减小电流密度、提高温度、搅拌溶液等方法减小。

② 电化学极化　许多电极反应是分步进行的，反应速率有限。当外加电压加到电极上时，若电流密度足够大，单位时间内提供电荷的数量相当多。如果电极反应不快，电极表面的所有电量不能被及时交换，导致电极上聚集了比平衡状态更多的电荷。若电极表面积累了过多的正电荷，阳极电位则向更正方向移动；若电极表面积累了过多的自由电子，则阴极电位向更负方向移动，导致电极电位偏离平衡电位。这种由于电极反应速率慢造成的极化现象称为电化学极化。只有增加外加电压，消耗更多的电能，克服反应活化能，才能使电解反应继续进行。电化学极化产生的超电位称为活化超电位。

电极的超电位是浓差超电位、电化学超电位及欧姆电位降之和，即有：

$$\eta = \eta_{浓差极化} + \eta_{电化学极化} + \eta_{欧姆极化}$$

由于影响超电位（即引起电极极化）的因素很多，其中一些是无法预计及控制的，所以对于各类超电位的数值从理论上加以计算（即给出普适的超电位定量计算式）较困难，目前只是对氢超电位可采用 Tafel（塔菲尔）公式近似计算。

对超电位的应用研究大多数是基于对超电位的实验测定。测定超电位实际上是测定在有电流流过电极时的电极电位。采用图 8-3 所示装置，即采用参比电极、辅助电极和待测电极的"三电极法"，便可以得到不同电流密度下的超电位，通过电流对电极电位（或超电位）作图，得到极化曲线（在电流作用下，电极的析出电位随电流改变而变化的曲线），如图 8-4 所示。

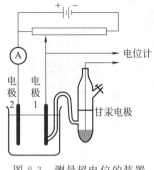

图 8-3　测量超电位的装置

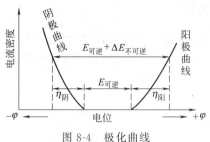

图 8-4　极化曲线

从电极极化曲线并根据经验得出以下结论：

① 通常超电位随电流密度的增大而增大。

② 超电位与电极材料有关，如氢超电位在 Sn、Pb、Zn、Ag、Hg 等金属电极上很显著，尤其是汞电极；Fe、Co、Cu 等金属居中；Pt、Pd 等稀土金属很低。

③ 产物为气体的电极反应过程，超电位一般较大（特别是氢超电位、氧超电位）；而金属离子放电析出金属的超电位较小。

④ 温度升高，超电位将降低。

探讨电解产物的产生机理有助于认识超电位随电流（或电流密度）变化的定量关系式，现以氢超电位为例作简要阐述。

迟缓放电理论和复合理论均认为阴极电解产物氢气的产生均经历了以下 5 个步骤：

① 氢离子从本体溶液向极区附近扩散；

② 氢离子从极区向电极上转移；

③ 电极上氢离子的放电；

④ 吸附在电极上的原子 H 化合为 H_2；

⑤ H_2 从电极上扩散到溶液内或形成气泡逸出。

超电位的理论研究及测试在电化学分析中十分重要。例如，电位分析、电解分析与库仑分析、极谱分析等均涉及超电位。

超电位在电化学工业中亦广泛涉及。超电位的存在致使电解时需要多消耗能量，从这个角度讲是不利的，为此选择电解电极时，常权衡超电位及金属材料价格而合理取舍；但从另一角度而言，超电位的存在使某些本来在氢之后才能从阴极上还原的金属离子，也能顺利地在阴极上优先放电，电解法精炼铜及制备银即是如此；利用气体产物超电位较大的特点，可以通过控制外加电压对溶液中的重金属离子（如 Cu^{2+}，Cd^{2+}，Ni^{2+}，Pb^{2+}，Ag^+ 和 Hg^{2+} 等）实现高纯度的分离（如可使溶液中残余离子的浓度不超过 10^{-22} mol/L）。另外，由于氢超电位较大，在电化学工业生产中产生吸氢作用，可避免电极析氢而导致材料表面因气泡引起不均匀的现象。

对于不同的电极材料，其氢超电位不同。例如，采用氢超电位较高的 Pb、Zn、Cu、Sn 作阴极，不管溶液是酸性还是碱性，硝基苯的电解产物都是苯胺；而以 Ag、C、Ni 作阴极，中性溶液时的主要产物为苯胺，酸性溶液时电解产物则是对氨基苯酚等，由此可根据需要合理选择或适当更换电极和调节电解液的酸碱性。这种对传统热分解工艺改进的电解工艺，既利于环保，又易于操作，且工艺简单。

三、电解液的选择

实验表明，很多金属离子在阴极还原过程中的电位及生成物的性质都与阴离子有关，尤其是极化能力不高的阴离子的影响十分显著。例如在高氯酸盐溶液变为氨磺酰溶液时，铅离子在阴极上的沉积超电位会大大降低。若变更阴离子时，超电位按如下次序降低：

$$PO_4^{3-} > NO_3^- > SO_4^{2-} > ClO_2^- > NHSO_3^- > Cl^- > Br^- > I^-$$

溶液的酸度对电解过程也有影响。首先，一般来讲，金属离子在阴极上析出时，超电位随 H^+ 浓度的增高而增大，因此对析出物的质量有直接影响。其次，酸度对析出物的物理性质也有影响。溶液的 pH 值大时，阴极上析出的金属有可能被溶液中的溶解氧所氧化，从而降低了析出物的纯度。另外，pH 值大，溶液呈碱性，许多金属离子易形成氢氧化物沉淀，也影响析出物的纯度。若 pH 值小，溶液中 H^+ 浓度高，有可能发生 H_2 与金属同在阴极上析出，带来干扰。

四、无机物的电解分析和分离

1. 自来水中的重金属（Cr，Mn，Cu，Zn，Cd 和 Pb）离子

① 电解条件　电解电压为 2～15V。

② 电解阴极　高纯铝棒。

③ 检测方法　激光诱导击穿光谱。

④ 分析性能　线性范围 1～1000μg/L。

⑤ 检测限（μg/L）　　Cr，0.317；Mn，0.176；Cu，1.162；Zn，1.35；Cd，0.787；Pb，0.570。

2. 大米和水中 Cd

① 电解条件　连续流动电化学氢化物生成电解池，恒电流电解（电流密度 0.04A/cm²)，电解液为 0.03mol/L 醋酸。

② 电解阴极　Pt，Ti 箔和石墨。

③ 检测方法　原子荧光光谱。

④ 检测限　0.15ng/mL。

3. Sn

① 电解条件　电化学氢化物生成电解池，电解液为 0.1mol/L H_2SO_4，根据阴极材料改变电解电流（Pt>0.5A，Au>0.6A，Ag>0.2A，玻碳>0.4A，Cd>0.6A，Hg-Ag>0.4A）。

② 电解阴极　Pt，Au，玻碳，Cd，Hg-Ag，Pb。

③ 检测方法　原子吸收光谱。

④ 检测限　检测限与阴极材料有关。Pt，19ng/mL；Au，18ng/mL；玻碳，17ng/mL；Cd，11ng/mL。

4. Hg

① 电解条件　电化学氢化物生成电解池，电解条件（0.7A，16V），电解液为 2mol/L H_2SO_4。

② 电解阴极　碳纤维。

③ 检测方法　原子荧光光谱。

④ 检测限　0.3ng/mL。

第二节　库仑分析法

一、库仑分析法的基本原理

库仑分析法是在适当条件下测量被测物电解反应所消耗的电量，并根据法拉第电解定律计算被测物质的量的一种电化学法。由于库仑分析是基于电量的测定，因此测定过程中要求电极反应的电流效率达到或接近100％。如果电流效率较低，只要知道确切数值，也可用于测定，但要求损失的电量具有重现性。

1. 初级库仑分析法和次级库仑分析法

在库仑分析中，根据被测物在电极上直接或间接进行的电极反应，可以分为初级库仑分析和次级库仑分析。

（1）初级库仑分析法　凡是由被测物中电活性组分不断电转化所消耗的电量来进行定量分析的，称为初级库仑分析。

（2）次级库仑分析法　凡是通过被测物和某一辅助试剂的电极反应产物进行定量化学反应过程中所消耗的电量来测定被测物含量的，称为次级库仑分析。

初级库仑分析中只要求电极反应定量进行，次级库仑分析中不但要求电极反应定量发生，而且要保证次级反应定量进行，次级库仑分析中应用了一般的酸碱反应、氧化还原反应以及沉淀和配合物的形成反应。

2. 控制电流库仑分析法和控制电位库仑分析法

根据电解进行的方式不同，可将库仑分析分为控制电流库仑分析法（或称为恒电流库仑滴定）和控制电位库仑分析法。前者是建立在控制电流电解过程的基础上，后者是建立在控制电位电解过程的基础上。

（1）控制电流库仑分析法　也称为恒电流库仑滴定法，用恒电流电解，在溶液中产生滴定剂（称为电生滴定剂）以滴定被测物来进行定量分析的方法。

（2）控制电位库仑分析法　在电解过程中，将工作电极电位调节到一个所需要的数值并保持恒定，直到电解电流降到零，由库仑计记录电解过程中所消耗的电量，由此计算出被测物的含量。

3. 法拉第电解定律

库仑分析法定量的依据是法拉第电解定律，包括两方面内容。

① 电解时，在电极上析出物质的质量与电解消耗的电量成正比。

② 通过相同电量时，在电极上所需析出的各种产物的质量，与它们的摩尔质量成正比。

$$m \propto Q$$

$$\frac{m}{M/n} = \frac{Q}{F} = \frac{it}{F}$$

$$m = \frac{it}{F} \times \frac{M}{n}$$

式中　m——在电极上电解析出物质的质量，g 或 mg；

$\quad\ i$——电解时通过电极的电流强度，A 或 mA；

$\quad\ t$——电解的时间，s；

$\quad Q$——电解过程中消耗的电量，C；

F——法拉第常数，即电解 1mol 物质所消耗的电量，96485C/mol；

M——被测物质的摩尔质量，g/mol；

n——电解过程中物质的电子得失数。

对于一定的电解过程，只要测量了电解过程中所消耗的电量，根据上式，即可求出物质的量。

应用法拉第电解定律时，必须保证电解时电流效率为 100%。即通过电解的电量全部用于析出待测物质，而无其他副反应。

4. 电流效率的影响因素及消除方法

根据法拉第电解定律，库仑分析的电流效率应为 100%，但实际中常因电极上的副反应而影响电流效率，主要有以下影响因素。

（1）溶剂参与电极反应消耗电量　电解一般是在水溶液中进行，水会参与电极反应而被电解，消耗一定的电量。

$$H_2O - 2e^- \xrightarrow{\hspace{1cm}} \frac{1}{2}O_2 \uparrow + 2H^+$$

$$2H^+ + 2e^- \xrightarrow{\hspace{1cm}} H_2 \uparrow$$

水的电化学氧化或还原反应受电解质溶液 pH 和电位的影响。因此，可通过控制适宜的电解电位和溶液的 pH 而防止水的电解。

（2）杂质的电解消耗电量　试剂中的杂质或样品中的共存物质参与电解而消耗电量。可通过选择适宜纯度的试剂、提纯试剂或做空白试验扣除，也可对试液中的干扰物质进行分离或掩蔽。

（3）溶解氧的电解还原消耗电量　电解溶液的溶解氧可在阴极上发生还原反应，生成 H_2O_2 或 H_2O。

$$O_2 + 2H^+ + 2e^- \xrightarrow{\hspace{1cm}} H_2O_2$$

$$\frac{1}{2}O_2 + 2H^+ + 2e^- \xrightarrow{\hspace{1cm}} H_2O$$

因此，在工作电极为阴极时，可事先向电解溶液中通惰性气体（如高纯 N_2 等）15min 以上驱除 O_2。必要时可在分析过程中始终维持电解池内的 N_2 气氛。也可在中性或弱碱性溶液中加入 Na_2SO_3，通过其与氧的化学反应来除氧。

（4）电极参与反应消耗电量　惰性电极（如 Pt 电极）氧化电位很高，不易被氧化，电极电位高于 1.2V 时仍很稳定。但当电解质溶液中有配位剂（如大量卤素离子）存在时，会与溶解的微量的铂离子生成很稳定的配合物，使铂电极的氧化电位降至 0.7V，而使铂电极本身发生氧化，产生电极副反应，而降低电流效率。防止的方法是改变电解溶液的组成或更换电极（如石墨电极）。

（5）电解产物的副反应消耗电量　在有些情况下，一个电极上的产物与另一个电极上的产物反应，而影响电流效率。可用多孔陶瓷、玻砂或盐桥将两电极隔开，避免两电极上的产物发生副反应。有时电极反应产物与溶液中某物质发生反应，可更换其他电解液而解决。

二、控制电流库仑滴定法

1. 控制电流库仑滴定法基本原理

控制电流库仑分析法又称恒电流库仑分析法或库仑滴定法。该方法是以恒定的电流通过电解池，以 100% 的电流效率电解，在工作电极上产生一种物质（即电生滴定剂）滴定被测物质，用指示剂法、电位法或永停终点法等确定滴定终点，准确测量通过电解池的电流强度和从电解开始到电生滴定剂与待测组分完全反应的时间，根据法拉第电解定律计算被测物质的含量。

2. 库仑滴定装置

库仑滴定装置如图 8-5 所示，是由电解系统和终点指示系统两部分组成。

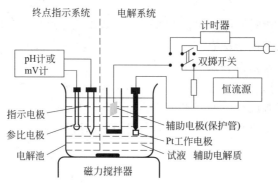

图 8-5　库仑滴定装置示意图

电解系统提供数值已知的恒电流，产生滴定剂并准确记录从电解开始到电生滴定剂与待测组分完全反应（即滴定终点）的电解时间，由恒电流源、电解池、电子计时器等部件组成。

恒电流源的作用是提供恒定的直流电，电流一般为 1～20mA，不超过 100mA，可用直流稳压器，也可用几个串联的 45VB 电池。

电解池（又称库仑池或滴定池）由被测溶液和辅助电解质、工作电极和辅助电极、通 N_2 除 O_2 的通气口组成。工作电极直接插入电解液中，电解产生滴定剂。辅助电极即对电极，与工作电极组成电解池。有些情况下，辅助电极的产物会与工作电极的产物反应，如测定碱时，Pt 对电极（阴极）上产生 OH^-，将与 Pt 工作电极（阳极）上产生的 H^+ 发生副反应，影响了电流效率。为了避免两电极上的产物发生副反应，干扰滴定反应而影响测定结果，需将辅助电极与工作电极隔开。

计时器采用的是精密电子计时器，利用双掷开关可以同时控制电子计时器和电解电路，使电解和计时同步进行，也可用秒表计时。为了保证测量准确度，电解时间一般控制在 100～200s 为宜。

终点指示系统用于指示滴定终点的到达，可用指示剂法和电位法或电流法等电化学方法指示滴定终点，具体装置由终点指示方法而定。使用电化学法指示终点时，池内要安装指示电极，此方法的特点是易于实现自动化。

3. 库仑滴定剂的产生

库仑滴定剂的产生方法有三种，即内部电生滴定剂法、外部电生滴定剂法和双向中间体电生滴定剂法。

（1）内部电生滴定剂法　是将辅助电解质直接加入被测溶液中，在被测溶液内部电解产生滴定剂的方法。该方法是在待测溶液中加入大量的辅助电解质，以允许在较高的电流条件下电解，而缩短分析时间，是目前常用的电生滴定剂的方法。

（2）外部电生滴定剂法　是将滴定系统和电生滴定剂系统分开，用恒电流通过外部发生池中的辅助电解质溶液，电解产生滴定剂后，再引入滴定池中进行滴定。当电生滴定剂的电极反应和滴定反应不能在同一溶液中进行，或被测溶液中的某些组分会与辅助电解质同时在工作电极上发生电解反应时，可选用此方法产生滴定剂。

（3）双向中间体电生滴定剂法（库仑返滴定法）　先在一定条件下电解产生过量的第一种滴定剂，使其与被测物质定量反应；然后改变条件电解产生第二种滴定剂，让其与剩余的第一种滴定剂反应。两次电解消耗的电量之差即为滴定被测物质所需的电量。当以库仑返滴定法测定被测物质时，需要在不同的条件下分别电解产生两种滴定剂，因而又称双向中间体电生滴定剂法。当滴定反应速率较慢时，可采用此方法产生滴定剂。

4. 终点指示方法

（1）指示剂法　此方法是在被测溶液中加入指示剂，利用指示剂颜色的突变指示终点的到达。例如，测定 S^{2-} 时，加入辅助电解质 KBr，以甲基橙为指示剂，其相关反应为

$$工作电极（阳极）\quad 2Br^- - 2e^- =\!=\!= Br_2（滴定剂）$$

$$辅助电极（阴极）\quad 2H_2O + 2e^- =\!=\!= H_2\uparrow + 2\boxed{OH^-}（用半透膜与阳极隔开）$$

$$滴定反应\quad Br_2 + S^{2-} \xrightarrow{\text{甲基橙（中性/弱酸性）}} S\downarrow + 2\,Br^-$$

化学计量点后，过量的 Br_2 使甲基橙褪色，以指示滴定终点到达。

（2）电位法　库仑滴定中随着滴定的不断进行，待测组分的浓度不断变化，如果插入合适的指示电极，其电极电位也随之而变化。到达化学计量点时，指示电极的电位会发生突变，从而指示滴定终点的到达。因此，可以根据滴定反应的类型，在电解池中插入合适的指示电极和参比电极，以高输入阻抗直流毫伏计或酸度计测量电动势或 pH 的变化，以指示滴定终点的到达。

例如，以 Na_2SO_4 为电解质，铂阴极作工作电极，铂阳极为辅助电极，pH 玻璃电极为指示电极，甘汞电极为参比电极指示滴定终点，利用库仑滴定法测定溶液中醋酸的含量，其相关反应为

$$工作电极（阴极）\quad 2H_2O + 2e^- \longrightarrow H_2\uparrow + 2\,OH^-（滴定剂）$$

$$辅助电极（阳极）\quad H_2O - 2e^- \longrightarrow \frac{1}{2}O_2\uparrow + 2\boxed{H^+}$$

$$滴定反应\quad CH_3COOH + OH^- \longrightarrow CH_3COO^- + H_2O$$

根据酸度计上的 pH 的突跃可指示滴定终点的到达。

（3）永停终点法　其装置如图 8-6 所示。在两支大小相同的 Pt 电极上施加 $50\sim200\text{mV}$ 的小电压，并串联灵敏的检流计，如此只有在电解池中可逆电对的氧化态和还原态同时存在时，指示系统回路中才有电流通过，而电流的大小取决于氧化态与还原态浓度的比值。当滴定到达终点时，由于可逆电对的产生或消失，使终点指示回路中的电流迅速增大或减小，引起检流计指针或数值的突变，以指示终点的到达。

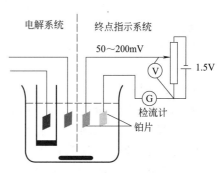

图 8-6　永停终点法装置示意图

以滴定过程检流计电流 i 对相应的电解时间 t 作图，可得永停滴定曲线。几种典型的永停滴定曲线如图 8-7 所示。

在图 8-7（a）中，化学计量点前溶液中存在着可逆电对，化学计量点时可逆电对消失，电流突然降为零。化学计量点后溶液中存在的是不可逆电对，电流一直为零。例如用 $Na_2S_2O_3$ 滴定 I_2 时，其滴定反应为

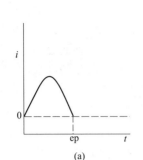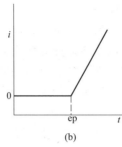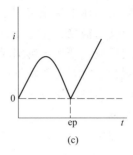

图 8-7　几种典型的永停滴定曲线

$$2S_2O_3^{2-} + I_2 \Longrightarrow 2I^- + S_4O_6^{2-}$$

化学计量点前滴定生成的 I^- 与剩余的 I_2 构成了可逆电对 I_2/I^-，化学计量点时 I_2 被滴定完全，I_2/I^- 可逆电对消失，电流突然降至零，而指示滴定终点的到达。化学计量点后，过量的 $S_2O_3^{2-}$ 与滴定生成的 $S_4O_6^{2-}$ 构成的是不可逆电对 $S_4O_6^{2-}/S_2O_3^{2-}$，电流一直为零。

在图 8-7（b）中，化学计量点前溶液中存在着不可逆电对，而没有可逆电对，电流一直为零。化学计量点时，微过量的滴定剂使可逆电对突然产生，电流突然增大。例如，电解 KBr 溶液产生 Br_2 滴定溶液中的 AsO_3^{3-} 时，其滴定反应为

$$Br_2 + AsO_3^{3-} + H_2O \Longrightarrow 2Br^- + AsO_4^{3-} + 2H^+$$

化学计量点前滴定生成 AsO_4^{3-} 与剩余的 AsO_3^{3-} 组成了不可逆电对 AsO_4^{3-}/AsO_3^{3-}，电流一直为零。化学计量点时，微过量的 Br_2 与 Br^- 构成了可逆电对，电流突然增大，而指示滴定终点的到达。

在图 8-7（c）中，化学计量点前溶液中存在着一种可逆电对，化学计量点时其可逆电对消失，电流突降至零。化学计量点后，新的可逆电对突然产生，电流突然增大。例如用电生 Ce^{4+} 滴定 Fe^{2+} 时，滴定反应为

$$Fe^{2+} + Ce^{4+} \Longrightarrow Fe^{3+} + Ce^{3+}$$

化学计量点前溶液存在可逆电对 Fe^{3+}/Fe^{2+}，化学计量点时 Fe^{3+}/Fe^{2+} 可逆电对消失，电流突然降为零，随后过量的滴定剂 Ce^{4+} 又产生可逆电对 Ce^{4+}/Ce^{3+}，电流又突然上升，以指示滴定终点的到达。

5. 库仑滴定法特点

相对于化学滴定分析法，库仑滴定法有许多独特的优点。

① 取样量少，且由于时间和电流都可准确测量，其准确度和精密度都较高，检出限可达 10^{-7} mol/L，既能测定常量物质，又能测定痕量物质。

② 无需配制标准溶液，消除了因使用标准溶液所引起的误差。有些物质本身不稳定或浓度难以保持恒定，如 Sn^{2+}、Cl_2、Br_2 等，在化学滴定分析中不能配成标准溶液，但在库仑滴定中可通过电解产生，而不受其稳定性的影响。

③ 不需测量滴定剂的体积，因而不存在此方面的测量误差。

④ 易于实现自动化。由于库仑滴定过程的电流和电解时间都可通过仪表精确测量，容易实现自动检测，适合进行动态的流程控制分析。

⑤ 应用广泛，可用于各类滴定方法，测定很多无机物和有机物，尤其适合于测定化学

滴定分析中用作基本标准的化学试剂。应用实例见表 8-1。

表 8-1　库仑滴定法应用实例

被测物质	工作电极极性	工作电极反应	电生滴定剂
酸	阴极	$2H_2O + 2e^- \Longrightarrow H_2\uparrow + 2OH^-$	OH^-
碱	阳极	$H_2O - 2e^- \Longrightarrow \frac{1}{2}O_2\uparrow + 2H^+$	H^+
Cl^-、Br^-、I^-、SCN^-、硫醇等	阳极	$Ag - e^- \Longrightarrow Ag^+$	Ag^+
Cl^-、Br^-、I^-、S^{2-} 等	阳极	$2Hg - 2e^- \Longrightarrow Hg_2^{2+}$	Hg_2^{2+}
Ca^{2+}、Cu^{2+}、Pb^{2+}、Zn^{2+} 等	阴极	$HgNH_3Y^{2-} + NH_4^+ + 2e^- \Longrightarrow Hg$ $+ 2NH_3 + HY^{3-}$	HY^{3-}
As(Ⅲ)、I^-、SO_3^{2-}、Fe^{2+}、不饱和脂肪酸等	阳极	$2Cl^- - 2e^- \Longrightarrow Cl_2$	Cl_2
As(Ⅲ)、Sb(Ⅲ)、U(Ⅳ)、Tl^+、Cu^+、I^-、H_2S、SCN^-、N_2H_2、NH_2OH、NH_3、硫代乙醇酸、8-羟基喹啉、苯胺、酚、芥子气、水杨酸等	阳极	$2Br^- - 2e^- \Longrightarrow Br_2$	Br_2
As(Ⅲ)、Sb(Ⅲ)、$S_2O_3^{2-}$、S^{2-}、水分（卡尔·费休法）等	阳极	$2I^- - 2e^- \Longrightarrow I_2$	I_2
Fe^{2+}、Ti(Ⅲ)、U(Ⅳ)、As(Ⅲ)、I^-、$Fe(CN)_6^{4-}$、氢醌等	阳极	$Ce^{3+} - e^- \Longrightarrow Ce^{4+}$	Ce^{4+}
Fe^{2+}、As(Ⅲ)、$C_2O_4^{2-}$ 等	阳极	$Mn^{2+} - e^- \Longrightarrow Mn^{3+}$	Mn(Ⅲ)
MnO_4^-、VO_3^-、CrO_4^{2-}、Br_2、Cl_2、Ce^{4+} 等	阴极	$Fe^{3+} + e^- \Longrightarrow Fe^{2+}$	Fe^{2+}
Fe^{3+}、V(Ⅴ)、Ce(Ⅳ)、U(Ⅳ)、偶氮染料等	阴极	$TiO^{2+} + 2H^+ + e^- \Longrightarrow Ti^{3+} + H_2O$	Ti^{3+}
Ce^{4+}、CrO_4^{2-} 等	阴极	$UO_2^{2+} + 4H^+ + 2e^- \Longrightarrow U^{4+} + 2H_2O$	U^{4+}
V(Ⅴ)、CrO_4^{2-}、IO_3^- 等	阴极	$Cu^{2+} + 3Cl^- + e^- \Longrightarrow CuCl_3^{2-}$	$CuCl_3^{2-}$
Zn^{2+} 等	阴极	$Fe(CN)_6^{3-} + e^- \Longrightarrow Fe(CN)_6^{4-}$	$Fe(CN)_6^{4-}$

案例分析 8-1　库仑滴定法测定硫代硫酸钠的浓度

一、原理

在酸性介质中，以 0.1mol/L KI 在 Pt 阳极上电解产生"电生滴定剂" I_2 来滴定 $S_2O_3^{2-}$，其滴定反应式为：

$$I_2 + 2S_2O_3^{2-} \Longrightarrow S_4O_6^{2-} + 2I^-$$

用永停法指示终点。由电解时间和通入的电流强度，按法拉第电解定律计算 $Na_2S_2O_3$ 浓度。

二、仪器与试剂

① 制恒电流库仑滴定装置一套或商品库仑计；

② 铂片电极（4 支）；

③ 秒表；

④ KI 溶液，0.1mol/L。

三、测定内容与操作步骤

（1）清洗 Pt 电极　用热的 $w(HNO_3) = 10\%$ 溶液浸泡 Pt 电极几分钟，先用自来水冲洗，再用蒸馏水冲干净后待用。

（2）连接仪器装置　Pt 工作电极接恒流源的正端；Pt 辅助电极接负端，并将它安装在玻璃套管中。

（3）调节仪器进行预"滴定"

① 在电解池中加入 5mL 0.1mol/L KI 溶液，放入搅拌子，插入 4 支 Pt 电极并加入适量蒸馏水使电极恰好浸没，玻璃套管中也加入适量 KI 溶液。

② 以永停终点法指示终点，并调节加在 Pt 指示电极上直流电压约 50～100mV。

③ 开启库仑滴定仪恒电流源开关，调节电解电流为 1.00 mA，此时 Pt 工作电极上有 I_2 产生，回流中有电流显示（若使用检流计则其光点开始偏转），此时立即用滴管滴加几滴稀 $Na_2S_2O_3$ 溶液，使电流回至原值（或检流计光点回至原点）并迅速关闭恒电流源开关，这一步骤能将 KI 溶液中的还原性杂质除去，称为"预滴定"。仪器调节完毕可进行库仑滴定测定。

（4）$Na_2S_2O_3$ 试液的测定　准确移取未知 $Na_2S_2O_3$ 溶液 1.00mL 于上述电解池中，开启恒电流源开关，库仑滴定开始，同时用秒表记录时间，直至电流显示器上有微小电流变化（或检流计光点慢慢发生偏转），立即关恒电流源开关，同时记录电解时间，至此完成一次测定。接着可进行第二次测定。重复测定三次。

四、注意事项

① 保护管内应放 KI 溶液，使 Pt 电极浸没。

② 每次测定都必须准确移取试液。

五、数据处理

① 按下式计算 $Na_2S_2O_3$ 浓度（mol/L）

$$c(Na_2S_2O_3) = \frac{it}{96485V}$$

式中，电流 i，mA；电解时间 t，s；试液体积 V，mL。

② 计算浓度的平均值和标准偏差。

三、控制电位库仑分析法

1. 控制电位库仑分析法基本原理

控制电位库仑分析法又称恒电位库仑分析法，即控制工作电极（阴极）为恒定的电位（即待测物质的析出电位），使被测物质以 100％ 的电流效率进行电解。随着电解的进行，由于被测物质在电极上不断地还原，其浓度不断减小，电流也随之下降，当电解电流趋于零时，表明待测物质已电解完全，此时停止电解。利用串联在电解电路中的库仑计，测量从电解开始到待测组分电解完全所消耗的电量，由法拉第电解定律可计算出被测物质的含量。

2. 测量装置

控制电位库仑分析法装置如图 8-8 所示，是由电解池、库仑计和电极电位控制仪组成。常用的工作电极有铂、银、汞或碳电极等。

3. 电量的测量

控制电位库仑分析法的电量可用库仑计法、电子积分仪法等测量。

（1）库仑计法　控制电位库仑分析中，测量电量的库仑计有多种，如氢-氧库仑计、银库仑计和化学库仑计等。

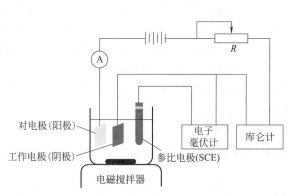

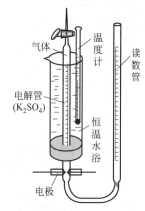

图 8-8　控制电位库仑分析装置示意图　　　　图 8-9　氢-氧库仑计示意图

①　氢-氧库仑计（属于气体库仑计）　是依据电解过程中产生的氢-氧混合气体的体积测定电量的，其结构如图 8-9 所示。将装有 0.5mol/L K_2SO_4 溶液的电解管（上面带有旋塞）置于恒温水浴中，电解管与读数刻度管用橡胶管联接。电解前，打开电解管的旋塞，准确读取读数管的读数，关闭旋塞。在管下方焊有两支 Pt 片电极，串联在电解回路中。电解时，两 Pt 电极上分别发生下列反应，产生 H_2 和 O_2。

$$阳极反应 \qquad 2H_2O - 2e^- = \frac{1}{2}O_2 \uparrow + 2H^+$$

$$阴极反应 \qquad 2H^+ + 2e^- = H_2 \uparrow$$

电解产生的 O_2 和 H_2 会使读数管的液面上升。电解前后读数管的液面之差即为电解析出 H_2 和 O_2 混合气体的体积。由电极反应式及气体定律可知，在标准状况（即 273K，760mmHg 压力）下，通过 1 库仑（即 1C）电量可产生 0.1741mL 混合气体。如果将测得的混合气体体积换算为标准状况下的体积 V(mL)，则电解所消耗的电量 Q 为

$$Q = \frac{V}{0.1741}$$

气体库仑计能准确测量 10C 以上的电量，测量误差约为 0.1%，操作简单，是最常用的库仑计。

②　重量库仑计　主要有银库仑计、钼库仑计、铜库仑计、汞库仑计等，常用的是银库仑计。银库仑计的结构如图 8-10 所示。

以铂坩埚为阴极，银棒为阳极，用多孔瓷管将两电极分开，铂坩埚内盛有 $1 \sim 2$mol/L 的 $AgNO_3$ 溶液。串联到电解回路中，电解时发生如下反应

$$阴极反应 \qquad Ag^+ + e^- = Ag$$
$$阳极反应 \qquad Ag - e^- = Ag^+$$

电解前后铂坩埚的增重即为析出银的质量 m(Ag)，由此可计算所消耗的电量。即

$$Q = \frac{m(Ag)}{107.87} \times 96485$$

③　化学库仑计（也称滴定库仑计）　其结构如图 8-11 所示，烧杯内盛有 0.03mol/L KBr 和 0.2mol/L K_2SO_4 溶液。电解时的电极反应为

$$阳极反应 \qquad Ag + Br^- - e^- = AgBr$$

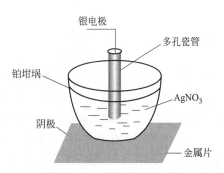

图 8-10　银库仑计示意图

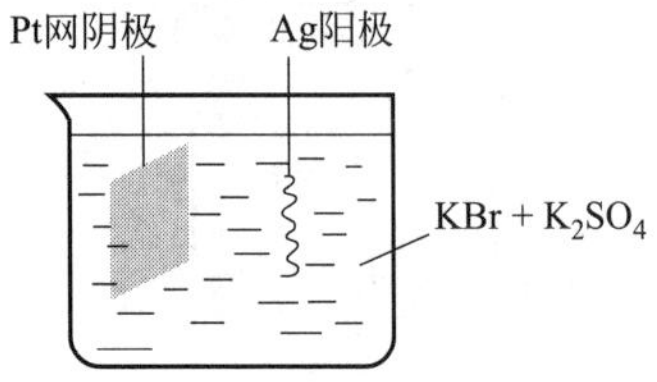

图 8-11　化学库仑计示意图

阴极反应　　$2H_2O + 2e^- === 2OH^- + H_2\uparrow$

电解结束后，用标准酸溶液滴定电解生成的 OH^-，由滴定消耗标准酸溶液的物质的量，可计算出电解消耗的总电量。

（2）电子积分仪法　是采用电子线路进行电流对时间的积分而设计的，可直接由表头读出电解过程中消耗的电量。非常方便，精确度可达 $0.01\sim0.001\mu C$。

4. 分析过程

① 预电解，去除电活性杂质　通 N_2 数分钟除氧。在加入试样前，不接通库仑计，先在较测定时约小 $0.3\sim0.4V$ 的阴极电位下进行预电解，直到电流降至一个很小的数值（即达到背景电流）。

② 在不切断电流情况下，将一定体积的试样溶液加入到电解池中，接通库仑计电解。当电解电流降低到背景电流时停止电解。由库仑计记录的电量计算待测物质的含量。

5. 控制电位库仑分析法的特点

① 灵敏度高、选择性好，可用于测定多种金属离子及卤素离子。用于微量甚至痕量分析，可测定 μg 级的物质，误差为 $0.1\%\sim0.5\%$。

② 可用于电极反应生成物不是同价态物质的测定。例如铁（Ⅱ）在一定的电位下转变为 Fe（Ⅲ）来测定 Fe（Ⅱ）。

③ 可用于电极反应机理研究，如测定电极反应电子转移数、扩散系数等。

④ 测量电量而非称量，所以可用于溶液中均相电极反应或电极反应析出物不易称量物质的测定，对有机物测定和生化分析及研究上有较独特的应用。

⑤ 仪器构造相对较为复杂，杂质及背景电流影响不易消除，电解时间长。

6. 应用

① 恒电位库仑分析法的应用广泛。在无机元素分析中，可应用于五十多种元素的测定和研究，如氢、氧、卤素等非金属元素，锂、钠、铜、银、金、铂等金属元素，以及镭、钢和稀土元素，在放射性元素铀和钍的分析中应用更多。

② 还可以测定一些阴离子如 AsO_3^{3-} 等。

③ 在有机物及生化分析中应用很广，如三氯乙酸、血清中尿酸等的测定。

四、微库仑分析法

1. 微库仑分析装置及测定原理

微库仑分析法（又称动态库仑分析法），与库仑滴定法相似，利用电生滴定剂来滴定被测物质，不同之处在于微库仑分析输入的电流不是恒定的，而是随被测物质含量大小自动调节。

微库仑分析法，其装置是由滴定池、电解系统和放大器组成的"零平衡"式闭环负反馈系统，分析原理如图 8-12 所示。

（1）滴定池（或称电解池）　是微库仑分析仪的心脏，由电解质溶液和两对电极组成。一对电极（即指示电极和参比电极）构成原电池，指示滴定终点的到达；另一对是电解电极（即工作电极和辅助电极），电解产生滴定剂。在进样前，滴定池内的电解质（如 KI 等）溶液先电解生成了一定浓度的微量滴定剂（如 I_2 等），指示电极的电极电位为一定值，其与参比电极间电位差即电池的电动势 $E_{指}$ 也为一定值。调节偏压源的偏压 $E_{偏}$ 与 $E_{指}$ 大小相等，方向相反，两者之差 $\Delta E = 0$，即处于"零平衡"状态。此时，电路中放大器的电流输入和输出均为零。当试样进入电解池后，由于试样中的被测组分与电生滴定剂发生滴定反应，滴

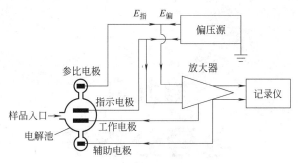

图 8-12 微库仑分析原理示意图

定剂的浓度降低，而使 $E_偏$ 与 $E_指$ 的差值 $\Delta E \neq 0$。此时，库仑放大器有电压输出而施加到电解电极对上，使电解电极产生相对应的电流，从而使工作电极开始电解产生滴定剂，以补充滴定被测组分消耗的滴定剂，直至被测组分滴定完全，滴定剂的浓度恢复至初始浓度，ΔE 也随之恢复为零，以指示滴定终点的到达，电解自动停止。由进样后到恢复"零平衡"状态电解消耗的电量，根据法拉第电解定律计算被测组分的含量。

（2）裂解管和裂解炉 样品中的待测组分（如 S、N、Cl 等）必须先通过裂解反应，使待测组分转化为能与电生滴定剂反应的物质，才能进行测定。裂解反应要在石英裂解管（需用高温管式裂解炉加热）中进行。裂解方法有两种，即氧化法和还原法。氧化法是样品中的待测组分与 O_2 混合燃烧生成氧化物（如 C、H 转化为 CO_2、H_2O，S 转化为 SO_2、SO_3，N 转化为 NO、NO_2，P 转化为 P_2O_5）后进入滴定池。还原法是于裂解管中，在镍或钯的催化作用下，样品中的待测组分被 H_2 还原（如 C、H 还原为 CH_4、H_2O，S 还原为 H_2S，N 还原为 NH_3、HCN，P 还原为 PH_3）后进入滴定池。

（3）进样器 对于液体样品多采用微量注射器进样，裂解管入口处有耐热的硅橡胶垫密封供进样用。气体样品可用压力注射器，固体或黏稠液体样品可用样品舟进样。

（4）微库仑放大器 是一个电压放大器，其放大倍数在数十倍至数千倍间可调。由指示电极对产生的信号与外加偏压反向串联后加到库仑放大器的输入端，放大器输出端加到滴定池的电解电极对上，使之产生对应的电流流过滴定池，电解产生出滴定剂。微库仑放大器的输出同时输入到记录仪数据处理器上。

（5）记录仪和积分仪 微库仑放大器的输出信号可用记录仪记录，记录的电流-时间曲线所包围的面积即为消耗的电量，可用电子积分仪积分曲线所包围的面积（见图 8-13），结果以数字显示。

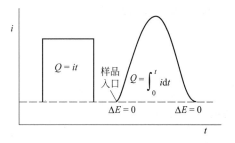

图 8-13 微库仑分析电流-时间曲线

2. 微库仑分析特点

① 与库仑滴定法和控制电位库仑分析法不同，微库仑分析中，其电位和电流都不是恒定的，而是根据被测物质浓度变化而变化，故又称为动态库仑分析法，可用电子技术进行自动调节。

② 微库仑分析法灵敏、快速、选择性好，适用于微量和痕量分析，如石油化工分析中对有机溶剂、聚合级烯烃等的微量水分析，有机物中微量硫、氮、卤素、氧等元素的测定，大气监测等。

第九章

电导分析法

电导分析法最先应用于测定电解质溶液的溶度积、解离度和其他一些特性。由于溶液的导电性取决于溶液中所有共存离子的导电性的总和，所以，这种分析方法不具有专属性。对于复杂物质中各组分的分别测定受到相当的限制。但电导法是一种简单方便而且十分灵敏的分析方法，至今仍保留着在某些方面的应用，例如：水质纯度的检验、用做色谱分析的检测器等。

容量分析中，使用电导指示滴定终点的滴定方法叫做"电导滴定法"。电导滴定法的准确度较高，并且能用于较简单的混合物中各个分量的测定。高频电导滴定允许电极不接触溶液，测定溶液的高频电导或介电常数，避免被测溶液受到污染，使用上也更为方便。

第一节　电导分析的基本原理

一、电导与电导率

所有物质都能在一定程度上导电，通常把有导电能力的物质称为导体。按导体的载流子的不同，可将导体分为两大类：

第一类导体为电子导体，它是依靠电子的定向流动而导电的。例如：金属导体（电线、电缆）、某些金属氧化物、石墨等都是属于此类导体。

第二类导体为离子导体（又可称为电解质导体），它是借助离子在电极作用下的定向移动进行导电的，这类导体主要包括以水或非水作溶剂的电解质溶液和固体电解质。

电子导体的导电能力一般来讲要比离子导体大得多，例如金属银的导电能力要比硝酸银溶液的导电能力大 100 倍。不同电解质溶液的导电能力也有很大的差别，例如一些有机溶剂的电解质溶液，其导电能力约为以水为溶剂的电解质溶液的 1/10。

对于电解质溶液导电的通路可由电阻和电容组成的等效电路来表示。图 9-1 表示电导池，图 9-2 为其等效电路。图中 R_1 和 R_2 表示导线电阻（通常可以忽略），C_1 和 C_2 为电极

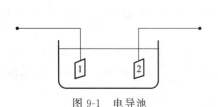

图 9-1　电导池

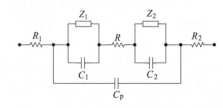

图 9-2　电导池等效电路

的双电层电容，C_p 为两极间的电容，R 为两极间溶液的电阻，当有电极反应时，Z_1 和 Z_2 相当于两电极上的法拉第阻抗。直流电是不能通过电容器的。因此，若在此电路上施加一较小的直流电压，如果尚不能引起电极反应，则除瞬时电流外，不会有直流电流通过。在较高电压下，引起电极反应时，将有电流通过 Z 和 R。由于电极反应引起溶液中离子浓度发生改变，所以直流电不适用于电导分析。

如果两电极上通交流电压，则有交流电流通过 R，C_1 和 C_2 同时也有电流通过 C_p（C_p 一般很小，容抗较大）。使用镀有海绵状铂黑的电极时，电极的导电面积大增，其电容量也增大，所以 C_1 和 C_2 是交流电的良好通道。当外加电压还未达到能使 Z 上发生电极反应所需电压之前，它们早已能导电了，因而整个电导池的电阻主要取决于 R。电导分析本质是测定溶液的电阻。

表征导体导电能力大小的物理量称为电导，用符号 G 表示，它与导体的电阻（R）互为倒数关系。根据欧姆定律有：

$$G = \frac{1}{R} = \frac{I}{V}$$

式中，I 为通过导体的电流；V 为电极两极间的电位差。

在给定条件下（如温度、压力等），电阻 R 不仅取决于构成导体的材料，而且还与导体的形状、大小有关。若导体为均匀的棒状，其横截面积为 A，长度为 l，则其纵向电阻为

$$R = \rho \frac{l}{A}$$

式中，ρ 为比例系数，称为电阻率，其倒数用 κ 表示；$\frac{l}{A}$ 为电导池常数，用符号 θ 表示。将上述二个公式代入可得

$$G = \frac{1}{R} = \kappa \frac{A}{l}$$

式中，κ 为比例系数，称为电导率，其物理意义为：当 $A = 1m^2$，$l = 1m$ 时立方液体柱（单位体积导体）所具有的电导。

电导的单位为西门子，用符号 S 或 Ω^{-1} 表示；电导率的单位为 S/m（西/米）。

电解质溶液的电导率不仅与电解质的本性、溶剂的性质以及温度有关，而且与溶液的浓度有关。因为在不同的浓度下，$1m^3$ 的溶液内所含的正、负离子的数目是不同的。电解质溶液的电导率和浓度的关系如图 9-3 所示。由图可知，几种常见的电解质溶液的电导率曲线都有一个极大点。这是因为随着溶液浓度的增大，单位体积内离子数目增大，使溶液的电导率随着增大，但当浓度增大到一定值的时候，因为离子间的相互作用力增强，或者是电解质的解离度降低，导致电导率下降。

二、摩尔电导率和极限摩尔电导率

为了比较不同电解质溶液的导电能力，引入了摩尔电导率。摩尔电导率的定义是：两块平行的大面积电极相距 1m 时，它们之间有 1mol 的电解质溶液，此时该体系所具有的电导，称为该溶液的摩尔电导率，用符号 Λ_m 表示。它与电导率的关系为

$$\Lambda_m = \kappa V$$

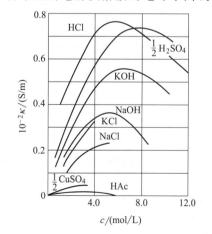

图 9-3　溶液电导率与浓度的关系

式中，V 为含 1mol 电解质溶液的体积。

若溶液中物质浓度为 c（mol/m^3），将 $V = 1/c$ 代入上式有：

$$\Lambda_m = \frac{\kappa}{c}$$

Λ_m 的单位是 S·m^2/mol。

电解质溶液的摩尔电导率与浓度的关系如图 9-4 所示。由图可知，摩尔电导率随电解质溶液浓度的增大而下降。由于弱电解质在溶液中主要以分子形式存在，解离产生的离子数量很少，当溶液浓度增大时，电离度随之迅速降低，摩尔电导率迅速下降，故图中醋酸溶液的下降曲线与其他强电解质的有所不同。图 9-5 表示了一些电解质的 Λ_m 与 $\sqrt{c}$ 的关系，把图中曲线外推到 $\sqrt{c}$ 等于零处，此时的摩尔电导率的数值就是该电解质的极限摩尔电导率，用符号 $\Lambda_{0,m}$ 表示。由于 $\Lambda_{0,m}$ 不再随浓度而改变，因此它可作为各种电解质在水溶液中电导能力的特征常数。弱电解质溶液的 $\Lambda_{0,m}$ 值很难由实验作图精确测定，但可借助于离子独立运动定律来计算。

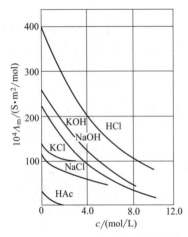

图 9-4　溶液摩尔电导率与浓度的关系

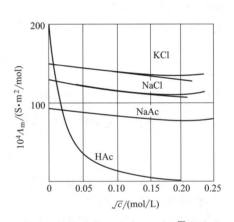

图 9-5　溶液摩尔电导率 Λ_m 与 $\sqrt{c}$ 的关系

表 9-1 列举了一些电解质溶液的极限摩尔电导率，在溶液无限稀释情况下，离子间相互作用力最小，摩尔电导率达到最大值。

表 9-1　一些电解质的极限摩尔电导率（298 K）　　　　　　单位：S·m^2/mol

电解质	$10^4\Lambda_{0,m}$	电解质	$10^4\Lambda_{0,m}$
HCl	423.2	NaOH	248.4
NaCl	123.5	CH$_3$COOH	390.7
KNO$_3$	145.0	CH$_3$COONa	90.0

在无限稀释的溶液中，电解质的摩尔电导率为正离子和负离子摩尔电导率之和。离子独立运动定律也说明，在无限稀释的溶液中，正离子和负离子的电导都只决定于离子的本性，不受共存的其他离子的影响。因此在温度和溶剂一定时，只要溶液无限稀释，同一种离子的极限摩尔电导率是一个定值。若已知离子的极限摩尔电导率，便可以利用这个定律计算弱电解质的极限摩尔电导率。

三、盐的摩尔电导率和阳离子迁移数

在电解质溶液中，各自离子所带的总电荷是相等的，但是它们的极限摩尔电导率有所不同。这是由于各自的离子运动快慢是不相同的，对于同一离子来说，电场强度改变时，离子的移动速率（v）也不一样。该速率与电位梯度（电场强度）成正比，可以表示为：

$$v = u\frac{E}{L}$$

比例系数 u 是电位电场强度下离子的移动速率，称为离子迁移率或离子淌度，它反映了离子的运动特性。在无限稀释的溶液中，离子淌度可用 u_0 表示，称为离子的极限淌度或绝对淌度。

在电解质完全电离的情况下，离子淌度和摩尔电导率之间有如下关系：

$$\Lambda_m = (u_+ + u_-)F$$

式中，u_+ 和 u_- 分别表示正、负离子的淌度；F 为法拉第常数。

由上式可知，摩尔电导率随浓度的变化以及正、负离子摩尔电导率的差异都是由 u_+ 和 u_- 的差异所产生的。

此外，电解质溶液中正、负离子是不能够单独存在的，所以单独的离子摩尔电导率（λ_+ 和 λ_-）是无法直接测量得到的。一种电解质，由于它的正、负离子的迁移速率不同，对电导的贡献也不尽相同。用离子的迁移数 t 来表示正、负离子各自导电的份额或导电的百分数，用 t_+ 和 t_- 表示，显然：

$$t_+ = \frac{\lambda_+}{\Lambda_m}$$

$$t_- = \frac{\lambda_-}{\Lambda_m}$$

表 9-2 中的数据大于 1 的值是摩尔电导率（Λ_m），小于 1 的值是阳离子迁移数（t_+）。它们之间的关系为

表 9-2　25℃时部分盐的摩尔电导率和阳离子迁移数

浓度 /(mol/L)	0	0.0005	0.001	0.005	0.01	0.02	0.05	0.0	0.2
AgNO$_3$	133.36	131.36	130.51	127.20	124.76	121.41	115.24	109.14	—
	0.4643	—	—	0.4648	0.4652	0.4664	0.4682		—
BaCl$_2$	139.98	135.96	134.34	128.02	123.94	119.09	111.48	105.19	—
CaCl$_2$	135.84	131.93	130.36	124.25	120.36	115.65	108.47	102.46	—
	0.4380	—	—	0.4264	0.4220	0.4140	0.4060	0.3953	
CuSO$_4$	133.6	121.6	115.26	94.07	83.12	72.20	59.05	50.58	—
HCl	426.16	422.74	421.36	415.80	412.00	407.24	399.09	391.32	—
	0.8209	—	—	—	0.8251	0.8226	0.8292	0.8314	0.8337
KBr	151.9			146.09	143.43	140.48	135.68	131.39	—
	0.4849	—	—	—	0.4833	0.4832	0.4831	0.4833	0.4841
KHCO$_3$	118.00	116.10	115.34	112.24	110.08	107.22	—	—	—

注：灰色背景的数据为离子迁移数，其余为摩尔电导率。

$$\Lambda_m = \frac{1000}{c} \times \frac{Q}{R} = \lambda_+ + \lambda_-$$

式中，Q 为电池常数；R 是浓度为 c 的溶液经溶剂校正后所测量的电阻；λ_+ 和 λ_- 分别为阳离子和阴离子的离子摩尔电导率。与阳离子迁移数（t_+）有如下关系。

$$t_+ = \frac{\lambda_+}{\Lambda_m} = 1 - \lambda_-$$

由上式可以计算得到阴离子迁移数及其相应的离子摩尔电导率。

例如，表中 0.01mol/L $AgNO_3$ 的数据是"124.76；0.4648"，即表示在 0.01mol/L 浓度下 $\Lambda_m(AgNO_3) = 124.76$，$t(Ag^+) = 0.4648$。根据上式可得 NO_3^- 迁移数 $t(NO_3^-) = 1 - 0.4648 = 0.5352$；$Ag^+$ 和 NO_3^- 的离子摩尔电导率分别为

$$\lambda(Ag^+) = 0.4648 \times 124.76 = 57.99(S \cdot m^2/mol)$$
$$\lambda(NO_3^-) = 0.5352 \times 124.76 = 66.77(S \cdot m^2/mol)$$

第二节　电导滴定分析

一、基本原理和滴定装置

电导滴定是电导测定与容量分析法相结合的分析方法。电导滴定法根据滴定过程中，那些能引起离子浓度变化的反应，如生成水、难解离的化合物或沉淀等反应，都能使溶液的电导在等当点出现转折，电导滴定曲线的转折点用于指示滴定终点。化学反应可以是中和反应、配位反应、沉淀反应和氧化还原反应。

电导滴定要求反应物和生成物之间离子的淌度有较大的改变，因为溶液中每一种离子都对溶液的电导有影响，因此必须消除干扰离子的影响，才能实现主反应离子电导变化的准确测定。电导滴定不需要知道电导池常数，只须记录溶液在滴定过程中的电导变化即可。这种方法的另一特点是不用指示剂，对有色溶液和沉淀反应都能得到较好的效果。滴定过程中应该注意保持温度恒定。

电导滴定装置主要由电导率仪、电极、滴定管和电磁搅拌装置组成。

二、滴定终点的确定方法

滴定分析过程中，伴随着溶液离子浓度和种类的变化，溶液的电导也发生变化，利用被测溶液电导的突变可以指示滴定终点。

例如，以 C^+D^- 滴定 A^+B^-，设反应式为

$$C^+ + D^- + A^+ + B^- =\!=\!= AD + C^+ + B^-$$

强电解质的电导滴定曲线如图 9-6 所示。

滴定开始前，溶液的电导由 A^+、B^- 所决定。从滴定开始到化学计量点之前，溶液中 A^+ 逐渐减少，而 C^+ 逐渐增加。这一阶段的溶液电导变化取决于 Λ_{A^+} 和 Λ_{C^+} 的相对大小。当 $\Lambda_{A^+} > \Lambda_{C^+}$ 时，随着滴定的进行，溶液电导逐渐降低；当 $\Lambda_{A^+} < \Lambda_{C^+}$ 时，溶液电导逐渐增加；当 $\Lambda_{A^+} = \Lambda_{C^+}$ 时，溶液电导恒定不变。在化学计量点后，由于过量 C^+ 和 D^- 的加入，溶液的电导明显增加。电导滴定曲线中两条斜率不同的直线的交点就是化学计量点。

有弱电解质参加的电导滴定情况要复杂一些，但确定滴定终点的方法是相同的。

电导滴定时，溶液中所有存在的离子，无论是否参加反应，都对电导值有影响。因此，

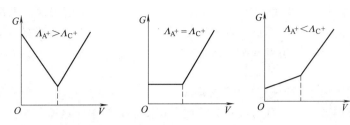

图 9-6　强电解质的电导滴定曲线

为使测量准确可靠，试液中不应含有不参加反应的电解质。为避免在滴定过程中产生稀释作用，所用标准溶液的浓度常十倍于待测溶液，以使滴定过程中溶液的体积变化不大。

对于滴定突跃很小或有几个滴定突跃的滴定反应，电导滴定可以发挥很大作用，如弱酸弱碱的滴定、混合酸碱的滴定、多元弱酸的滴定以及非水介质的滴定等。

三、电导滴定法在分析测试中的应用

1. 强酸强碱滴定

强碱滴定强酸的情况以 NaOH 滴定 HCl 为例加以说明。其反应为

$$H^+ + Cl^- + Na^+ + OH^- \rule[0.5ex]{1.5em}{0.4pt} Na^+ + Cl^- + H_2O$$

图 9-7 为用 NaOH 滴定 HCl 的电导滴定曲线。图中下降部分代表溶液中尚存的 HCl 和已形成的 NaCl 的电导。上升部分代表到达终点后，过量的碱和 NaCl 的电导。两条线段的交点即为滴定终点。

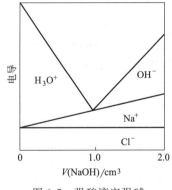

图 9-7　强酸滴定强碱

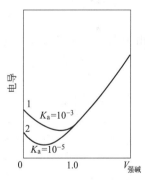

图 9-8　强碱滴定弱酸

滴定过程中 Na^+ 不断取代 H^+，H^+ 的淌度比 Na^+ 的淌度大得多，因此在化学计量点前，溶液的电导不断下降。化学计量点后，随着过量的 NaOH 的加入，OH^- 和 Na^+ 浓度都在不断增大，溶液电导也随着增大，因而滴定曲线上出现上升情况。在化学计量点处溶液具有纯的 NaCl 的电导，这时，由于 H^+ 的淌度略大，终点的 pH 值会比 7 大。在强碱强酸相互滴定中，通常采用指示剂或电位法指示终点，因此强碱滴定强酸一般不用电导滴定法，但对于较稀的强酸溶液或强酸混合溶液的测定，特别是滴定有水解离子存在的强酸，采用电导滴定法是很有利的。

2. 弱酸（弱碱）的滴定

用强碱分别滴定解离常数 K_a 为 10^{-3} 和 10^{-5} 的两种弱酸时，滴定曲线如图 9-8 中 1 和

2 所示。滴定开始后由于受弱酸解离平衡的控制，使滴定过程中所形成的弱酸盐中阴离子抑制着弱酸的解离，溶液的电导降低。随着滴定剂的不断加入，非电导性的弱酸逐渐被导电性的盐所代替，溶液电导由极小点开始逐渐增大到化学计量点。然后由于强碱过量，电导值又迅速增大。

酸碱电导滴定可用于滴定极弱的酸或碱（$K = 10^{-10}$），如硼酸、苯酚、对苯二酚等，也能用于滴定弱酸或弱碱盐。在普通滴定分析或电位滴定分析中，这些都是无法进行的，它是电导滴定的一大优点。

3. 混合酸（碱）滴定

对于各种混合酸体系，当两种酸的解离常数相差 10 倍以上时，终点就可以测定出来。例如对于盐酸和醋酸混合溶液，可以用 NaOH 或 $NH_3 \cdot H_2O$ 溶液分别滴定盐酸和醋酸的含量。

在多元酸的滴定中，如 H_2CO_3 的滴定，由于第二个化学计量点受 CO_3^{2-} 水解的影响很不明显，滴定时需加入适量的沉淀剂（Ca^{2+}），使之与 CO_3^{2-} 作用生成 $CaCO_3$ 沉淀。

4. 沉淀、配位、氧化还原滴定

沉淀反应也可以用来进行电导滴定。如 10^{-4} mol/L 的 SO_4^{2-} 可在 50% 的甲醇溶液中用 0.1mol/L 的 $Ba(Ac)_2$ 进行滴定。沉淀滴定时滴定剂中的离子与待测离子生成难溶化合物，从而使溶液的电导发生显著变化。

沉淀滴定的误差来自电极的沾污、吸附和共沉淀等。减少这类误差的办法与一般沉淀分析法类似。

配位反应用于电导滴定的实例也较多，例如用 EDTA 滴定有色溶液或浑浊溶液中水的总硬度（Ca^{2+}，Mg^{2+} 总量），当用铬黑 T 作指示剂时，终点很难定。改用电导滴定法便可实现准确滴定，其反应过程是：

$$M^{2+} + Na_2H_2Y \Longrightarrow 2Na^+ + MY^{2-} + 2H^+$$

由于 H^+ 的淌度较大，从上式可知在化学计量点前后电导值会有明显改变。但这类滴定不能在酸碱缓冲溶液中进行。因为在酸碱缓冲溶液中会使化学计量点前溶液的 H^+ 浓度保持稳定不变，结果导致电导无明显变化。

EDTA 电导滴定与一般采用指示剂的 EDTA 配位滴定比较，前者有利于较稀的滴定体系。因为稀溶液的离子强度低，形成的配合物稳定，使电导滴定时电导变化转折更明显。

氧化还原反应能引起电导发生较大改变，因此也可以应用于电导滴定。如：

$$AsO_3^{3-} + I_2 + 3H_2O \Longrightarrow AsO_4^{3-} + 2I^- + 2H_3O^+$$

可见溶液中的离子总浓度在反应前后发生了较大改变，必然引起电导值的相应变化。滴定过程中电导迅速上升，化学计量点后电导不再发生改变。

电导滴定常用于比较稀的溶液，为了防止稀释效应，一般要求滴定剂的浓度高于被测样品浓度的 10～20 倍。

案例分析 9-1　电导滴定法测定盐酸溶液和乙酸溶液的浓度

一、原理

在一定温度下，电解质溶液的电导率与溶液中的离子组成和浓度有关，而滴定过程中系统的离子组成和浓度都在不断变化，因此可以利用电导率的变化来指示反应终点。电导滴定法是利用滴定终点前后电导率的变化来确定终点的滴定分析方法。

用 NaOH 滴定 HCl 的反应为：

$$H^+ + Cl^- + Na^+ + OH^- \Longrightarrow Na^+ + Cl^- + H_2O$$

H^+ 和 OH^- 的电导率都很大，Na^+、Cl^- 及产物 H_2O 的电导率都很小。在滴定开始前由于 H^+ 浓度很大，所以溶液的电导率很大；随着 NaOH 的加入，溶液中的 H^+ 不断与 OH^- 结合成电导率很小的 H_2O，因此在理论终点前，溶液的电导率不断下降。当达到理论终点时溶液具有纯 NaCl 的电导率，此时电导率为最低。当过量的 NaOH 加入后，溶液中 OH^- 浓度不断增大，因此溶液的电导率随 NaOH 的加入而增大。其电导滴定曲线如图 9-7 所示，由滴定曲线的转折点即可确定滴定终点。

用 NaOH 滴定 HAc 的反应式为：

$$HAc + Na^+ + OH^- \Longrightarrow Na^+ + Ac^- + H_2O$$

其电导滴定曲线如图 9-8 所示。HAc 的解离度不大，因而未滴定前 H^+ 和 Ac^- 的浓度较小，电导率很低；滴定刚开始时，电导率先略有下降，这是因为少量 NaOH 加入后 H^+ 与 OH^- 结合为电导率很小的 H_2O，生成的 Ac^- 产生同离子效应使得解离度减小。随着滴定的不断进行，非电导的 HAc 浓度逐渐减小，Na^+、Ac^- 浓度不断增大。故溶液的电导率由极小点不断增加至理论终点，但增加得较为缓慢。理论终点后 NaOH 过量，溶液中电导率很大的 OH^- 浓度不断增加，因此电导率迅速增加。由滴定曲线的转折点即可确定滴定终点。

二、仪器与试剂

① DDS-11A 型电导仪。

② DJS-1 型铂黑电极。

③ 0.1000mol/L NaOH 溶液。

④ 0.01mol/L HAc 溶液。

⑤ 0.01mol/L HCl 溶液。

三、操作步骤

（1）开启电导仪 装好电导池，按（DDS-11A 型）电导仪的使用方法开启电导仪。

（2）测定

① 用移液管移取 50.00mL 待测 HCl 溶液于一干净 200mL 烧杯中，加入 50mL 去离子水，充分搅拌后，将电导电极插入溶液中，测此时溶液电导率，待读数稳定后记录数据。然后用滴定管加入 NaOH 标准溶液，每加 0.50mL 充分搅拌后，测定并记录溶液的电导率，当溶液电导率由减小转为开始增大后，再测 4～5 个点即可停止。

② 用移液管移取 50.00mL 待测 HAc 溶液于干净的 200mL 烧杯中，加入 50mL 去离子水，测定步骤与测 HCl 的电导滴定法相同，当溶液电导率由缓慢增加转为显著增加后，再测 4～5 个点即可停止。

实验完毕，用去离子水冲洗电极，将电极浸泡在去离子水中。

四、数据处理

（1）数据记录

① **NaOH 滴定 HCl 溶液**

$V(NaOH)/mL$													
$\kappa/(mS/m)$													

② **NaOH 滴定 HAc 溶液**

$V(NaOH)/mL$													
$\kappa/(mS/m)$													

（2）计算浓度　分别以 κ 对 $V(\text{NaOH})$ 作图，求得滴定终点时所消耗 NaOH 标准溶液体积 $V_终$，计算 HCl 和 HAc 溶液的物质的量浓度。

第三节　应用实例

一、弱电解质的解离度和解离常数的测定

设电解质为 AB 型（即 1-1 型），起始浓度为 c，它只有部分电离，解离度（电离度）为 α，此时电解质的摩尔电导率为 Λ。在无限稀释的溶液中可认为它是全部电离的，溶液的摩尔电导率为 Λ^{∞}，可用离子的极限摩尔电导率相加而得。假定离子淌度随浓度的变化可忽略不计，则解离度 α 可用下式表示。

$$\alpha = \frac{\Lambda}{\Lambda^{\infty}}$$

$$\text{AB} \Longrightarrow \text{A}^{+} + \text{B}^{-}$$

起始时　　　　　　　　　c　　　　0　　　0
平衡时　　　　　　　$c(1-\alpha)$　　$c\alpha$　　$c\alpha$
平衡常数为

$$K_c = \frac{c_{\text{A}+}c_{\text{B}-}}{c_{\text{AB}}} = \frac{(c\alpha)^2}{c(1-\alpha)}$$

根据上述两公式，可得

$$K_c = \frac{c\Lambda^2}{\Lambda^{\infty}(\Lambda^{\infty} - \Lambda)}$$

也可写作

$$\frac{1}{\Lambda} = \frac{1}{\Lambda^{\infty}} + \frac{c\Lambda}{K_c(\Lambda^{\infty})^2}$$

若以 $\dfrac{1}{\Lambda}$ 对 $c\Lambda$ 作图，截距即为 $\dfrac{1}{\Lambda^{\infty}}$，根据直线的斜率可求得 K_c。

二、难溶盐的溶解度和溶度积的测定

难溶盐在水中的溶解度很小，其浓度用普通的滴定方法不能测定，但电导法是一种很好的测定难溶盐溶解度的方法。设难溶盐（MA）在溶剂中的饱和溶液的浓度为 c（即其溶解度），测定其饱和溶液的电导率，由于溶液极稀，溶剂的电导率不能忽略，因而，

$$\kappa_{(\text{MA})} = \kappa_{(\text{溶液})} - \kappa_{(\text{溶剂})}$$

摩尔电导率为

$$\Lambda(\text{MA}) = \frac{\kappa(\text{MA})}{c}$$

由于难溶盐的溶解度很小，溶液极稀，可以认为 $\Lambda \approx \Lambda^{\infty}$，而 Λ^{∞} 可由离子摩尔电导率相加而得，根据上式可以求得难溶盐的饱和溶液浓度 c，从而可计算其溶解度和溶度积。

三、反应速率常数的测定

某些化学反应有 H^{+} 和 OH^{-} 参与，由于这两种离子的淌度比较大，它们参与的反应电导变化明显，可以用测量溶液电导率的方法测定反应速率常数。

例如，乙酸乙酯的皂化反应

$$CH_3COOC_2H_5 + NaOH \Longrightarrow CH_3COONa + C_2H_5OH$$

起始时 $\qquad\qquad c \qquad\qquad c \qquad\qquad 0 \qquad\qquad 0$

t 时 $\qquad\qquad c-x \qquad c-x \qquad x \qquad\qquad x$

这个双分子反应的反应速率为

$$\frac{\mathrm{d}x}{\mathrm{d}t} = k(c-x)(c-x)$$

积分得

$$kt = \frac{x}{c(c-x)}$$

反应在较稀的水溶液中进行，可以认为 CH_3COONa 是全部电离的。利用测量溶液电导率的方法可以求算 x 值的变化。在反应过程中，Na^+ 反应前后浓度不变，OH^- 的淌度比 CH_3COO^- 大得多，随着时间的增加，OH^- 不断减少，体系的电导值不断下降，电导值的减小量和 CH_3COONa 浓度 x 的增大量成正比。

$$x = K(G_0 - G_t)$$
$$c = K(G_0 - G_\infty)$$

式中，G_0 为起始电导值，G_t 为 t 时的电导值，G_∞ 为 $t \to \infty$ 反应终了时的电导值，K 为比例常数。

根据上述公式，可得

$$ckt = \frac{G_0 - G_t}{G_t - G_\infty}$$

测定 G_0、G_t、G_∞ 的值，利用 $(G_0 - G_t)/(G_t - G_\infty)$ 对 t 作图，根据直线的斜率和 c 可以求得反应速率常数 k。

第四节　自动连续监测

一、水质监测

检验实验室用水（蒸馏水或去离子水）、天然水矿化度、工厂企业用水以及环境污染等方面的连续监测，电导率往往是一项重要指标。从离子独立运动定律不难知到，电解质越多，溶液的电导率越高。水的电导率反映水中存在电解质的总含量的大小。由于水解离产生 H^+ 和 OH^-，25℃时其电导率的理论值应为 5.5×10^{-8} S/cm，普通蒸馏水的电导率 κ 约为 1×10^{-5} S/cm，重蒸馏水和去离子水的 κ 值可小于 1×10^{-6} S/cm。水中盐分的含量对海水而言称为盐度，以％来表示，可根据电导率值进行计算。电导法还可以用于测定土壤中可溶盐分的总量。

二、大气监测

SO_2 与 H_2O 反应生成亚硫酸，其中一部分解离而生成亚硫酸根离子与氢离子，呈导电性。

$$SO_2 + H_2O \Longrightarrow H_2SO_3$$
$$H_2SO_3 \Longrightarrow 2H^+ + SO_3^{2-}$$

将水与试样气体以一定比例接触后，通过测定水吸收 SO_2 后溶液电导的增加，可以连续地知道试样气体中 SO_2 的浓度。

也可以采用酸性 H_2O_2 溶液来吸收 SO_2，吸收后电导有明显变化

$$SO_2 + H_2O_2 =\!=\!= SO_4^{2-} + 2H^+$$

可用 Ag_2SO_4 固体除去 H_2S，$KHSO_4$ 溶液除去 HCl，草酸除去 NH_3。

三、工业流程中监测

1. CO_2、CO 监测

化肥生产过程中微量的 CO_2、CO 常用电导法分析。含 CO_2 的气体通入 NaOH 稀溶液时，发生如下反应

$$2NaOH + CO_2 =\!=\!= Na_2CO_3 + H_2O$$

由于生成的 Na_2CO_3 的电导率比 NaOH 小，因此测定通入 CO_2 前后溶液电导率的变化，即可测出气体中 CO_2 的含量。

CO 经过 I_2O_5 氧化后生成 CO_2，按以上方法测定，其反应为

$$I_2O_5 + 5CO \xrightarrow{105\sim110℃} I_2 + 5CO_2$$

2. H_2S 监测

烯烃生产里裂解气中的 H_2S 含量可用电导法分析。用两对铂电极，分别在参比池和测量池内组成平衡的桥式电路，流动着的稀 $CdCl_2$ 溶液作为电导液，它先经参比池，再流过反应管，在反应管内与试样气中的 H_2S 生成 CdS 沉淀，改变了电导液的电阻，再进入测量池，从参比池和测量池内溶液电导率之差给出信号，从而计算气体中 H_2S 含量。

四、钢铁中 C、S 的测定

将钢铁材料样品投入高温燃烧管内通氧气燃烧产生二氧化硫、二氧化碳及剩余氧气。经过除尘后的这些气体先进入硫吸收器，二氧化硫被吸收器内的 $K_2Cr_2O_7$ 氧化，生成硫酸，使溶液电导率发生变化，根据吸收液电导率在吸收前后之差来确定其含量。然后混合气体进入盛有 $Ba(OH)_2$ 或 NaOH 溶液的二氧化碳吸收器内，CO_2 和 $Ba(OH)_2$ 或 NaOH 经过反应产生 $BaCO_3$ 沉淀或 Na_2CO_3，溶液的电导率随着 CO_2 的吸收量发生明显变化，通过标准样品绘制工作曲线就可以对未知样品进行测定。电导率的这些变化值通过电导仪进行定量测定，因为样品中碳硫的含量与电导率改变量成正比，所以可用电导率的变化值测定钢铁材料中碳与硫的含量。

第五节 高频电导滴定

一、基本原理

在外电场的作用下，分子内部的电子趋向正电极而原子核趋向负电极，这种运动引起分子的变形称为极化。另外，具有固定电偶极的分子在外电场作用下正负电荷中心发生位移，这种运动称为偶极分子的定向。这两种现象往往同时发生。

将盛有待测溶液的容器置于电磁场中，此时容器成为振荡电路的一部分。外加电磁场给予溶液的能量，一部分用于溶液中分子的极化和偶极分子的定向，表现为电磁场溶液的介电常数（或电容）发生了改变，另一部分用于离子的电迁移（它转变为热能）。

高频电导滴定一般利用几兆周到几百兆周的高频电流通过滴定池，由于电极不直接与溶

液接触，避免了电解和极化现象。在滴定过程中对电导池的电导与电容变化可进行有效测定。测量方法常有损耗法（Q 表法）、拍频法（F 表法）和总阻抗法（Z 表法）。

1. 损耗法（Q 表法）

溶液电导改变引起电路中高频电能损耗的改变，其损耗值由阻抗比 Q 值表示。Q 值越小损耗越大。如果用 G 代表等效并联电路中的高频电导，则：$G = \dfrac{1}{R_p}$。

G 值的大小反映出电路中高频电能的损耗情况。测量 G 值的简单电路如图 9-9 所示。

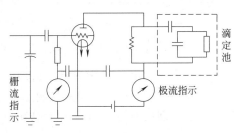

图 9-9　Q 表法电路图

2. 拍频法（F 表法）和总阻抗法（Z 表法）

溶液电导的改变会引起滴定池等效电容的改变，从而使电路的振荡频率随之改变。可以在测量电路中用一并联可变电容来抵偿这种电容改变值，使原来的频率复原。如果用抵偿电容改变值对滴定剂加入量作图便得到滴定曲线。由于此值一般很小，不能精确测量，通常装置两个高频振荡器，一个产生固定频率 f。另一个接入滴定池，其振荡频率 f 在滴定过程中要改变，用频率表测量其拍频 $F = |f - f_0|$，它相当于等效并联电容 C_p 的值，这种同量方法称拍频法，如图 9-10 所示。

总阻抗法是利用在滴定过程中由于溶液电导值的改变而引起电路中总阻抗的改变，通过测定滴定池的高频电流变化值，然后对加入滴定剂的量作图得到滴定曲线来实现测量的，称为总阻抗法，如图 9-11 所示。

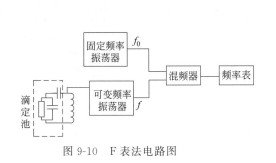

图 9-10　F 表法电路图

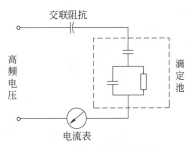

图 9-11　总阻抗法电路图

3. 滴定曲线类型

Q 表法的高频滴定曲线一般有 3 种类型（图 9-12），其分类主要依赖于滴定过程中 G 的变化范围和所选用的高频频率。

4. 高频滴定的优点

虽然高频滴定的实验条件要求比较高，测定灵敏度并不比普通电导滴定高，但是高频电导滴定具有突出的优点，使它仍然成为不可缺少的一种方法。

高频电导滴定的优点如下：

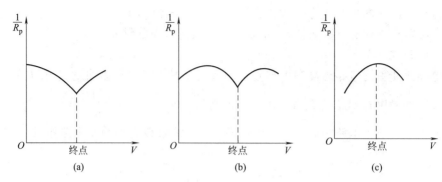

图 9-12　典型的高频滴定曲线

① 不直接与试液接触，避免了电解和电极极化现象。适用于沉淀滴定，也可用于一般金属离子如（Cu^{2+}，Zn^{2+}，Al^{3+}，Fe^{3+}）的 EDTA 配位滴定。

② 能测定电容变化。对于非水溶剂的滴定分析，由于电导值变化小而电容变化大，高频电导滴定特别适宜。

③ 对于介电常数相差远的两组分混合物的分析，普通滴定法则难以实现准确测定，应用高频滴定法能得到比较理想的测定结果。

二、高频电导滴定法应用

1. 在水介质中的高频电导滴定

在水介质中的高频电导滴定方法见表 9-3。

表 9-3　水介质中的高频电导滴定

滴定的物质	滴定范围	滴定剂	注解
强酸	$0.0002 \sim 0.02\text{mol/L}$	$0.001 \sim 1\text{mol/L NaOH}$	误差 $0.01\% \sim 0.5\%$
弱酸	$0.002 \sim 1\text{mol/L}$	$0.02 \sim 1\text{mol/L NaOH}$	误差 $0.1\% \sim 1\%$
Al^{3+}	$0.01 \sim 0.1\text{mol/L}$	0.2mol/L NaOH 或 NaF	误差 $0.1\% \sim 1\%$
Ba^{2+}	0.01mol/L	$0.1\text{mol/L } K_2Cr_2O_7$	误差 $0.1\% \sim 1\%$
碱	$0.002 \sim 1\text{mol/L}$	$0.002 \sim 1\text{mol/L HCl}$	误差 $0.2\% \sim 1\%$
Ca^{2+}	100mg	$0.25\text{mol/L }(NH_4)_2C_2O_4$	误差 1%
Cl^-	$0.00002 \sim 0.02\text{mol/L}$	$0.001 \sim 0.1\text{mol/L } AgNO_3$ 0.05mol/L AgAc 或 $0.01\text{mol/L } Hg(NO_3)_2$	—
F^-	$0.01 \sim 0.03\text{mol/L}$	$0.03\text{mol/L La(Ac)}_2$，$Al(NO_3)_3$ 或 $Th(NO_3)_4$	误差 1%
Fe^{2+}	$4 \sim 6\text{mg}$ $0.0001 \sim 0.02\text{mol/L}$	$0.02\text{mol/L } Th(NO_3)_4$ $0.002 \sim 0.02\text{mol/L } KMnO_4$ $0.005 \sim 0.1\text{mol/L KCN}$	误差 0.2%
Hg^{2+}	$0.001 \sim 0.1\text{mol/L}$	$0.005 \sim 0.1\text{mol/L NaCl}$ 或 KSCN	误差 $0.1\% \sim 0.5\%$
IO_3^-	0.04mmol/L	0.04mol/L HCl	—
K^+	8mg	$0.1\text{mol/L } NaB(C_6H_5)_4$	误差 0.5%

续表

滴定的物质	滴定范围	滴定剂	注解
金属离子	0.0002~0.005mol/L 0.01~0.05mol/L	0.002~0.1mol/L EDTA 0.1mol/L 8-羟基喹啉	误差 0.1%~1%
NH_3	0.2~2μg/mL	0.03mol/L H_2SO_4	—
SO_4^{2-}	0.1~0.8mg 0.1~10mg	0.1mol/L $Ba(Ac)_2$ 0.01~0.1mol/L $BaCl_2$	误差 1%~2%
Th^{4+}	0.5mmol/L	0.025mol/L $Th(NO_3)_4$	—
Tl^+	0.05~0.2mmol/L	0.2mol/L $NaB(C_6H_5)_4$	误差 1%

2. 在非水介质中的高频电导滴定

在非水介质中的高频电导滴定方法见表 9-4。

表 9-4　非水介质中的高频电导滴定

滴定的物质	滴定范围	滴定剂	溶剂
酸类	0.0002~0.02mol/L	0.01~0.1mol/L CH_3ONa	C_6H_6-CH_3OH 或二甲基甲酰胺
氨基酸类	0.0004~0.02mol/L	0.1mol/L $HClO_4$	冰乙酸
碱类	0.005~0.02mol/L	0.1mol/L $HClO_4$	冰乙酸,C_6H_6-CH_3OH,或 CH_3COCH_3-CH_3OH
硼酸	0.1mol/L	1mol/L NaOH 或$(CH_3)_2NH$	CH_3OH
铵盐	0.0002~0.006mol/L	0.01~0.1mol/L CH_3ONa	二甲基甲酰胺
酚类,甲酚类,烯醇类,萘酚类	0.3~10mg	0.02~0.1mol/L CH_3ONa	C_6H_6-CH_3OH 或乙二胺
羧酸类的盐	10~100mg	0.1mol/L $HClO_4$	C_6H_6-CH_3OH

第十章

电位分析法

第一节　电极电位

一、标准电极电位

当用测量仪器来测量电极的电位时，测量仪器的一个接头与待测电极的金属相连，而另一个接头必须经过另一种导体才能与电解质溶液接触。后面这个接头就必然形成一个固/液界面，构成第二个电极。这样电极电位的测量就变成对一个电池电动势的测量。电池电动势的数据一定与第二个电极密切相关，电极电位仅仅是一个相对值。绝对的电极电位是无法测量的。为了计算或考虑问题的方便，各种电极测量得到的电极电位具有可比性，第二个电极应是共同的参比电极。这种参比电极在给定的实验条件下能得到稳定且可重现的电位值。标准氢电极已被用做基本的参比电极。

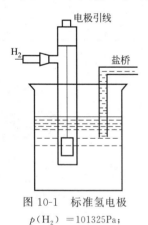

图 10-1　标准氢电极
$p(H_2) = 101325Pa$；
$a(H_2) = 1mol/L$

1. 标准氢电极

常用的标准氢电极如图 10-1 所示。它是一片在表面涂有薄层铂黑的铂片，浸在氢离子活度等于 1mol/L 的溶液中。在玻璃管中通入压力为 101325Pa（1atm）的氢气，让铂电极表面上不断有氢气泡通过。电极反应为

$$2H^+ + 2e^- \Longrightarrow H_2(气)$$

人为规定在任何温度下，标准氢电极电位 φ（H^+/H_2）＝0。

2. 电极电位

IUPAC 规定任何电极的电位是它与标准氢电极构成原电池，所测得的电动势作为该电极的电极电位。电子通过外电路，由标准氢电极流向该电极，电极电位定为正值；电子通过外电路由该电极流向标准氢电极，电极电位定为负值。

在 298.15K 时，以水为溶剂，活度均为 1mol/L 的氧化态和还原态构成的电极电位称为该电极的标准电极电位。标准电极电位用 $\varphi^\ominus$ 表示。

如下述电池

$$Pt | H_2(101325Pa), H^+(1mol/L) \| Zn^{2+}(1mol/L) | Zn$$

该电池的电动势为 0.763V，所以 Zn 标准电极电位 $\varphi^\ominus$（Zn^{2+}/Zn）＝－0.763V。

一个电池由两个电极组成，每个电极可以看作半个电池，称为半电池。一个发生氧化反应，另一个发生还原反应。按以上惯例，电极电位的符号适用于写成还原反应的半电池。

3. Nernst 方程式

对于任一电极反应

$$Ox + ne^- \Longrightarrow Red$$

电极电位为

$$\varphi = \varphi^\ominus + \frac{RT}{nF} \ln \frac{a_{Ox}}{a_{Red}}$$

式中，$\varphi^\ominus$ 为标准电极电位；R 为摩尔气体常数 [8.3145J/(mol·K)]；T 为热力学温度；F 为法拉第常数（96485C/mol）；n 为电子转移数；a 为活度。

在常温（25℃）下，Nernst 方程为

$$\varphi = \varphi^\ominus + \frac{0.059}{n} \lg \frac{a_{Ox}}{a_{Red}}$$

上述方程式称为电极反应的 Nernst 方程。

若电池的总反应为

$$aA + bB \Longrightarrow cC + dD$$

电池电动势为

$$E = E^\ominus - \frac{0.059V}{n} \lg \frac{(a_C)^c (a_D)^d}{(a_A)^a (a_B)^b}$$

该式称为电池反应的 Nernst 方程。其中 $E^\ominus$ 为所有参加反应的组分都处于标准状态时的电动势。

二、条件电极电位

由于电极电位受溶液离子强度、配位效应、酸效应等因素的影响，因此使用标准电极电位 $\varphi^\ominus$ 有其局限性。实际工作中，常采用条件电极电位 $\varphi^{\ominus\prime}$ 代替标准电极电位 $\varphi^\ominus$。

如电动势 E 若用电位差 φ 代替，标准电动势用标准电极电位 $\varphi^\ominus$ 代替，活度 $a_i = \gamma_i c_i$ 则：

$$\varphi = \varphi^\ominus - \frac{0.059V}{n} \lg \frac{(\gamma_C c_C)^c (\gamma_D c_D)^d}{(\gamma_A c_A)^a (\gamma_B c_B)^b}$$

或

$$\varphi = \varphi^\ominus - \frac{0.059V}{n} \lg \frac{(\gamma_C)^c (\gamma_D)^d}{(\gamma_A)^a (\gamma_B)^b} - \frac{0.059}{n} \lg \frac{(c_C)^c (c_D)^d}{(c_A)^a (c_B)^b}$$

式中，前两项合并，并用条件电极电位 $\varphi^{\ominus\prime}$ 表示，可得

$$\varphi = \varphi^{\ominus\prime} - \frac{0.059V}{n} \lg \frac{(c_C)^c (c_D)^d}{(c_A)^a (c_B)^b}$$

条件电极电位 $\varphi^{\ominus\prime}$ 校正了离子强度、水解效应、配位效应以及 pH 值等因素的影响。在浓度测量中，通过加入总离子强度调节剂使待测液与标准液的离子强度相同（基体效应相同），这时可用浓度 c 代替活度 a。

第二节　液/液界面标准电位

液/液界面（又称两互不相溶电解质溶液界面或油/水界面）的电解是 20 世纪 70 年代中期才开始发展的电化学新领域，是一种新的电化学分析方法。

液/液界面与金属/电解质溶液界面具有某些相似的电化学性能，如具有类似的双电层结构模型，离子在液/液界面上转移的数学处理方法类似电子在电极/电解质溶液界面的转移，

能得出类似形状和形式的伏安曲线、电毛细管曲线、界面电荷密度、界面电容、界面电势分布和离子特性吸附性等。这样，电化学方法的基础理论和技术包括经典极谱法等均可应用于研究离子在两相溶液的转移。由于有机相和有机相/水相界面的内阻很大，因此，各种电化学方法均需和四电极系统的装置联用以充分补偿 iR 降。

有机相溶剂的选择条件是：与水的互溶性尽可能小，极性尽可能大（具有较大的介电常数），与水的密度尽可能不同，常用的溶剂有硝基苯，其次有二氯乙烷、邻二氯苯、2-硝基散花烃等。水相的基础电解质要尽可能地亲水憎油，如碱金属或镁的氯化物、硝酸盐或硫酸盐；有机相基础电解质则尽可能地亲油憎水，常用的有四苯硼酸四丁铵、四苯硼酸四苯铵等。这样，才可得到尽可能宽的极化电势区域（电势窗）。

图 10-2 给出了处于平衡条件下的液/液界面与电解质/电极界面的类似情况比较的示意图。

图 10-2　平衡界面示意图

和电极电势一样，离子的界面电势（亦称为 Nernst 电势）为两相的内电位差。对于分配在两相间的任意一种离子，有

$$\varphi_2 - \varphi_1 = \frac{1}{nF}\left(\mu_1^{\ominus} - \mu_2^{\ominus} + RT\ln\frac{a_1}{a_2}\right) = \varphi_2^{\ominus} - \varphi_1^{\ominus} + \frac{1}{nF}RT\ln\frac{a_1}{a_2}$$

两相间的标准内电位差，可以进一步表示为

$$\Delta_1^2\varphi^{\ominus} = \varphi_2^{\ominus} - \varphi_1^{\ominus} = \frac{\mu_1^{\ominus} - \mu_2^{\ominus}}{nF} = \frac{-\Delta G_{tr}^{\ominus,1\to2}}{nF}$$

其中，$-\Delta G_{tr}^{\ominus,1\to2}$ 是从相 1 到相 2 的单离子标准吉布斯转移能。表 10-1 给出了部分离子从水相到硝基苯相的标准吉布斯转移能和标准界面电势。

表 10-1　部分离子从水相到硝基苯相的标准吉布斯转移能和标准界面电势

离子	$-\Delta G_{tr}^{\ominus,1\to2}/(kJ/mol)$	$\Delta_1^2\varphi^{\ominus}/mV$	离子	$-\Delta G_{tr}^{\ominus,1\to2}/(kJ/mol)$	$\Delta_1^2\varphi^{\ominus}/mV$
Li^+	38.2	395	六羰基钴盐	-50.2	520
Mg^{2+}	69.6	361	六硝基二苯胺盐	-39.4	407
Na^+	34.2	354	I_5^-	-38.5	401
Ca^{2+}	67.3	349	TPB$^-$	-35.9	372
Sr^{2+}	66.0	342	I_3^-	-23.4	242
H^+	32.5	337	辛酸盐	-8.5	89
Ba^{2+}	61.7	320	苦味酸盐	-4.6	47
NH_4^+	268	277	十二烷基磺酸盐	4.1	-43
K^+	23.4	242	SCN$^-$	5.8	-61
Rb^+	19.4	201	IO_3^-	6.9	-72
Cs^+	15.4	159	ClO_4^-	8.0	-83
胆碱正离子	11.3	117	BF_4^-	11.0	-114
乙酰胆碱离子	4.8	49	I^-	18.8	-195
TMeA$^+$	3.4	35	NO_3^-	24.4	-253
TEA$^+$	-5.7	-59	Br^-	28.4	-295
TBA$^+$	-24.0	-248	Cl^-	31.4	-324
TBAs$^-$	-35.9	-372	F^-	44.0	-454
结晶紫离子	-39.5	-410			

第三节 pH 电位法测定

一、pH 的定义

pH 是氢离子活度的负对数，即 $pH=-\lg a_{H^+}$。测定溶液的 pH 通常用 pH 玻璃电极作指示电极（负极），甘汞电极（SCE）作参比电极（正极），与待测溶液组成工作电池，用精密毫伏计测量电池的电动势（如图 10-3 所示）。工作电池可表示为：

玻璃电极 | 试液 ‖ 甘汞电极

25℃时工作电池的电动势为

$$E=\varphi_{SCE}-\varphi_{玻}=\varphi_{SCE}-K_{玻}+0.059pH_{试}$$

由于式中 φ_{SCE}，$K_{玻}$ 在一定条件下是常数，所以上式可表示为

$$E=K'+0.059pH_{试}$$

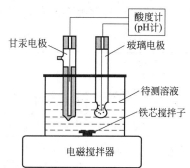

图 10-3 电位法测定溶液 pH 值

可见，测量溶液工作电池的电动势 E 与试液的 pH 成线性关系，据此可以进行溶液 pH 的测量。

上式说明，只要测出工作电池电动势，并求出 K' 值，就可以计算试液的 pH_0。但 K' 是个十分复杂的项目，它包括了饱和甘汞电极的电位、内参比电极电位、玻璃膜的不对称电位及参比电极与溶液间的接界电位，其中有些电位很难测出。因此实际工作中不可能采用上式直接计算 pH，而是用已知 pH 的标准缓冲溶液为基准，通过比较由标准缓冲溶液参与组成和待测溶液参与组成的两个工作电池的电动势来确定待测溶液的 pH_0，即测定一标准缓冲溶液（pH_s）的电动势 E_s，然后测定试液（pH_0）的电动势 E_x。

由上式可知，25℃时，E_s 和 E_x 分别为

$$E_s=K'_s+0.059pH_s \qquad E_x=K'_x+0.059pH_x$$

在同一测量条件下，采用同一支 pH 玻璃电极和 SCE，则上两式中 $K'_s \approx K'_x$，将二式相减得

$$pH_x=pH_s+\frac{E_x-E_s}{0.059}$$

式中，pH_s 为已知值，测量出 E_x、E_s 即可求出 pH_x。实际测定中，将 pH 玻璃电极和 SCE 插入 pH_s 标准溶液中，通过调节测量仪器上的"定位"旋钮使仪器显示出测量温度下的 pH_s 值，就可以达到消除 K 值、校正仪器的目的，然后再将电极对浸入试液中，直接读取溶液 pH。

由于上式是在假定 $K'_s \approx K'_x$ 情况下得出的，而实际测量过程中往往因为某些因素（如试液与标准缓冲液的 pH 或成分的变化，温度的变化等）的改变，导致 K' 值发生变化。为了减少测量误差，测量过程应尽可能使溶液的温度保持恒定，并且应选用 pH 与待测溶液相近的标准缓冲溶液。

二、 pH 标准缓冲溶液

pH 标准缓冲溶液是具有准确 pH 的缓冲溶液，是 pH 测定的基准，故缓冲溶液的配制及 pH 的确定是至关重要的。我国标准计量局颁布了六种 pH 标准缓冲溶液及其在 0～60℃ 时的 pH（见表 10-2）。不同温度下标准缓冲溶液的 pH 见表 10-3。

一般实验室常用的 pH 基准试剂是苯二甲酸氢钾、混合磷酸盐（KH_2PO_4-Na_2HPO_4）及四硼酸钠。配好的 pH 标准缓冲溶液应贮存在玻璃试剂瓶或聚乙烯试剂瓶中，硼酸盐和氢氧化钙标准缓冲溶液存放时应防止空气中 CO_2 进入。标准缓冲溶液一般可保存 2～3 个月。若发现溶液中出现浑浊等现象，不能再使用，应重新配制。

表 10-2　标准缓冲溶液的配制

名　称	配制方法
草酸盐标准缓冲溶液	称取 12.71g 四草酸钾[$KH_3(C_2O_4)_2 \cdot 2H_2O$]，溶于无 CO_2 的水，稀释至 1000mL，此溶液浓度 $c[KH_3(C_2O_4)_2 \cdot 2H_2O]$ 为 0.05mol/L
酒石酸盐标准缓冲溶液	在 25℃ 时，用无 CO_2 的水溶解外消旋的酒石酸氢钾（$KHC_4H_4O_6$），并剧烈振摇至饱和溶液
邻苯二甲酸盐标准缓冲溶液	称取 10.21g 于 110℃ 干燥 1h 的邻苯二甲酸氢钾（$C_6H_4CO_2HCO_2K$），溶于无 CO_2 的水，稀释至 1000mL，此溶液浓度 $c(C_6H_4CO_2HCO_2K)$ 为 0.05mol/L
磷酸盐标准缓冲溶液	称取 3.40g 磷酸二氢钾（KH_2PO_4）和 3.55g 磷酸氢二钠（Na_2HPO_4），溶于无 CO_2 的水，稀释至 1000mL，磷酸二氢钾和磷酸氢二钠需预先在（120±10）℃ 干燥 2h。此溶液浓度 c（KH_2PO_4）为 0.025mol/L，c（Na_2HPO_4）为 0.025mol/L
硼酸盐标准缓冲溶液	称取 3.81 g 四硼酸钠（$Na_2B_4O_7 \cdot 10H_2O$），溶于无 CO_2 的水，稀释至 1000mL。此溶液浓度 c（$Na_2B_4O_7 \cdot 10H_2O$）为 0.01mol/L
氢氧化钙标准缓冲溶液	于 25℃，用无 CO_2 的水制备 $Ca(OH)_2$ 的饱和溶液。$Ca(OH)_2$ 溶液的浓度 $c[1/2Ca(OH)_2]$ 应在 0.0400～0.0412mol/L

注：表中"配制方法"引自 GB/T 9724—2007《化学试剂　pH 值测定通则》，"通则"规定配制标准缓冲溶液须用 pH 基准试剂，实验用水应符合 GB/T 6682—2008 中三级水规格。

表 10-3　不同温度下标准缓冲溶液的 pH

温度 /℃	0.05mol/L 四草酸氢钾	25℃饱和 酒石酸氢钾	0.05mol/L 邻苯 二甲酸氢钾	0.025mol/L 磷酸二氢钾 ＋0.025mol/L 磷酸氢二钠	0.01mol/L 硼砂	25℃饱 和 $Ca(OH)_2$
0	1.668		4.006	6.981	9.458	13.416
5	1.669		3.999	6.949	9.391	13.210
10	1.671		3.996	6.921	9.330	13.011
15	1.673		3.996	6.898	9.276	12.820
20	1.676		3.998	6.879	9.226	12.637
25	1.680	3.559	4.003	6.864	9.182	12.460
30	1.684	3.551	4.010	6.852	9.142	12.292
35	1.688	3.547	4.019	6.844	9.105	12.130
40	1.694	3.547	4.029	6.838	9.072	11.975
50	1.706	3.555	4.055	6.833	9.015	11.697
60	1.721	3.573	4.087	6.837	8.968	11.426

三、指示电极

pH 玻璃电极是世界上使用最早的离子选择性电极，属于非晶体刚性基质膜电极。

1. pH 玻璃电极结构

pH 玻璃电极由银-氯化银（内参比电极）、0.1mol/L HCl（内参比溶液）、玻璃管底端用特殊玻璃吹制成的对 H^+ 有选择性响应的球状敏感玻璃膜组成。其结构如图 10-4 所示。

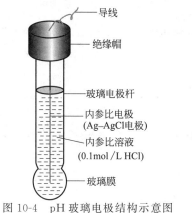

图 10-4　pH 玻璃电极结构示意图

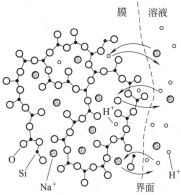

图 10-5　硅酸盐玻璃的结构示意图

2. pH 玻璃电极的膜电位

pH 玻璃电极的敏感膜是在 SiO_2 基质中加入 Na_2O、Li_2O 和 CaO 烧结而成的特殊玻璃膜，厚度约为 0.08～0.1mm，硅氧键间相互结合形成网状结构，各阳离子中只有体积较小的 Na^+ 可在晶格的空穴中自由移动，其结构见图 10-5。当用纯水或稀酸溶液浸泡玻璃膜的内、外表面时，由于 $-Si-O^-$ 与 H^+ 的结合力远大于与 Na^+，仅溶液中的 H^+ 能进入硅酸盐晶格，而发生如下交换反应。

$$-\underset{|}{\overset{|}{Si}}-O^-Na^+ + H^+ \rightleftharpoons -\underset{|}{\overset{|}{Si}}-O^-H^+ + Na^+$$

玻璃膜表面的 Na^+ 几乎全部被溶液中的 H^+ 取代，而形成水化硅胶层，越往玻璃膜里面被 H^+ 取代的 Na^+ 越少。当交换达到平衡时，在玻璃膜内、外两个水化硅胶层之间存在一干玻璃层。因此，浸泡后的玻璃膜由三部分组成，即膜内、外表面两个水化硅胶层（厚度约为 0.05～1μm）及其之间的干玻璃层（厚度约为 80～100μm），其结构如图 10-6 所示。

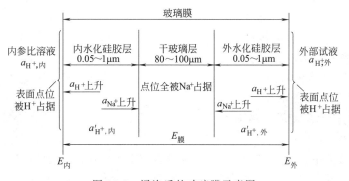

图 10-6　浸泡后的玻璃膜示意图

将浸泡好的 pH 玻璃电极插入待测溶液（即试液）时，膜外表面的水化硅胶层即与试液接触。由于水化硅胶层表面与试液中的 H^+ 活度不同而形成活度差，H^+ 便从活度大的一方向活度小的一方扩散迁移，并建立平衡，在试液和玻璃膜外界面间形成相界电位。设试液和玻璃膜外表面水化硅胶层的 H^+ 活度分别为 $a_{H^+,外}$、$a'_{H^+,外}$，则试液和玻璃膜外表面的相界电位（即 $E_外$）为

$$\varphi_外 = k_1 + \frac{RT}{F} \ln \frac{a_{H^+,外}}{a'_{H^+,外}}$$

同理，玻璃膜内表面的水化硅胶层与内参比溶液接触也形成相界电位。设内参比溶液和玻璃膜内表面水化硅胶层的 H^+ 活度分别为 $a_{H^+,内}$、$a'_{H^+,内}$，则在内参比溶液和玻璃膜内表面界面间的相界电位（即 $E_内$）为

$$\varphi_内 = k_2 + \frac{RT}{F} \ln \frac{a_{H^+,内}}{a'_{H^+,内}}$$

干玻璃层与内外两个水化硅胶层之间由于离子的扩散作用会产生扩散电位，分别用 $\varphi_{扩散内}$、$\varphi_{扩散外}$ 表示。

玻璃膜内、外表面的结构及性质基本相同，故 $k_1 = k_2$，$a'_{H^+,内} = a'_{H^+,外}$。此外，由于内、外水化硅胶层基本相同，使内外水化硅胶层与干玻璃层间产生的两个扩散电位相等，但是符号相反。所以，跨越玻璃内外两侧溶液间的电位差即膜电位为

$$\varphi_膜 = \varphi_外 - \varphi_内 = \frac{RT}{nF} \ln \frac{a_{H^+,外}}{a_{H^+,内}}$$

又因为，内参比溶液的 H^+ 活度是固定的，即 $a_{H^+,内}$ 为一常数，故

$$\varphi_膜 = K + \frac{RT}{nF} \ln a_{H^+,外}$$

25℃时 $$\varphi_膜 = K + 0.059 \lg a_{H^+,外} = K - 0.059 pH_外$$

当玻璃膜内、外溶液中 H^+ 浓度相同时，理论上膜电位应为零，实际上此时仍存在很小的膜电位，称为不对称电位。不对称电位是由玻璃膜的内外表面结构、表面张力以及机械和化学损伤的微小差异所致。不同电极或同一电极使用状况及使用时间不同，都会使不对称电位不一样，所以不对称电位难以测量和确定。但玻璃电极使用前用蒸馏水长时间（24h 以上）浸泡，可使不对称电位达到最小且有一恒定值（约为 $1 \sim 30 mV$）。因此，pH 玻璃电极的电极电位（$\varphi_玻璃$）为

$$\varphi_玻璃 = \varphi_膜 + \varphi_{AgCl/Ag} + \varphi_{不对称}$$

用符号 K'' 表示常数项，25℃时 pH 玻璃电极的电位为

$$\varphi_玻璃 = K'' + 0.059 \lg a_{H^+,外} = K'' - 0.059 pH_外$$

上式表明，当温度等实验条件一定时，pH 玻璃电极的电位与被测溶液的 pH 成线性关系，故常用作溶液 pH 测定的指示电极。

适当改变玻璃敏感膜的组成，可制作成 pNa、pK、pAg 等玻璃电极，分别用于测定 Na^+、K^+、Ag^+ 等离子的活度。

3. pH 玻璃电极的特点及使用注意事项

① 测定速度快，准确度高。

② 使用 pH 玻璃电极测定溶液 pH 时，不受溶液性质（如氧化剂、还原剂、颜色、沉淀及杂质）的影响，不易中毒，不玷污试液，有较高的选择性，适用范围广。

③ 玻璃电极本身内阻很高，必须辅以电子放大装置才能测定，其电阻又随温度而变化，

一般只能在 5～60℃使用。

④ pH 玻璃电极的测量范围一般为 1～10。当试液 pH<1 时，因 H$^+$ 浓度过高，溶液离子强度增大，导致水分子活度下降，而使测定结果偏高，产生的误差称为"酸差"。当试液 pH >10 时，由于 a_{H^+} 太小，其他阳离子在溶液和膜界面间可能进行交换，而使 pH 偏低，尤其是 Na$^+$ 的干扰较为显著，引起的误差称为"碱差"或"钠差"。如果在玻璃膜中添加 Li$_2$O 以取代部分 Na$_2$O，由于锂玻璃晶格中的空穴小，阻止了 Na$^+$ 等其他阳离子的交换，可有效减少"钠差"。在商品 pH 玻璃电极中，231 型玻璃电极在 pH >13 时才产生较显著的碱差，其适用 pH 范围为 1～13；221 型玻璃电极适用 pH 范围为 1～10。锂玻璃电极的适用 pH 范围可扩大至 1～13.5。因此，应根据被测溶液的性质选择合适型号的 pH 玻璃电极。

⑤ 电极玻璃膜球泡很薄，易因碰撞或受压而破裂，使用时需非常小心。

⑥ 玻璃电极使用期一般为一年，长期使用或贮存中会"老化"，老化的电极不能使用。

⑦ 玻璃电极使用前需在蒸馏水中浸泡 24h 以上。不能用浓硫酸、洗液或浓乙醇洗涤，也不能用于含氟较高的溶液中，否则电极将失去功能。

⑧ 玻璃球泡沾湿时可用滤纸吸去水分，但不能擦拭。

⑨ 电极导线绝缘部分及电极插杆应保持清洁干燥。

案例分析 10-1　电位法测量水溶液的 pH 值

一、原理

用 pH 玻璃电极为指示电极（接酸度计的负极），饱和甘汞电极为参比电极（接酸度计的正极）与被测溶液组成电池，则 25℃时

$$E_{电池}=K'+0.059pH$$

式中，K' 在一定条件下虽有定值，但不能准确测定或计算得到，在实际测量中要用标准缓冲溶液来校正酸度计（即进行"定位"）后，才可在相同条件下测量溶液 pH。酸度计上的 pH 示值只适用于温度为 25℃时，为适应不同温度下的测量，在用标准缓冲溶液"定位"前先要进行温度补偿（将"温度补偿"旋钮调至溶液的温度处）。在进行"温度补偿"和校正后将电极插入待测试液中，仪器就可以直接显示被测溶液 pH。

二、仪器与试剂

① pHS-3C 酸度计。

② 231 型 pH 玻璃电极和 222 型饱和甘汞电极（或使用 pH 复合电极）。

③ 温度计。

④ pH=4.00 的标准缓冲溶液　称取在 110℃下干燥过 1 h 的邻苯二甲酸氢钾 2.555 g，用无 CO$_2$ 的水溶解并稀释至 250mL。贮于用所配溶液荡洗过的聚乙烯试剂瓶中，贴上标签。

⑤ pH=6.86 标准缓冲溶液　称取已于 (120±10)℃下干燥过 2 h 的磷酸二氢钾 0.85g 和磷酸氢二钠 0.89g，用无 CO$_2$ 水溶解并稀释至 250mL。贮于用所配溶液荡洗过的聚乙烯试剂瓶中，贴上标签。

⑥ pH=9.18 标准缓冲溶液　称取 0.955 g 四硼酸钠，用无 CO$_2$ 水溶解并稀释至 250mL。贮于用所配溶液荡洗过的聚乙烯试剂瓶中，贴上标签。

三、测定内容与操作步骤

（1）缓冲溶液配制　配制 pH 分别为 4.00、6.86 和 9.18 的标准缓冲溶液各 250mL。

（2）酸度计使用前准备

① 接通电源，预热 20 min。

② 置选择按键开关于"mV"位置，若仪器显示不为"0.00"，可调节仪器"调零"电位器，使其显示为正或负"0.00"，然后锁紧电位器。

（3）电极选择、处理和安装

① 选择、处理和安装 pH 玻璃电极　根据被测溶液 pH 范围，选择合适型号的 pH 玻璃电极，在蒸馏水中浸泡 24 h 以上。将处理好的 pH 玻璃电极用蒸馏水冲洗，用滤纸吸干外壁水分后，固定在电极夹上，球泡高度略高于甘汞电极下端。

② 检查、处理和安装甘汞电极　取下电极下端和上侧小胶帽。检查饱和甘汞电极内液位、晶体、气泡及微孔砂芯渗漏情况并作适当处理后，用蒸馏水清洗电极外部，并用滤纸吸干外壁水分后，将电极置于电极夹上。电极下端略低于玻璃电极球泡下端。

将电极导线接在仪器后右角甘汞电极接线柱上；玻璃电极引线柱插入仪器后右角的玻璃电极输入座。

（4）校正酸度计（二点校正法）

① 将选择按键开关置"pH"位置。取一洁净塑料烧杯，用 pH＝6.86（25℃）的标准缓冲溶液润洗三次，倒入 50mL 左右该标准缓冲溶液。用温度计测量标准缓冲溶液温度，调节"温度"调节器，使指示的温度刻度为所测得的温度。

② 将电极插入标准缓冲溶液中，小心轻摇几下烧杯，以促使电极平衡。

③ 将"斜率"调节器顺时针旋足，调节"定位"调节器，使仪器显示值为此温度下该标准缓冲溶液的 pH。随后将电极从标准缓冲溶液中取出，移去烧杯，用蒸馏水清洗二电极，并用滤纸吸干电极外壁水。

④ 另取一洁净烧杯，用另一种与待测试液（A）pH 相接近的标准缓冲溶液荡洗三次后，倒入 50mL 左右该标准缓冲溶液。将电极插入溶液中，小心轻摇几下烧杯，使电极平衡。调节"斜率"调节器，使仪器显示值为此温度下该标准缓冲溶液的 pH。

（5）测量待测试液的 pH

① 移去标准缓冲溶液，清洗电极，并用滤纸吸干电极外壁水。取一洁净小烧杯，用待测试液（A）荡洗三次后倒入 50mL 左右试液。用温度计测量试液的温度，并将温度调节器置于此温度位置上。

② 将电极插入被测试液中，轻摇烧杯以促使电极平衡。待数字显示稳定后读取并记录被测试液的 pH。平行测定二次，并记录。

（6）测定结果　关闭酸度计电源开关，拔出电源插头。取出玻璃电极用蒸馏水清洗干净后浸泡在蒸馏水中。取出甘汞电极用蒸馏水清洗，再用滤纸吸干外壁水分，套上小帽存放在盒内。清洗试杯，晾干后妥善保存。用干净抹布擦净工作台，罩上仪器防尘罩，填写仪器使用记录。

四、注意事项

① 酸度计的输入端（即测量电极插座）必须保持干燥清洁。在环境湿度较高的场所使用时，应将电极插座和电极引线柱用干净纱布擦干。读数时电极引入导线和溶液应保持静止，否则会引起仪器读数不稳定。

② 标准缓冲溶液配制要准确无误，否则将导致测量结果不准确。

③ 若要测定某固体样品水溶液的 pH，除特殊说明外，一般应称取 5.00g 样品，用无 CO_2 的水溶解并稀释至 100mL，配成试样溶液，然后再进行测量。

由于待测试样的 pH 常随空气中 CO_2 等因素的变化而改变，因此采集试样后应立即测定，不宜久存。

五、数据处理

分别计算各试液 pH 的平均值。

四、非水溶剂介质中的酸度

在非水或混合溶剂中的 pH 值定义为

$$pH_x^* = pH_s^* + \frac{(E_x - E_s)F}{2.303RT}$$

式中，pH_s^* 是由缓冲溶液给定的，如表 10-4 所示。甲醇-水溶剂和乙醇-水溶剂中部分缓冲溶液的 pH_s^* 值收集在表 10-5 中。在具有液体接界的电池中 pH 数值的应用很大程度上依赖于所使用的参比电极。而此电极中盐桥溶液的溶剂与缓冲溶液的溶剂应相同。

表 10-4　50%甲醇-水标准缓冲溶液的 pH_s^* 值

温度/℃	0.05mol/kgHOAc+ 0.05mol/kgNaOAc+ 0.05mol/kgNaCl	0.05mol/kgNaHSuc+ 0.05mol/kgNaCl	0.02mol/kgNa$_2$HPO$_4$+ 0.02mol/kgKH$_2$PO$_4$+ 0.02mol/kgNaCl	0.05mol/kgTRIS+ 0.05mol/kgTRISHCl	0.06mol/kgAmPy+ 0.05mol/kgAm PyHCl
10	5.518	5.720	7.937	8.436	9.116
15	5.506	5.697	7.917	8.277	8.968
20	5.498	5.680	7.898	8.128	8.829
25	5.493	5.666	7.884	7.985	8.695
30	5.493	5.656	7.872	7.850	8.570
35	5.496	5.650	7.863	7.720	8.446
40	5.502	5.648	7.858	7.599	8.332

注：OAc 为乙酸根；Suc 为琥珀酸根；TRIS 为三羟甲基甲胺；TRISHCl 为三羟甲基甲胺盐酸；AmPy 为 4-氨基吡啶；AmPyHCl 为 4-氨基吡啶盐酸。

表 10-5　25℃时甲醇-水溶剂和乙醇-水溶剂中标准缓冲溶液的 pH_s^* 值
（不包括液体接界电势）

溶剂组成 甲醇(乙醇)/%(v/v)	0.01mol/kg H$_2$C$_2$O$_4$+ 0.01mol/kg NH$_4$HC$_2$O$_4$	0.01mol/kg H$_2$Suc+ 0.01mol/kg LiHSuc	0.01mol/kg HSal+ 0.01mol/kg LiSal
甲醇-水溶剂			
0	2.15	4.12	
10	2.19	4.30	
20	2.25	4.48	
30	2.30	4.67	
40	2.38	4.87	
50	2.47	5.07	
60	2.58	5.30	
70	2.76	5.57	
80	3.13	6.01	
90	3.73	6.73	
92	3.90	6.92	
94	4.10	7.13	
96	4.39	7.43	

溶剂组成 甲醇(乙醇)/%(v/v)	0.01mol/kg $H_2C_2O_4$ + 0.01mol/kg $NH_4HC_2O_4$	0.01mol/kg H_2Suc + 0.01mol/kg $LiHSuc$	0.01mol/kg $HSal$ + 0.01mol/kg $LiSal$
甲醇-水溶剂			
98	4.84	7.89	
99	5.20	8.23	
100	5.79	8.75	7.53
乙醇-水溶液			
0	2.15	4.12	
30	2.32	4.70	
50	2.51	5.07	
71.9	2.98	5.71	
100			8.32

注：Suc 为琥珀酸根；Sal 为水杨酸根。

氧化氘（重水）的酸度标准可以用于 pD 值的测量。除参比电极用氘气体电极外，pD_s值（见表 10-6）的测定与 pH_s 值的测定十分类似。根据惯例，在各种温度下氘气体电极的电势都被认为是零。用玻璃电极在重水溶液中所测定的 pH 值（以水溶液中的 pH 标准为标准）与在同种溶液中推测或预计的 pD 值之间有恒定的 0.45 ± 0.03 差异。

表 10-6　用于重水中酸度测定的标准参比值 pD_s

温度/℃	0.05mol/kg KD_2citrate	0.025mol/kg KD_2PO_4 + 0.025mol/kg Na_2DPO_4	0.025mol/kg $NaDCO_3$ + 0.025mol/kg Na_2CO_3
5	4.378	7.539	10.998
10	4.352	7.504	10.924
15	4.329	7.475	10.855
20	4.310	7.449	10.793
25	4.293	7.428	10.736
30	4.279	7.411	10.685
35	4.268	7.397	10.638
40	4.260	7.387	10.597
45	4.253	7.381	10.560
50	4.250	7.377	10.527

注：citrate 为柠檬酸盐。

第四节　离子选择性电极

一、离子选择性电极的分类

离子选择性电极（ISE）都有一个敏感膜，故又称为膜电极。根据国际纯粹与应用化学联合会（IUPAC）的推荐，按照敏感膜组成和结构的不同，将离子选择性电极分类如下：

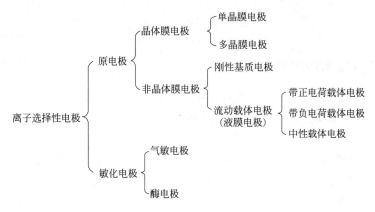

二、电位选择系数

理想的离子选择性电极应只对待测离子有选择性响应，但事实上，任何一支离子选择性电极不可能只对某一特定离子响应，对溶液中的某些共存离子也能产生响应，即共存离子也对电极电位产生贡献。

当有共存干扰离子存在时，离子选择性电极的膜电位应表示为

25℃时
$$\varphi_{膜} = K \pm \frac{0.059\text{V}}{n_i} \lg \left[a_i + K_{i,j} \, (a_j)^{n_i/n_j} \right]$$

式中 i——待测离子；

j——共存的干扰离子；

n_i——待测离子所带电荷数；

n_j——共存的干扰离子所带电荷数；

a_i——待测离子的活度，mol/L；

a_j——干扰离子的活度，mol/L；

$K_{i,j}$——待测离子 i 对干扰离子 j 的电极选择系数。

注意：上式中，对阳离子响应的电极，K 后面一项取"＋"号，对阴离子响应的电极，K 后面一项取"－"号。

电极选择系数 $K_{i,j}$ 表示在相同的测定条件下，待测离子和干扰离子产生相同电位时，a_i 与 a_j 的比值，即

$$K_{i,j} = \frac{a_i}{(a_j)^{n_i/n_j}}$$

当 $n_i = n_j = 1$，$K_{i,j} = 0.001$ 时，则说明 a_j 是 a_i 的 1000 倍时，两者产生的电位相等。即电极对 i 离子的敏感程度是对 j 离子的 1000 倍。例如，一支 pH 玻璃电极对 Na^+ 的选择系数 $K_{H^+,Na^+} = 10^{-11}$，表明该电极对 H^+ 的响应比对 Na^+ 的响应灵敏 10^{11} 倍，此时 Na^+ 对 H^+ 的测定没有干扰。$K_{i,j} < 1$ 时，电极对 i 离子有选择性响应；$K_{i,j} = 1$ 时，电极对 i 离子和 j 离子有同等程度的响应；$K_{i,j} > 1$ 时，电极对 j 离子有选择性响应。显然 $K_{i,j}$ 越小，电极的选择性越高，干扰越小，通常要求 $K_{i,j} \ll 1$。

$K_{i,j}$ 的大小取决于电极材料，并随实验条件、实验方法和共存离子的不同而有差异，它不是一常数，其数值在手册中可查，但不能用 $K_{i,j}$ 的文献值作分析测试时的干扰校正。通常商品电极都会提供经实验测定的 $K_{i,j}$，用此值可估算干扰离子对测定产生的误差，

判断某种离子存在时测定方法是否可行。相对误差（E_r）的计算公式为

$$E_r = \frac{K_{i,j}(a_j)^{n_i/n_j}}{a_i} \times 100\%$$

三、测定电位选择系数的方法

离子选择性电极的 $K_{i,j}$ 受各种实验条件的影响，目前还没有理论计算值，是在一定条件下的实测值。它的测定方法主要有如下几种。

1. 分别溶液法

分别溶液法包括等活度法和等电位法，下面以等活度法为例介绍。分别配制相同活度的响应离子 i 和干扰离子 j，然后分别测定其电位值。以 25℃ 温度条件下为例，可按照下列公式的推导过程计算。

$$\varphi_i = K + \frac{0.059V}{z_i}\lg a_i$$

$$\varphi_j = K + \frac{0.059V}{z_j}\lg a_j$$

$a_i = a_j = a$，二式相减，得

$$\lg K_{i,j} = \frac{z_j}{0.059V}(\varphi_j - \varphi_i) + \frac{\lg a}{z_i}(z_j - z_i)$$

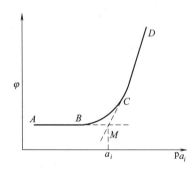

图 10-7 固定干扰法测定电位选择系数

2. 混合溶液法

混合溶液法是在对被测离子与干扰离子共存时，求出选择性系数。它包括固定干扰法和固定主响应离子法。

固定干扰法是先配制一系列含固定活度的干扰离子和不同活度的主响应离子 i 的标准溶液，再分别测定电位值，然后将电位值 φ 对 $\mathrm{p}a_i$ 作图（见图 10-7）。由于 $a_i \gg a_j$，j 的影响可忽略。φ-$\mathrm{p}a_i$ 曲线成为直线 CD 段。

$$\varphi_i = K + \frac{RT}{z_iF}\ln a_i$$

当 a_i 降到 $a_i = a_j$ 时，a_i 可忽略，这时电位由 a_j 决定，φ 对 $\mathrm{p}a_i$ 曲线成为直线 AB。

$$\varphi_j = K + \frac{RT}{z_iF}\ln(K_{i,j}a_j^{z_i/z_j})$$

AB、CD 延长交于点 M 处 $\varphi_i = \varphi_j$，可得

$$a_i = K_{i,j}a_j^{z_i/z_j} \qquad K_{i,j} = \frac{a_i}{a_j^{z_i/z_j}}$$

四、离子选择性电极的分析测试方法

1. 离子选择性电极测定离子浓度的条件

离子选择性电极响应的是离子的活度，离子的活度与浓度的关系为

$$a_i = \gamma_i c_i$$

式中　γ_i——i 离子的活度系数，$\gamma_i \leqslant 1$；

　　　c_i——i 离子的浓度。

　　因此，用离子选择性电极测定离子浓度的条件是，在用标准溶液校准电极和用此电极测定试液的两个步骤中，必须保持离子的活度系数不变。由于离子的活度系数是离子强度的函数，则要求保持溶液的离子强度不变。为此，常用的方法是在试液和标准溶液中加入相同量的惰性电解质，即离子强度调节剂。常用的离子强度调节剂有 NaCl、KCl 等。有时将离子强度调节剂、pH 缓冲溶液和消除干扰的掩蔽剂事先混合在一起加入。此混合溶液称为总离子强度调节缓冲剂，其英文缩写为 TISAB。TISAB 的作用是：维持试液和标准溶液的离子强度恒定；保持试液在离子选择性电极适宜的 pH 范围内，避免 H^+ 或 OH^- 的干扰；掩蔽干扰离子，使被测离子释放成可检测的游离离子。例如，用氟电极测定水中的 F^- 时，加入的 TISAB 的组成为 1mol/L NaCl、0.25mol/L HAc、0.75mol/L NaAc 及 0.001mol/L 柠檬酸钠。其中 NaCl 用于调节溶液的离子强度；HAc-NaAc 组成缓冲体系，使溶液的 pH 保持在氟电极适宜的 pH 范围（5～6）内；柠檬酸钠作为掩蔽剂消除 Al^{3+}、Fe^{3+} 的干扰。

2. 标准曲线法

　　配制一系列待测离子的标准溶液，向标准溶液和待测溶液中加入相同量的总离子强度调节缓冲剂，在同一条件下依次测定各标准溶液的电动势。以各标准溶液的电动势为纵坐标，离子活度（浓度）的对数（或负对数）为横坐标，绘制标准曲线。在同样条件下测量待测溶液的电动势，从标准曲线上查得待测溶液中离子的活度（浓度）。图 10-8 为 F^- 的标准曲线。

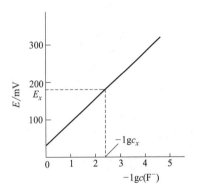

图 10-8　F^- 的标准曲线

　　标准曲线法适用于组成简单并已知的大批同种试样的测定。对于要求不高的少数试样，可用与试液浓度相近的标准溶液，在相同条件下分别测出 E_x 和 E_s，再用测 pH 的相似公式计算组分的浓度。即

$$\lg c_x = \lg c_s + \frac{E_x - E_s}{S}$$

式中　c_x——待测试液的浓度，mol/L；

　　　c_s——标准溶液的浓度，mol/L；

　　　S——电极斜率，可对两份不同浓度的标准溶液，在相同条件下测出 E，再用公式

$$S = \frac{E_1 - E_2}{\lg c_1 - \lg c_2} 求得。$$

3. 标准加入法

　　在一定条件下，向一定体积的待测溶液中准确加入少量离子活度已知的标准溶液，分别测定加入标准溶液前后待测溶液的电动势，根据能斯特方程计算出待测离子的活度（或浓度）。

　　设某一试液的体积为 V_x，待测离子的浓度为 c_x；加入的标准溶液的体积为 V_s，浓度为 c_s；加入标准溶液前后待测溶液的电池电动势分别为 E_x 和 E_{x+s}。在 25℃时，则有

$$E_x = K' + \frac{0.059}{n} \lg x_1 \gamma c_x$$

式中　γ——加入标准溶液前离子的活度系数；

　　　x_1——加入标准溶液前游离离子的分数。

$$E_{x+s} = k + \frac{0.059}{n} \lg x_2 \gamma'(c_x + \Delta c)$$

式中　γ'——加入标准溶液后离子的活度系数；

$\quad\quad x_2$——加入标准溶液后游离离子的分数；

$\quad\quad \Delta c$——加入标准溶液后待测离子浓度的增量。

$$\Delta c = \frac{c_s V_s}{V_x + V_s}$$

由于 c_s 约为 c_x 的 100 倍，V_s 约为 V_x 的 1%，因而

$$\Delta c = \frac{c_s V_s}{V_x}$$

因 $V_s \ll V_x$，加入标准溶液前后待测溶液的活度系数基本保持恒定，即 $\gamma \gg \gamma'$，假定 $x_1 \gg x_2$，则加入标准溶液前后待测溶液的电动势变化值（ΔE）为

$$\Delta E = \frac{0.059}{n} \lg \frac{c_x + \Delta c}{c_x}$$

令 $S = \dfrac{0.059}{n}$，则

$$c_x = \Delta c (10^{\Delta E/S} - 1)^{-1}$$

上式对阴离子和阳离子的测定都适用，只要测出 ΔE 和 S，计算出 Δc，即可求出 c_x。

响应斜率 S 可通过计算获得，但理论值和实际值常有偏差。为了减小误差，最好在实验条件下自行测定。简便的测定方法是，在测定待测试液的电动势 E_x 后，将待测试液稀释一倍，再测其电动势 E'_x，则实际响应斜率 $S = \dfrac{|E'_x - E_x|}{\lg 2}$。

标准加入法只需一种标准溶液，且操作简便，适用于组成复杂的个别样品的测定，能较好消除试样基体干扰，测定准确度高。

五、离子选择性电极在分析测试中的应用

离子选择性电极能直接测定液体样品，溶液的颜色和浊度一般也不影响测试结果。对复杂的样品无需预处理，只要调节溶液的 pH 和离子强度就可以进行测定。

1. 离子活度（浓度）的测定

与 pH 的电位法测定相似，离子活度（浓度）的电位法测定是将待测离子的选择性电极与参比电极插入待测溶液中组成工作电池，并测量该电池的电动势。例如，用氟电极为指示电极，饱和甘汞电极为参比电极，测量试液中 F^- 的装置如图 10-9 所示。

图 10-9 中 F^- 的电位法测定电池的组成可表示为

（一）$Hg \mid Hg_2Cl_2 \mid KCl$（饱和）$\parallel$ 试液 $\mid LaF_3 \mid NaF + NaCl$（0.1mol/L）$AgCl \mid Ag$（+）

该电池的电动势为

$$E = E_{F^-} - E(Hg_2Cl_2/Hg) + E_L$$

25℃时 F^- 的电位法测定电池的电动势为

$$E = K' - 0.059 \lg a_{F^- 试}$$

或　　　$E = K' + 0.059 pF_试$

以各种离子选择性电极为指示电极与参比电极组成电池，测定与其响应的相应离子活度时的电池电动势，可用下列通式表示。

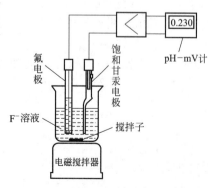

图 10-9　F^- 的电位法测定装置示意图

25℃时　　　$\varphi = K' \pm \dfrac{0.059}{n_i} \lg a_i$

上式中，当离子选择性电极作正极，对阳离子响应的电极，电池常数 K' 后一项取"＋"号；对阴离子响应的电极，K' 后一项取"－"号。

与 pH 的测定同理，K' 也是一个复杂的项，也需要用一已知离子活度的标准溶液为基准，通过比较待测溶液和标准溶液构成电池的电动势，来确定待测溶液的离子活度。但目前能提供校准离子选择性电极用的标准活度溶液，除用于校准 Cl^-、Na^+、Ca^{2+}、F^- 电极用的 $NaCl$、KF、$CaCl_2$ 外，其他离子活度标准溶液尚无标准。通常在要求不高，并保持离子活度系数不变的情况下，可用浓度代替活度而进行测定。

2. 离子选择性电极的应用

一些常见的离子选择性电极与分析应用见表 10-7。

表 10-7　一些常见的离子选择性电极与分析应用

电极	膜材料	分析对象	测定浓度	pH 值
氟电极	LaF_3-PrF_3	测定水质、尿、血、骨灰、电镀液、水泥、炉渣、黄铁矿、磷矿、大理石等中的 F^-，测定有机物硅酸乙酯中的 $Si(Ⅳ)$	$(1\sim5)\times10^{-7}$	$5\sim7$
氯电极	$AgCl$-Ag_2S	测定石油水质、土壤、铜锌电镀液、硅酸盐中微量 Cl^-	$(1\sim5)\times10^{-5}$	$2\sim12$
氰电极	AgI	测定工业废水中氰化物	$10^{-2}\sim10^{-6}$	中性或碱性
硫电极	Ag_2S	测定工业废气中 S^{2-}、二氧化钛中 S^{2-}	$0.1\sim10^{-7}$	$2\sim12$
银电极	Ag_2S	测定电影制片厂废水中 Ag^+	$1\sim10^{-6}$	$2\sim11$
汞电极	AgI	汞矿石、土壤中 Hg^{2+}	$10^{-2}\sim10^{-5}$	$2\sim12$
铜电极	CuS-Ag_2S	测定镀铜液中 Cu^{2+}，废水中 Zn^{2+} 的电位滴定	$0.1\sim10^{-7}$	$3\sim5$
镉电极	CuS-Ag_2S	测定水产品中镉，废水中重金属	$0.1\sim10^{-7}$	$3\sim10$
钠电极	玻璃	测定土壤、血中 Na^+	$(1\sim5)\times10^{-7}$	$2\sim12$
钾电极	玻璃	测定水质、血、水泥中 K^+	$(1\sim5)\times10^{-4}$	$3\sim10$
硝酸根电极	季铵盐邻硝基苯十二烷醚液膜	测定水中 NO_3^-	$1\sim10^{-5}$	$2.5\sim10$
钾电极	PVC 膜	生物体中 K^+	$0.1\sim10^{-5}$	$3.5\sim10.5$
钙电极	PVC 膜	生物体中 Ca^{2+}	$(0.1\sim5)\times10^{-6}$	$5\sim10$
氨电极	$0.01mol/L$ NH_4Cl（pH＞11），pH 电极为指示电极	测定废水、土壤中氨，有机胺	$0.1\sim10^{-5}$	＞11
CO_2 电极	$0.01mol/L$ $NaHCO_3$，pH 玻璃电极	测定空气中 CO_2	$0.1\sim10^{-5}$	＜4
SO_2 电极	$0.1mol/L$ 或 $0.01mol/L$ $NaHSO_3$，pH 玻璃电极	测定水、空气中 SO_2	$0.1\sim10^{-6}$	
NO_2 电极	$0.02mol/L$ $NaNO_2$ 柠檬酸盐缓冲液，pH 玻璃电极	测定水、空气中 NO_2	$0.1\sim10^{-6}$	
Cl_2 电极	$NaHSO_4$ 缓冲液 pH 玻璃电极	测定空气中 Cl_2	$(0.1\sim5)\times10^{-3}$	

第五节　电位滴定法

一、基本原理和滴定装置

1. 基本原理

　　将指示电极和参比电极插入待测溶液组成电池，用手动滴定管或电磁阀控制的自动滴定管向待测溶液中滴加滴定剂，使之与待测离子定量发生化学反应。随着滴定反应的进行，溶液中待测离子的浓度不断发生变化，导致指示电极电位及电池电动势的相应改变。当滴定到达终点时，待测离子浓度的突变引起电池电动势的突跃，由精密毫伏计的电池电动势（或pH）读数的突跃可判断滴定终点的到达。根据滴定剂和待测组分反应的化学计量关系，由滴定过程中消耗的滴定剂的量即可计算待测组分的含量。

　　由此可见，电位滴定法与化学滴定分析法即容量分析法的根本区别，就在于判断滴定终点的方法不同。与用指示剂确定滴定终点的化学滴定分析法相比，电位滴定法判断终点更为准确、可靠，可用于无法用指示剂判断终点的浑浊或有色溶液的滴定，并可用于常量滴定和微量滴定。

2. 电位滴定装置

　　电位滴定法是根据滴定过程中指示电极电位（或电池电动势）的突变来确定滴定终点的一种滴定分析方法。

　　电位滴定装置如图 10-10 所示，主要由滴定管、滴定池、指示电极、参比电极、搅拌器和电池电动势测量装置等组成。

　　（1）滴定管　用于盛装滴定剂。可根据被测物质含量的高低，选用常量滴定管、微量滴定管或半微量滴定管。

　　（2）指示电极　用于指示被滴定离子浓度的变化，应根据被滴定物质的性质合理选择。

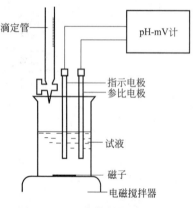

图 10-10　电位滴定装置示意图

　　（3）参比电极　电位滴定中，一般选用饱和甘汞电极作参比电极。实际工作中应使用产品分析标准规定的指示电极和参比电极。

　　（4）滴定池　用于存放被滴定溶液，应根据滴定剂和被滴定物质的性质选择玻璃或塑料等材料的滴定池。

　　（5）电池电动势测量装置　为高阻抗毫伏计，可用酸度计或离子计替代。

二、电位滴定终点的确定方法

1. 实验方法

　　进行电位滴定时，先称取一定量试样制成试液，用移液管移取一定体积置于滴定池中，插入指示电极和参比电极，将标准溶液（滴定剂）装入滴定管中，按图 10-10 组装好装置。开启电磁搅拌器和毫伏计，读取滴定前试液的电池电动势（读数前都要关闭电磁搅拌器，待读数稳定后再读数），并记录，然后开始滴定。滴定过程中，每加一次一定量的滴定剂就要测量一次电动势（或 pH）。滴定刚开始时，可滴定快一些，测量间隔大一些（如每滴入

5mL 滴定剂测量一次电动势)。当滴定剂加入约为所需总体积的 90% 时，测量间隔要小一些。滴定至化学计量点附近，应每滴加 0.1mL 滴定剂测量一次电动势，直至电动势变化不大为止。必须记录每次滴入滴定剂的体积及其对应的电池电动势。根据测得的一系列电动势（或 pH）及其相应的消耗滴定剂的体积确定滴定终点。表 10-8 列出了以银电极为指示电极，双盐桥饱和甘汞电极为参比电极，用 0.1000mol/L $AgNO_3$ 溶液滴定 20.00mL NaCl 溶液的实验数据。

表 10-8　0.1000mol/L $AgNO_3$ 溶液滴定 NaCl 溶液的实验数据

$V(AgNO_3)$/mL	E/mV	ΔE/mV	ΔV/mL	$\Delta E/\Delta V$/(mV/mL)	$\overline{V}$/mL	$\Delta^2 E/\Delta V^2$/(mV/mL^2)
5.0	62					
		23	10	2	10.00	
15.0	85					
		22	5	3	17.50	
20.0	107					
		16	2	8	21.00	
22.0	123					
		15	1	15	22.50	
23.0	138					
		8	0.50	16	23.25	
23.50	146					
		15	0.30	50	23.65	
23.80	161					
		13	0.20	65	23.90	
24.00	174					
		9	0.10	90	24.05	
24.10	183					
		11	0.10	110	24.15	200
24.20	194					
		39	0.10	390	24.25	2800
24.30	233					
		83	0.10	830	24.35	4400
24.40	316					
		24	0.10	240	24.45	−5900
24.50	340					
		11	0.10	110	24.55	−1300
24.60	351					
		7	0.10	70	24.65	
24.70	358					
		15	0.30	50	24.85	
25.00	373					
		12	0.50	24	25.25	
25.50	385					

2. 终点确定方法

电位滴定法确定终点的方法有 E-V 曲线法、$\Delta E/\Delta V$-$\overline{V}$ 曲线法和二阶微商法。

（1）E-V 曲线法　以滴定过程中测得的电池电动势为纵坐标，滴定消耗滴定剂的体积为横坐标绘制 E-V 曲线。E-V 曲线上的拐点（即曲线斜率最大处）所对应的体积即为终点体积（V_{ep}）。确定拐点的方法是，作两条与横坐标成 45° 的 E-V 曲线的平行切线，并在两条切线间作一与两切线等距离的平行线，该线与 E-V 曲线的交点即为拐点，如图 10-11 所示。

（2）$\Delta E/\Delta V$-$\overline{V}$ 曲线法又称一阶微商法　若 E-V 曲线较平坦，突跃不明显，则可绘制 $\Delta E/\Delta V$-$\overline{V}$ 曲线。$\Delta E/\Delta V$ 是 E 的变化值与相应的加入滴定剂体积的增量之比。如表 10-8 中，当加入 $AgNO_3$ 24.10～24.20mL，相应的 E 由 183mV 变至 194mV，则

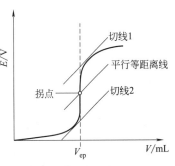

图 10-11　E-V 曲线

$$\frac{\Delta E}{\Delta V} = \frac{24.20 - 24.10}{194 - 183} = 110 (\mathrm{mV/mL})$$

其对应的体积平均值　　　$\overline{V} = \frac{24.10 + 24.20}{2} = 24.15 (\mathrm{mL})$

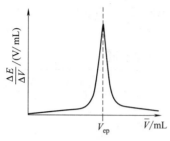

图 10-12　$\Delta E / \Delta V$-$\overline{V}$ 曲线

将 $\Delta E / \Delta V$ 对 $\overline{V}$ 作图，可得一峰形曲线（如图 10-12 所示），曲线最高点由实验点连线外推所得，其对应的体积即为终点体积（V_{ep}）。用此法作图确定滴定终点较为准确，但较烦琐。

（3）二阶微商法　此方法是基于 $\Delta E / \Delta V$-$\overline{V}$ 曲线的最高点正是 $\Delta^2 E / \Delta V^2$ 为零的点。二阶微商法有作图法和计算法两种。

① $\Delta^2 E / \Delta V^2$-V 曲线法　以 $\Delta^2 E / \Delta V^2$ 对 V 作图可得二阶微商曲线，曲线的最高点和最低点的连线与横坐标的交点即为终点体积（V_{ep}），如图 10-13 所示。

② 二阶微商计算法　GB/T 9725—2007《化学试剂　电位滴定法通则》规定电位滴定法确定终点可用 $\Delta^2 E / \Delta V^2$-V 曲线法，也可用计算法，但实际中一般多采用二阶微商计算法。

在表 10-8 中，加入 $AgNO_3$ 标准溶液 24.30mL 时，$\Delta^2 E / \Delta V^2$ 为

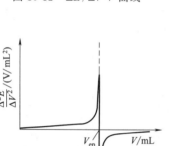

图 10-13　$\Delta^2 E / \Delta V^2$-V 曲线

$$\frac{\Delta^2 E}{\Delta V^2} = \frac{\left(\frac{\Delta E}{\Delta V}\right)_{24.35} - \left(\frac{\Delta E}{\Delta V}\right)_{24.25}}{\Delta V} = \frac{830 - 390}{24.35 - 24.25} = 4400 (\mathrm{mV/mL^2})$$

同理，加入 $AgNO_3$ 标准溶液 24.40mL 时，$\Delta^2 E / \Delta V^2$ 为

$$\frac{\Delta^2 E}{\Delta V^2} = \frac{\left(\frac{\Delta E}{\Delta V}\right)_{24.45} - \left(\frac{\Delta E}{\Delta V}\right)_{24.35}}{\Delta V} = \frac{240 - 830}{24.45 - 24.35} = -5900 (\mathrm{mV/mL^2})$$

则终点体积必在 $\Delta^2 E / \Delta V^2$ 为 4400 和 -5900 所对应的体积之间，可用内插法计算而得，即

滴定体积/mL

$\dfrac{\Delta^2 E}{\Delta V^2} /$（$\mathrm{mV/mL^2}$）

$$\frac{V_{ep} - 24.30}{24.40 - 24.30} = \frac{0 - 4400}{-5900 - 4400}$$

解得　　　$V_{ep} = 24.30 + \dfrac{0 - 4400}{-5900 - 4400} = 24.34 (\mathrm{mL})$

三、电位滴定法的应用

电位滴定法可用于酸碱滴定、沉淀滴定、配位滴定及氧化还原滴定。不同类型滴定中的滴定反应不同，因此需根据具体滴定反应的特点选择合适的指示电极和参比电极。表 10-9 列出了各类滴定常用的指示电极和参比电极，以供参考。

表 10-9 各类滴定常用的电极

序号	滴定类型	指示电极	参比电极
1	酸碱滴定	pH 玻璃电极,锑电极	甘汞电极
2	沉淀滴定	银电极,硫化银膜电极等离子选择性电极	双盐桥甘汞电极,玻璃电极
3	氧化还原滴定	铂电极	甘汞电极,玻璃电极
4	配位滴定	金属基电极,汞电极,离子选择性电极	甘汞电极

1. 酸碱滴定

酸碱滴定中,需选用能指示溶液 pH 变化的指示电极。通常选用 pH 玻璃电极作指示电极,饱和甘汞电极作为参比电极。目前应用最多的是由 pH 玻璃电极和 Ag-AgCl 合为一体的 pH 复合电极,使用极为方便。

传统的指示剂法确定滴定终点无法准确测定($c_aK_a < 10^{-8}$ 或 $c_bK_b < 10^{-8}$)的弱酸或弱碱,而用电位滴定法可测定 $c_aK_a \geqslant 10^{-10}$ 和 $c_bK_b \geqslant 10^{-10}$ 的弱酸及弱碱。太弱的酸和碱,或不易溶于水而溶于有机溶剂的酸和碱,不能在水溶液中滴定,可在非水溶剂中进行电位滴定。例如,在冰醋酸介质中可用 $HClO_4$ 溶液滴定吡啶;在乙醇介质中可用 HCl 溶液滴定三乙醇胺;在异丙醇和乙二醇混合介质中可以滴定苯胺和生物碱;在丙酮介质中可以滴定高氯酸、盐酸、水杨酸的混合物等。

2. 沉淀滴定

沉淀电位滴定中,应根据不同的沉淀反应选用不同的指示电极,常用的有银电极、铂电极和离子选择性电极等。参比电极应选用双盐桥饱和甘汞电极或玻璃电极。例如,以银电极为指示电极,可用 $AgNO_3$ 滴定 Cl^-、Br^-、I^-、CNS^-、S^{2-}、CN^- 等及一些有机阴离子。用铂电极作指示电极,可用 $K_4Fe(CN)_6$ 滴定 Pb^{2+}、Cd^{2+}、Zn^{2+}、Ba^{2+} 等金属离子,还可间接滴定 SO_4^{2-}。

3. 氧化还原滴定

氧化还原滴定的滴定反应为氧化还原反应,需用不参与氧化还原反应即性质稳定的电极,通常用惰性电极如铂电极作为指示电极,饱和甘汞电极或钨电极作为参比电极。可用 $KMnO_4$ 溶液滴定 I^-、NO_2^-、Fe^{2+}、V^{4+}、Sn^{2+}、$C_2O_4^{2-}$ 等,用 $K_2Cr_2O_7$ 溶液滴定 Fe^{2+}、Sn^{2+}、I^-、Sb^{2+} 等。

为了保证指示电极的灵敏度,铂电极应保持光亮,如被玷污或氧化,可用 10% 硝酸浸洗以除去杂质。

用指示剂法判断滴定终点的氧化还原滴定中,要求氧化剂电对和还原剂电对的标准电极电位之差 $\Delta E \geqslant 0.36V(n_1 = n_2 = 1)$,而电位滴定中只需 $\Delta E \geqslant 0.2V$,则能准确测定待测物质的含量。

4. 配位滴定

使用汞电极作指示电极,可用 EDTA 滴定 Cu^{2+}、Zn^{2+}、Ca^{2+}、Mg^{2+}、Al^{3+} 等多种离子。配位滴定还可用离子选择性电极作指示电极。例如,用钙离子电极作指示电极,可用 EDTA 滴定 Ca^{2+};以氟电极作指示电极,可用镧滴定氟化物。可见,电位滴定法扩大了离子选择性电极的应用范围。

四、自动电位滴定法

上述电位滴定中,是用手动滴定,并随时测量、记录滴定剂体积和电池电动势,最后通过绘图或计算来确定滴定终点，此方法烦琐而费时。如果使用自动电位滴定仪即可解决上述问题。目前使用的自动电位滴定仪主要有三种类型。

第一种为保持滴定速度恒定，在记录仪上自动记录完整的 E-V 滴定曲线，然后根据上述方法确定终点。

第二种是将滴定电池两极间的电位差与预设电位差（即用上述手动方法确定的终点电位）相比较，两信号的差值经放大后用来控制滴定速度，近终点时滴定速度降低，终点时（即滴定至预定终点电位）自动停止滴定。

第三种是基于化学计量点时，滴定电池两极间电位差的二阶微商由大降至最小，从而启动继电器，并通过电磁阀自动关闭滴定管滴定通路，再从滴定管上读出滴定终点时滴定剂消耗的体积。此仪器不需要预设终点电位，自动化程度较高。

商品自动电位滴定仪有多种型号，如 DZ-2、DZ-3、DZ-4 型自动电位滴定仪和 MIA-3-DAB-B 全自动电位滴定仪等。目前使用较为普遍的是 DZ-2 型自动电位滴定仪。

DZ-2 型自动电位滴定仪，是由 DZ-2 型滴定计和 DZ-1 型滴定装置通过双头连接插塞线组合而成。它是根据"终点电位补偿"原理设计的。仪器能自动控制滴定速度，终点时会自动停止滴定，其结构如图 10-14 所示。

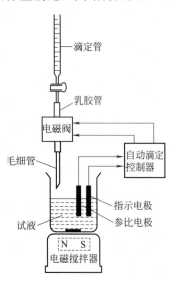

图 10-14　DZ-2 型自动电位
滴定装置示意图

插在试液中的指示电极和参比电极与自动滴定控制器相连，自动滴定控制器与滴定管的电磁阀相连接。进行自动电位滴定前，先将仪器的比较电位调到预先用手动方法测得的终点电位，滴定开始至终点前设定的终点电位与滴定池两电极的电位差不相等，控制器向电磁阀发出吸通信号，电磁阀自动打开，使滴定剂滴入试液中。当接近终点时，两者的电位差逐渐减小，电磁阀吸通时间逐渐缩短，滴定剂滴入速度逐渐减慢。到达滴定终点时，设定的电位与滴定池两电极的电位差相等，控制器无电位差信号输出，电磁阀自动关闭，终止滴定。DZ-2 型滴定计单独使用时可作为 pH 计或毫伏计，DZ-1 型滴定装置单独使用时可作为电磁搅拌器。

现代的自动电位滴定已广泛采用计算机控制。计算机对滴定过程中的数据自动采集、处理，并利用滴定反应化学计量点前后电位突变的特性，自动寻找滴定终点、控制滴定速度，到达终点时自动停止滴定，因此更加自动而快速。

第十一章
极谱和伏安分析法

第一节 极谱分析法

一、概述

极谱分析法是以滴汞电极做工作电极电解被分析物质的稀溶液，根据电流-电压曲线进行分析的方法。极谱分析法具有灵敏度高、分析速度快、易实现自动化、重现性好、应用范围广等特点。自 1922 年 J. Heyrovsky 开创极谱学以来，极谱分析在理论和实际应用上发展迅速。在普通极谱的基础上，出现了单扫描极谱、交流极谱、方波极谱、脉冲极谱、溶出伏安法和极谱催化波等新型快速灵敏的现代极谱新技术，它已成为化学化工、生物化学、医药卫生等各方面一种常用的分析方法和研究手段。就测定的成分来说，凡能在滴汞电极上起氧化还原反应的物质，都可以用极谱法进行测定。金属元素、非金属元素，硝基、亚硝基、偶氮、偶氮羟基类化合物，醛、酮、醌类化合物，杂环化合物，氢醌化合物，维生素 C 等有机化合物都可以用极谱法分析。

二、直流极谱分析

1. 仪器装置

经典极谱或称直流极谱的最简单装置如图 11-1。

三个主要部分：电解池、加压装置、测电流装置

电解池：滴汞电极（每滴 3～5s）；参比电极（饱和甘汞电极）；被测溶液（被测物＋支持电解质＋少量极大抑制剂）。

加压装置：直流电源。滑线电阻加在电解池上，将活动键 P 从 A 向 B 滑动，加在电解池上的电压逐渐增大，一般从零加至－2.1V（0.1～0.2V/min）。

测电流装置：由灵敏检流计读出或记录下流过电解池电流的大小。

图 11-1 直流极谱法装置示意图

2. 分析过程

先在溶液中通惰性气体（如氮气、氢气）10～15min，赶去所含的氧，然后停止通气，让溶液静止下来，移动 P 使加到电解池滴汞电极上和甘汞电极上的电压逐渐变化，变化速度很慢，因甘汞电极电势不变化，所以外加电压的变化就是滴汞电极上电压变化，随

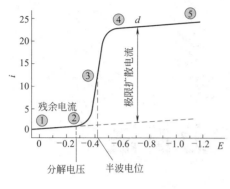

图 11-2　极谱波示意图

电极电势的变化，电流也变化，因滴汞从小变大，所以电流是波动的，得到电流-电压（$i\text{-}E$）曲线，称为极谱波，如图 11-2。

图中①～②段，电流值很小，称为残余电流，②～④段，电流逐渐上升，④～⑤段，电流又基本保持不变，这个电流值扣除残余电流后称为极限扩散电流，大小与反应物浓度成正比。图中半波电势定义为当电流为极限扩散电流一半时所对应的电势，用 $E_{1/2}$ 表示。与反应物浓度无关，由反应物本性决定，$E_{1/2}$ 可做定性分析。

假定电解池中盛放 $CdCl_2$ 溶液（浓度 $10^{-3}\,mol/L$，$0.1\,mol/L$ KCl 溶液中）并通 N_2 除氧使汞滴以每滴 $3\sim4s$ 的速度滴下，并移动 P 键使电压自零逐渐加压，在未达 Cd^{2+} 的还原电势前，只有微小的电流通过，相当于 $i\text{-}E$ 曲线的①～②部分（残余电流），当电势达 Cd^{2+} 的还原电势 E_d 时（$-0.5\sim-0.6V$ 间），Cd^{2+} 开始在滴汞电极上反应，生成 Cd 并与汞合为汞齐

$$Cd^{2+}+2e^-+Hg =\!= Cd(Hg)$$

此时阳极上，汞氧化为 Hg_2^{2+} 并和溶液中 Cl^- 化合为甘汞，反应为

$$2Hg+2Cl^--2e^- =\!= Hg_2Cl_2$$

电势稍稍增加，电流就迅速增大，相当于②～④部分，由于滴汞电极上发生了 $Cd^{2+}\rightarrow$ Cd（Hg）的反应，电极界面上 Cd^{2+} 减少，溶液内部的 Cd^{2+} 就扩散到电极表面，并继续放电。电流大小决定于 Cd^{2+} 从内部扩散到滴汞电极表面的流量，其扩散流量与电极表面的浓度梯度成正比，当滴汞电极的电势达 d 点时，电极表面 Cd^{2+} 浓度已达到零，这时，扩散流量与本体溶液中 Cd^{2+} 的浓度 c^* 成正比，电流也与 c^* 成正比，所以电势再负时电流也不改变了，相当于④～⑤段，此时电流达最大值，称极限扩散电流 i_d。

3. 扩散电流方程

$$\bar{i}=\frac{1}{t_m}\int_0^{t_m} i\,\mathrm{d}t=\frac{1}{t_m}\int_0^{t_m} 708nD^{1/2}m^{2/3}t_m^{1/6}(c^*-c^s)\,\mathrm{d}t$$
$$=607nD^{1/2}m^{2/3}t_m^{1/6}(c^*-c^s)$$

当 $c^s=0$ 时，电流达平均极限扩散电流 $\bar{i}_d$

$$\bar{i}_d=607nD^{1/2}m^{2/3}t_m^{1/6}c^* \qquad \text{Ⅱ Kovic 方程}$$

式中　$\bar{i}_d$——每滴汞上的平均极限扩散电流，μA；

　　　n——电极反应中转移的电子数；

　　　D——扩散系数；

　　　t_m——滴汞周期，s；

　　　c^*——待测物原始浓度，mmol/L；

　　　c^s——电极表面浓度，mmol/L；

　　　m——汞流速度，mg/s。

其中 n，D 取决于被测物质的特性；将 $607nD^{1/2}$ 定义为扩散电流常数，值越大，测定越灵敏；m，t_m 取决于毛细管特性，$m^{2/3}t_m^{1/6}$ 定义为毛细管特性常数。

4. 影响扩散电流的因素

（1）溶液搅动的影响　扩散电流常数 $607nD^{1/2}$（n 和 D 取决于待测物质的性质）应与

滴汞周期无关，但与实际情况不符。原因是汞滴滴落使溶液产生搅动。加入动物胶（0.005%），可以使滴汞周期降低至 1.5 s。

（2）被测物浓度影响　被测物浓度较大时，汞滴上析出的金属多，改变汞滴表面性质，对扩散电流产生影响。故极谱法适用于测量低浓度试样。

（3）温度影响　温度影响公式中的各项，室温下，温度每增加 1℃，扩散电流增加约1.3%，因此控温精度须在±0.5℃范围内。

5. 极谱波方程

在极谱图上，电流急速上升的部分叫做一个"极谱波"，描述与表达极谱波上的电流与滴汞电极电位间的数学关系式，称为极谱波方程，极谱波的种类不同，其极谱波方程式也不同。

（1）极谱波按电极反应的可逆性来分

① 可逆波　当电极反应速率比扩散速率快得多时，电极过程决定于扩散过程，极谱波上任一点的电流都是受扩散速率所控制，这种电流仅由扩散速率控制的极谱波称为可逆波。对于可逆波，在任一电位下，电极表面上可还原物质的氧化态与还原态随时都是处于平衡中，且符合 Nernst 方程。

② 不可逆波　当电极反应速率比扩散速率慢时，整个电极过程，既受扩散控制，又受电极反应控制，这时产生的极谱波称为不可逆波，由于电极反应本身速率慢，滴汞电极上的电位必须加到比可逆波电位更负时，才能得到相同的电流，因而不可逆波的起波电位比可逆波要负，且波形拉得较长，见图 11-3。

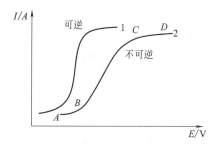

图 11-3　可逆波与不可逆波

可逆与不可逆极谱波的半波电位之差就是产生不可逆波所需的超电位，从不可逆波曲线 2 可以看到，当电极电位不够负时（AB 段），由于电极反应慢，实际上没有明显的电流通过，电流完全受电极反应速率控制；当电位向更负方向增加时，超电位逐渐被克服，电极反应速率增加（BC 段），此时电流受两者控制；当电位更负时超电位完全被克服，电极反应速率已变得很快，此时电流实际上已完全受扩散控制，达到极限电流的数值（CD 段）。

（2）按电极反应氧化还原性质来分

① 还原波　被测物质的氧化态在作为阴极的滴汞电极上产生还原反应而得到的极谱波称为还原波，又称阴极波，按习惯，还原电流 i_c 为正电流（正值）。

② 氧化波　被测物质的还原态在作为阳极的滴汞电极上产生氧化反应而得到的极谱波称为氧化波，又称阳极波，习惯上，氧化电流 i_a 为负电流（负值）。

③ 完全波（混合波）　被测物质的氧化态与还原态共存于溶液中，当滴汞电极电位由正到负，或由负到正时，得到既有阳极波又有阴极波的完全波。

（3）按电极反应物质类型来分

① 简单金属离子　简单金属离子还原成金属，溶于汞中形成汞齐。简单金属离子还原成金属，不溶于汞中，沉积汞上。简单金属离子由高价态成低价态，溶于溶液中。

② 络离子　金属络离子→金属，成汞齐，金属络离子由高价态到低价态，均溶于溶液中。

③ 有机化合物极谱波　多数有 H^+ 参加反应。

可逆极谱波方程式（简单金属离子→金属，成汞齐）

$$E = E_{1/2} - \frac{RT}{nF}\ln\frac{i}{i_d-i} \quad E_{1/2} = E^{\ominus\prime} - \frac{RT}{nF}\ln\frac{\gamma_a K_M}{\gamma_M K_a} = 常数$$

$$25℃时 \quad E = E_{1/2} - \frac{0.059}{n}\ln\frac{i}{i_d-i}$$

由该式可以计算极谱曲线上每一点的电流与电位值。$i = i_d/2$ 时，$E = E_{1/2}$ 称之为半波电位，极谱定性的依据。

6. 干扰电流与抑制

残余电流为在去极剂分解电势以前所观察到的微小电流称残余电流。包括以下两类：

① 由杂质引起的电流　这类杂质往往一开始就产生电解电流，只能用除杂质法除去。消除方法：可通过试剂提纯、预电解、除氧等。

② 充电电流（电容电流）　与使用极谱的滴汞电极有关，它是由于对不断增长的汞-溶液界面上的双电层的充电过程所产生的电流，所以电容电流又叫做充电电流，它是影响极谱分析灵敏度的主要因素，较难消除。充电电流约为 10^{-7} A 的数量级，相当于 $10^{-5} \sim 10^{-6}$ mol/L 的被测物质产生的扩散电流。在任何电极界面都有双电层，汞和溶液界面也存在双电层，它是一个电容器，此双电层之间有一电势，从金属指向溶液的电势就是电极电势，此电势大小与单位面积上的电荷成正比，如金属面上单位面积带正电荷越多，电极电势越正。

在产生极谱电流时，溶液中去极剂的滴汞表面运动有三种方式：扩散、对流和电迁移。扩散是由电极界面上不同区域的浓度差造成。对流由溶液相对于电极流动造成，如溶液搅动、振动，极谱中要避免对流。电迁移是由带电荷的反应离子或极性分子在电场力作用下，由于静电引力或斥力而产生的运动，如阳离子向阴极运动，阴离子向阳极运动。极谱分析中电迁移产生的电流要设法消除，消除去极剂电迁移电流的方法是加入比去极剂量大 100 倍以上的支持电解质（如 KCl），迁移电流的大小与去极剂离子在溶液中的迁移数有关（因电迁移是分配到每个离子上的），加入超过去极剂约 100 倍的支持电解质，使去极剂的离子迁移数降至可以忽略，故消除电迁移电流。

在极谱分析中，常常出现一种特殊的现象，就是电解开始时，电流随电势的增加迅速增加到一个很大的数值，随即落下，到极限扩散电流后电流才保持不变，这种现象称"极谱极大"（简称"极大"）。极大具有普遍性：绝大多数离子在滴汞电极上还原时都产生极大，只有半波电位在 -0.5V 左右的离子的还原波一般没有极大，如氯化物底液中 Cd^{2+}，In^{3+}。极大具有再现性：即无论电位由正到负，或由负到正，极大总在一定电位下出现，在一定电位下极大电流也是固定的。极大的高度与被测物质的浓度有关：浓度大，极大高，但两者之间无简单数学关系，一般情况下，浓度低，极大电流小，甚至不出现极大。极大电流的大小与滴汞周期有关，周期越长，极大电流越小，反之，周期短，极大电流大。在滴汞电极的零电荷电位附近，不产生极大。极大有两种形状：一种尖峰状，呈直线下降；另一种像小丘，呈缓慢下降。

极大的产生是由于电极表面液体的流动，汞滴上下两端表面张力不同，造成其表面汞的流动，从而使电流升高，即除扩散电流外，还存在对流传质产生的电流。

极大的消除方法主要为加极大抑制剂（表面活性物质）。极大抑制剂种类很多：有蛋白质类的物质，如动物胶、明胶、阿拉伯胶；有染料类物质，如甲基红、亚甲基蓝、溴酚蓝等；还有其他类，如樟脑、甲基纤维素等。极大抑制剂的用量很重要，用量低，不能完全抑制极大，用量高，会影响扩散电流，使其降低，甚至波形改变，所以一般要通过实验来决定。实验工作中，动物胶用得较多，配制时温度不宜过高，因为它易变质，最好现用现配，储存液最多不超过 72h，其用量一般为 $0.002\% \sim 0.01\%$。

7. 极谱定性定量方法

一般情况下，不同金属离子具有不同的半波电位，且不随浓度改变，分解电压则随浓度改变而有所不同，故可利用半波电位进行定性分析。同一离子在不同溶液中，半波电位不同。金属络离子比简单金属离子的半波电位要负，稳定常数越大，半波电位越负；两离子的半波电位接近或重叠时，选用不同底液，可有效分离，如 Cd^{2+} 和 Tl^+ 在 NH_3 和 NH_4Cl 溶液中可分离（Cd^{2+} 生成络离子）；极谱分析的半波电位范围较窄（2V），采用半波电位定性的实际应用价值不大。

极谱定量分析方法的分析依据为 $i_d = Kc$。极谱波高的测量方法可分为平行线法、切线法、矩形法。

定量方法为如下几种。

（1）比较法（完全相同条件）

$$c_x = \frac{h_x}{h_s} c_s$$

式中，c_s、h_s 为标准溶液的浓度和波高。

（2）标准曲线法　配制一系列不同浓度的欲测离子的标准溶液，在相同的实验条件下测定极限电流，校正残余电流及扩散电流，绘制 i_d-c 曲线，此曲线称为工作曲线，然后测定未知样品的扩散电流，从工作曲线上查找出未知样品的浓度。此法适用于大批量同一类试样的分析，注意试样测定条件和标准样相同。

（3）标准加入法　先做未知溶液的极谱图，得到 h_1，然后往溶液中加入一定量（已知量）的欲测离子的标准溶液，得到 h_2

$$h_1 = Kc_x \quad K = \frac{h_1}{c_x}$$

$$h_2 = K \frac{Vc_x + V_s c_s}{V + V_s}$$

将 $K = h_1/c_x$ 代入上式，整理得

$$c_x = \frac{h_1 V_s c_s}{h_2(V + V_s) - h_1 V}$$

三、交流极谱、方波极谱和脉冲极谱分析

1. 交流极谱分析

交流极谱是将一个小振幅（几毫伏到几十毫伏）的低频正弦电压叠加在直流极谱的直流电压上面，通过测量电解池的交流电流来确定电解池中被测物质浓度的电化学分析法，它是控制电位极谱法的一种。直流极谱的直流极化电位上叠加一小振幅的正弦交流电压，它的振幅为 $10 \sim 50 mV$，频率小于 $100 Hz$，测量由此引起的通过电解池的交流电流，得到峰形的极谱波。其峰高与待测物的浓度在一定范围内有线性关系。

在直流极谱法的线路中，引入交流电压，通过电解池的交流电流在电阻 R_1 上产生电压，经放大器放大后，用真空管伏特计测量。电容 C 割断了电解池中直流电流的影响（图11-4）。在交流极谱仪上得到的交流电流-直流电位曲线称为交流极谱图。将一个小振幅（几毫伏到几十毫伏）的低频正弦电压叠加在直流极谱的直流电压上面，通过测量电解池的支流电流得到交流极谱波，峰电位等于直流极谱的半波电位 $E_{1/2}$，峰电流 i_p 与被测物质浓度成正比。该法的特点是：

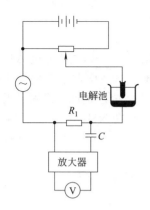

图 11-4　交流极谱仪线路图

① 交流极谱波呈峰形，灵敏度比直流极谱高，检测下限可达到 10^{-7} mol/L。

② 分辨率高，可分辨峰电位相差 40mV 的相邻两极谱波。

③ 抗干扰能力强，前还原物质不干扰后还原物质的极谱波测量。

④ 叠加的交流电压使双电层迅速充放电，充电电流较大，限制了最低可检测浓度进一步降低。

交流极谱波的分辨率比直流极谱波好（交流波两峰相差 40mV 就可分开，而直流波要 $90\sim100$mV），灵敏度稍高（1×10^{-5} mol/L），氧的干扰较小。交流极谱波和直流极谱波相比，有两个特点：

① 交流极谱波具有电流峰，类似直流极谱波的一次微分曲线。这是由于交流极谱电流的大小与直流极谱波的 di/dE 有关，直流极谱波上某一点的斜率 di/dE 越大，相应的交流电流也越大；在直流极谱波的半波电位处，交流电流最大，所以极谱波具有电流峰。

② 交流极谱曲线形状与去极剂状态无关。在直流极谱中，当溶液中只有氧化态时，得到的是还原波；当溶液中只有还原态时，得到的是氧化波；当溶液中既有氧化态又有还原态时，得到的是综合波；去极剂存在的状态不同，极谱波的形状和性质也不同。但在交流极谱中，在所有产生上述三种不同直流极谱波的条件下，只得到一种交流极谱波。这是因为，不论是哪种直流极谱波，都是在半波电位处交流的极谱电流最大。

2. 方波极谱分析

充电电流限制了交流极谱灵敏度的提高。将叠加的交流正弦波改为方波，使用特殊的时间开关，利用充电电流随时间很快衰减的特性，在方波出现的后期，记录交流极化电流信号。

方波极谱是在保持交流极谱分辨能力强，前波影响小等优点的基础上，消除电容电流对电解电流的干扰，因而提高了灵敏度，测定下限为 5×10^{-8} mol/L。

1952 年，Barker 提出方波极谱方波极谱是用小振幅的方波电压代替正弦波电压，叠加在直流扫描电压上，其外加电压随时间的变化如图 11-5，得到的波形与交流极谱波相同。

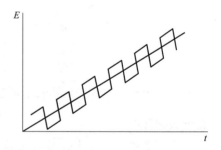

图 11-5　方波极谱中外加电压与时间的关系

在正弦交流极谱中，交流电容电流主要有两个来源：其一是由周期变化的交流电压对电极双层的充放电；其二是由于滴汞的生长使电极双层电容增加引起的电容电流。为了消除这些电流，方波极谱采用了下述方法：为消除交流电压对双层充放电引起的交流电容电流，方波采用方形波交流电压，下面讨论电极上不发生反应和有去极剂进行电极反应的两种情况。

① 电极上没有发生电极反应时电解池的等效电路相当于一个电容器和一个电阻串联，如图 11-6（a）。图中，C 表示滴汞电极双电层电容，R 表示包括溶液在内的整个回路电阻。现讨论方形波对电容器的充放电过程：若加到电解池两极的电压为 E，达平衡状态后，则没有电流流过 R，电容器的电位也是 E，但方波电压 ΔE 叠加在 E 上时（$E+\Delta E$），双电层电

容立即充电，所以产生很大的充电电流（$i_c = \mathrm{d}Q/\mathrm{d}t$），并随 C 被充电后，电压不断增高，充电电流不断减小，直至 C 被充满时，充电电流为零。当方波电压变化至另一半周时（$E - \Delta E$），双电层电容立即放电，产生大的放电电流，同样也随时间的增加愈来愈小，最后趋于零。方波电压通过电解池产生的电容电流是随着时间衰减的。

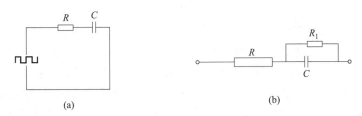

图 11-6　电解池等效电路图

② 当有去极剂反应时，电解池等效电路如图 11-6（b）。图中，R_1 是与电极反应的可逆性和去极剂的性质有关但不是固定值的阻抗，这时线路上有电解电流通过，这个电解电流既有直流成分，又有交流成分。而当直流电压落在起波段时，即半波电位前后部分，此时有去极剂在电极上进行还原反应，产生还原电位（i_f），当方波电压从 E 变至（$E + \Delta E$），去极剂在电极上迅速还原，使电流变为（$i_f + \Delta i_f$），而当方波变为（$E - \Delta E$）时，刚才还原到电极上的去极剂又迅速氧化出来，使电流变为（$i_f - \Delta i_f$），所以，这种情况下，电解电流本身将随着方波的变化而呈方波形状变化，方波脉冲电解电流与去极剂浓度及其它因素有关，Δi_f 值也是随时间变化而不是恒定的。

电容电流和电解电流对时间衰减的情况不同，前者按指数衰减很快，后者按平方根衰减较慢。因此，可以设计一种仪器，只记录每个方波半周期末端的电流，这时电容电流已衰减到可以忽略，而电解电流仍有相当大的值，从而大大提高了信噪比。另电解池电阻 R 对 i_c 的衰减有很大影响。R 越小，衰减越快，一般在方波极谱中要求电解池电阻 R 小于 $100\ \Omega$。由于汞滴的生长，使电极双层电容增大引起的电容电流可以仅测量在汞滴生命的最后一定时间内的电流，汞滴在生命后期电极面积变化很小。这种方波极谱称为断继方波极谱；如在滴汞周期内都记录电流，则称为连续方波极谱。方波极谱图中峰电位相当于普通极谱曲线中的半波电位。方波极谱的峰电流与去极剂的浓度成正比，其定量关系为：

$$i_p = kAn^2 D^{1/2} E_s f^{1/2} c$$

式中　A——电极面积；

$\quad\quad D$——扩散系数，cm^2/s；

$\quad\quad n$——电极反应电子数；

$\quad\quad E_s$——方波电压；

$\quad\quad f$——方波频率；

$\quad\quad c$——去极剂浓度；

$\quad\quad k$——常数，与实验条件和使用仪器条件有关。

方波极谱由于消除了电容电流，提高了信噪比，同时方波极化速度快，所以电解电流大大超过普通极谱的扩散电流，灵敏度大为提高，对于可逆体系，检出限达 $5 \times 10^{-8}\,\mathrm{mol/L}$，比交流极谱高 2 个数量级。分辨能力强，能分辨相差仅 $25\mathrm{mV}$ 的两个波，前放电物质影响小（前波影响小）。

3. 脉冲极谱分析

方波极谱问世后，极谱分析已达到很高的灵敏度，可逆体系可以测定 $10^{-8}\,\mathrm{mol/L}$ 去极剂，但是方波极谱灵敏度的进一步提高，受下述因素的限制：

① 为使电容电流很快衰减，必须增大 t 和减小 R，由于技术上的限制，方波的频率不能太低（约 225Hz），而 t 也无法太长，只好减小 R，因此方波要求电解池内阻 $R<100\ \Omega$，支持电解质浓度一般要 1mol/L 左右，这样的浓度中，杂质的影响变得十分突出，给微量、痕量分析带来困难。

② 方波极谱中毛细管噪音响应较大，由于毛细管尖端的液膜变化使体系的时间常数 RC 发生了变化，电流也随之改变，这种影响无法定量计算，因它与许多复杂因素有关（如毛细管形状、张力、寿命、所加电压等），对各个滴汞也有所不同，频率越高，毛细管噪声的影响越大，这种噪声决定了方波极谱灵敏度的下限，要降低毛细管噪声，要求方波频率降到 10Hz 以下，这样一来，一滴汞上只有几个方波电压，在线路设计上有不可克服的困难。

③ 方波极谱对不可逆体系的灵敏度较低，要比可逆低一个数量级以上，为了克服方波极谱的弱点，1960 年由 G. C. Barker 和 A. M. Gardner 提出了脉冲极谱的方法，此法的关键在于每滴汞上仅加一个电压脉冲，宽度约为 $1/25$ s，在加电压脉冲的后期测量电流，这就有效地克服了方波的缺点。

脉冲极谱的两种形式为常规脉冲极谱（NPP）和微分脉冲极谱（DPP），其电压波形如图 11-7 所示，图 11-7（a）为 NPP，图 11-7（b）为 DPP。

电容电流和法拉第电流在脉冲极谱中不同的衰减情况如图 11-8。

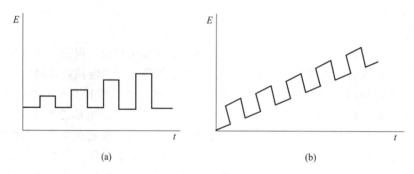

图 11-7　两种脉冲极谱电压波形图

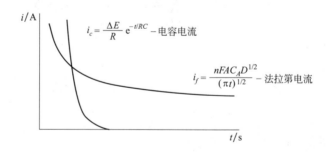

图 11-8　脉冲极谱电流衰减

在脉冲极谱中，每一滴汞的滴落前加一个几十毫秒的方波脉冲电压，在脉冲后半期记录电流，电容电流依照 $e^{-t/RC}$ 衰减，在几毫秒内可衰减到近于零的值，而法拉第电流依照 $t^{-1/2}$ 衰减，衰减速度较慢，电容电流趋于零时还有较大值。

NPP 和 DPP 之间的区别在于：前者加入的脉冲幅度随时间而线性增加，脉冲间歇期间，电位等于起始电位；后者是每一次加入等幅脉冲，而此脉冲叠加于一个线性变化的扫描电压之上。

在微分脉冲极谱分析（DPP）中，在每滴汞增长到一定时间时，叠加 $2\sim100mV$ 的脉冲电压，持续时间 $5\sim50ms$，测量脉冲前后电解电流的差 Δi。消除背景电流，进一步提高灵敏度：$10^{-8}\sim10^{-9}\,mol/L$。其主要特点如下：

① DPP 是在每一汞滴增长到一定时间，在直流线性扫描电压上叠加一个 $2\sim100mV$ 的脉冲电压，脉冲持续时间为 $5\sim50ms$，测量脉冲前后电解电流的差 Δi。由于脉冲持续比方波每半周的时间要长 10 倍以上，因此按电容衰减，t 增加 10 倍，在满足电容电流足够衰减的前提下，R 值可允许增加 10 倍，这样支持电解质的浓度只需 $0.01\sim0.1mol/L$ 就可以了，这有利于降低痕量分析的空白值。总之，消除背景电流，进一步提高灵敏度：$10^{-8}\sim10^{-9}\,mol/L$。

② 脉冲极谱由于降低了方波频率可使毛细管噪声减小，实验证明，毛细管噪声也是随时间衰减的，其衰减速度比电解电流衰减得快，由于脉冲周期比方波极谱的方波周期长得多（如脉冲持续 50ms，而方波约为 2ms），因此脉冲极谱中，延迟了电流开始记录的时间，使毛细管噪声充分衰减。

常规脉冲极谱向电解池所加电压，是在不发生电极反应的某一起始电压 E_A 的基础上叠加一阶梯形脉冲电压，振幅随时间增加而增加，用这种形式的脉冲电压所得极谱图不是峰状，而是与经典极谱图相似，因为在每一个脉冲中提供的法拉第电流是按扩散电流改变，因而只记录这一扩散电流的变化，见图 11-9。

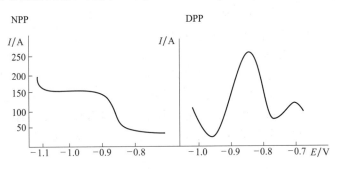

图 11-9　两种脉冲极谱图

第二节　伏安分析法

一、概述

伏安分析法是根据被测物质在电解过程中的电流-电压变化曲线来进行定性或定量分析的一种电化学分析方法。是在极谱分析法的基础上发展而来的，极谱分析法以液态电极为工作电极，如滴汞电极，而它则以固态电极为工作电极。所使用的极化电极一般面积较小，易被极化，且具有惰性，常用的有金属材料制成的金电极、银电极、悬汞电极等，也有碳材料制成的玻璃碳电极、热解石墨电极、碳糊电极、碳纤维电极等。

二、线性扫描伏安分析

在线性扫描伏安中，工作电极的电势（相对于参比电极）随时间线性变化［图 11-10（a）］，当有去极剂（如 Cd^{2+}）反应时，得到如图 11-10（b）的峰形极化曲线（电流-电势曲线）。峰形的产生是由于工作电极电势变化极快，当达到去极剂还原电势时开始有电流。当电势继续变化时，去极剂在电极上的反应加速，电流增大；另一方面，与此同时电极表面的去极剂浓度随时间而降低，扩散层厚度随时间而增加，这个因素的结果是电流随时间而降低。总的结果是产生一个峰形的电流。此电流与溶液中去极剂的浓度成正比。E_p 与直流极谱的 $E_{1/2}$ 有一定关系，不随浓度而变化，E_p 可做定性依据。

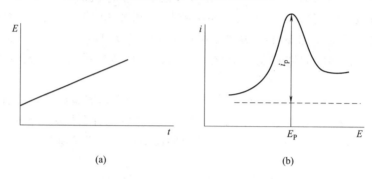

(a)　　　　　　　　(b)

图 11-10　线性扫描伏安图

对于一个可逆过程

峰电流：　　$i_p = 2.68 \times 10^5 n^{3/2} A D^{1/2} v^{1/2} C^*$　　Randles-Sercik 方程

峰电势（mV）：　　$E_p = E_{1/2} \pm 1.1RT/nF = E_{1/2} \pm 28/n - 25℃$

　　　　　　＋：阳极过程；－：阴极过程

从上述过程可以看出，i_p 的大小与电势扫速 v 有关，要使 $i_p \propto C^*$，必须在电势扫描过程中 v 恒定，若采用二电极体系，则 $E_外 = E_阳 - E_阴 + iR + ir$（$R$：溶液内阻；$r$：外电路电阻）当工作电极为阴极，参比电极为阳极时，有：$E_外 = E_参 - E_工 + i(R+r)$。对一定的外电路，r 一定，对一定溶液，R 一定，$E_参$ 不变，$E_工 = E_参 - E_外 + i(R+r)$。当外加电压随时间 t 线性变化时，只有在电流恒定的条件下，才能保证 $E_工$ 是随时间 t 线性变化的。而实际当有去极剂反应时，实际得到电流呈峰形，则 $i(R+r)$ 也随时间呈峰形，所以 $E_工$ 的变化不是线性的，这种影响称为 iR 降的影响。

当溶剂中去极剂浓度不同时，i_p 不同，因此不同浓度的溶液在 E_p 处的电势变化速度 v 是不同的。这样 i_p 与 c^* 就不成正比了，为了解决这个问题可采用有 iR 降解槽装备的三电极体系，如图 11-11。

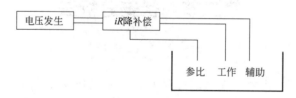

图 11-11　三电极体系

如图 11-12 所示，电压发生器产生的外加电压为（a）所示，在有去极剂反应时，得（b）所示电流，如若没有 iR 降补偿，则工作电极上的电势变化为（c）所示，这时参比电极与工作电极两端的电压变化非线性，这个信息输入到 iR 降补偿器中，使其输出的电压 V 的形状如（d）所示，抵消由于 iR 降使得 $E_工$ 下降的部分，这样工作电极电势相对于参比电极电势的变化就是线性了，如（e）所示。线性扫描伏安法中，充电电流主要由电极上电势变化造成，方法的灵敏度决定于信号与噪声的比值。线性扫描伏安法在最佳条件下，当 $V = 250\text{mV/s}$ 时，灵敏度为 10^{-6}mol/L，比直流极谱提高一个数量级。

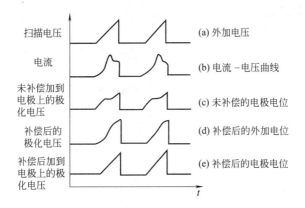

图 11-12　三电极体系 iR 降补偿原理

三、循环伏安分析法

循环伏安法（CV）加电压方式与单扫描极谱法相似，循环伏安法是将一个如图 11-13
所示的随时间以等腰三角形变化的工作电压加到工作电极上，即工作电极上电势的变化（相对于参比电极）由两个直线部分构成，首先从起始电压 E_i 线性变化到终止电压 E_f，然后再从终止电压 E_f 线性变化到起始电压 E_i，完成了一个循环。如果 E_f 负于 E_i，则前半部扫描过程是去极剂在电极上被还原（阴极过程）；然后还原产物在后半部扫描过程中被氧化（阳极过程）。如果 E_f 正于 E_i，则先进行氧化反应，再进行还原反应。

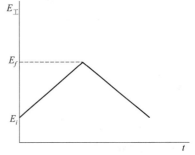

图 11-13　循环伏安法的电压-时间关系

若溶液中存在氧化态 O，当电位从正向负扫描时，电极上发生还原反应：

$$O + ze^- \rightleftharpoons R$$

反向回扫时，电极上生成的还原态 R 又发生氧化反应：

$$R \rightleftharpoons O + ze^-$$

循环伏安图如图 11-14 所示。若需要，可以进行连续循环扫描。

从循环伏安图上，可以测得阴极峰电流 i_{pc} 和阳极峰电流 i_{pa}；阴极峰电位 φ_{pc} 和阳极峰电位 φ_{pa} 等重要参数。注意，测量峰电流不是从零电流线而是从背景电流线作为起始值。

对于可逆电极过程，峰电流符合 Sevcik-Randles 方程，即

$$i_p = K z^{\frac{3}{2}} A D^{\frac{1}{2}} v^{\frac{1}{2}} c$$

两峰电流之比为：$\dfrac{i_{pa}}{i_{pc}} \approx 1$

两峰电位之差为：$\Delta\varphi_p = \varphi_{pa} - \varphi_{pc} \approx \dfrac{56}{z} \text{mV}$

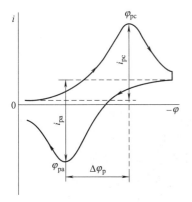

图 11-14　循环伏安图

它与循环扫描时的换向电位有关，换向电位比 φ_{pa} 负 $\dfrac{100}{z}\text{mV}$ 时，$\Delta\varphi_p$ 为 $\dfrac{59}{z}\text{mV}$。通常，$\Delta\varphi_p$ 值在 $55\sim65\text{V}$ 间。

可逆电极过程 φ_p 与扫描速率无关。

峰电位与条件电位的关系为：

$$\varphi^{\Theta'}=\frac{\varphi_{pa}+\varphi_{pc}}{2}$$

通常，循环伏安法采用三电极系统。使用的指示电极有悬汞电极、汞膜电极和固体电极，如 Pt 圆盘电极、玻璃碳电极、碳糊电极等。

在伏安法和极谱分析法中，由 Hg、Pt、C 等材料制成的电极，适用的电位范围不仅与电极材料，而且也与测试溶液的组成有关。通常，电极可使用的正电位受水氧化生成 O_2 而产生大电流的限制；负电位受水还原而产生 H_2 的限制。汞电极适用于较大的负电位范围，因为 H_2 在汞上有高的超电位，所以汞电极应用广泛。

循环伏安法是一种很有用的电化学研究方法，可用于电极反应的性质、机理和电极过程动力学参数的研究。也可用于定量确定反应物浓度，电极表面吸附物的覆盖度，电极活性面积以及电极反应速率常数、交换电流密度，反应的传递系数等动力学参数。

① 电极可逆性的判断　循环伏安法中电压的扫描过程包括阴极与阳极两个方向，因此从所得的循环伏安法图的氧化波和还原波的峰高和对称性中可判断电活性物质在电极表面反应的可逆程度。若反应是可逆的，则曲线上下对称，若反应不可逆，则曲线上下不对称。

② 电极反应机理的判断　循环伏安法还可研究电极吸附现象、电化学反应产物、电化学-化学偶联反应等，对于有机物、金属有机化合物及生物物质的氧化还原机理研究很有用。

循环伏安法主要用途有：

① 判断电极表面微观反应过程；

② 判断电极反应的可逆性；

③ 作为无机制备反应"摸条件"的手段；

④ 为有机合成"摸条件"；

⑤ 前置化学反应的循环伏安特征；

⑥ 后置化学反应（EC）的循环伏安特征；

⑦ 催化反应的循环伏安特征。

四、卷积伏安分析法

卷积伏安分析法是在经典伏安分析法的基础上发展起来的一种新的伏安分析方法，主要包括半积分电分析法、半微分、1.5 次微分、2.5 次微分电分析法。其主要思路是对电化学分析所得到的电流信号进行实时处理——卷积转换，转换成不同级次的半微分信号，以提高电化学测量的灵敏度和分辨率为目的。卷积概念来自于数学，表达了一种函数积分的含义，是利用数学方法对电信号进行处理。在这里主要是增加了半次微积分的概念，在半积分的基础上再进行一次求导数，可以获得半微分信号；在半微分信号的基础上再进行求导数，可以获得 1.5 次微分信号；在获得 1.5 次微分信号的基础上，再进行一次求导数，可以获得 2.5 次微分电信号。依此可以获得更高阶次的卷积伏安分析信号，但由于高次半微分灵敏度太高，容易受到极大的干扰，因而一般只做到 2.5 次微分为宜。与常规的电分析法和一次导数、二次导数的电化学分析处理相比，卷积伏安法有着更高的灵敏度和分辨率。

极谱、伏安分析法通常记录的是电流对电位的关系曲线，这就要求溶液的内阻尽可能低。当采用固体电极作为工作电极时，极谱伏安电流会随时间电位而变化。为了克服这些缺点，进一步提高分析方法的灵敏度和分辨率，可采用半积分电分析法。它是记录电流的半积分值 m 对电极电位 E 的关系曲线为基础的电分析法，曲线通常呈 S 累计积分型。在此基础上发展提出的半微分法是记录电流的半微分值 e 对电极电位 E 的关系曲线，$e\text{-}E$ 曲线呈峰形见图 11-15（a）。进一步发展了多阶半微分电分析法，常用的是 1.5 次微分电分析法和 2.5 次微分电分析法。前者记录的是电流的 1.5 次微分电信号 e' 与电极电位 E 的关系曲线，得到的是一条完全对称的极大峰和极小峰组成的曲线［见图 11-15（b）］；后者记录的是电流的 2.5 次微分值 e'' 对电极电位 E 的关系曲线，则得到由一个极小峰和两个极大峰组成的双曲正割和双曲正切的函数关系曲线［见图 11-15（c）］。因而就进一步改善了电分析测定信号的灵敏度及分辨率，这些方法被统称为卷积伏安法。也有人称之为新极谱法、新伏安分析法。

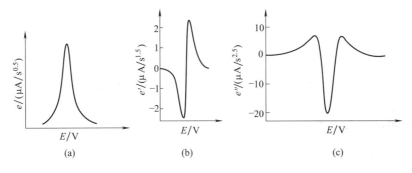

图 11-15　半微分伏安曲线

五、溶出伏安法

溶出伏安法为恒电位电解富集与伏安分析相结合的一种极谱分析技术。通常包括两个过程：预富集（恒电位电解）和电溶出。在预富集的过程中，化学计量下被测物完全电解在阴极上，精确性好，时间长。非化学计量（常用方法）：约 $2\% \sim 3\%$ 电解在阴极上；在搅拌下，电解富集一定时间。电溶出：扫描电压变化速率保持恒定。溶出伏安法比普通极谱法的灵敏度大大提高，其检测范围为 $10^{-6} \sim 10^{-11} \, \text{mol/L}$，检测限甚至可低至 $10^{-12} \, \text{mol/L}$，是痕量分析的有效手段。从溶出过程的电学性质来区分，可把溶出伏安法分为三大类：阳极溶出伏安法、阴极溶出伏安法和吸附溶出伏安法。例如，试样溶液中有 Cu^{2+}、Hg^{2+}，在搅拌的情况下，于规定时间内，用伏安仪在一定电位（如 -1.0V）下电解，则

$$Cu^{2+} + 2e^- \Longrightarrow Cu$$

$$Hg^{2+} + 2e^- \Longrightarrow Hg$$

铜和汞沉积在工作电极上，这一过程叫预电解或富集过程。接着使溶液静止数十秒，然后使工作电极电位向正电位方向按一定速度（$0.1 \sim 1.0\text{V/s}$）扫描。这时电极反应是

$$Cu \Longrightarrow Cu^{2+} + 2e^-$$

$$Hg \Longrightarrow Hg^{2+} + 2e^-$$

铜和汞逐渐溶出，记录 $i\text{-}E$ 曲线，即为溶出曲线。如图 11-16 所示峰高（h）或峰面积（A），通常与溶液中被测离子的浓度成正比，可用于定量分析。其峰高对应的电位称为峰电位（E_p），若底液成分一定，其离子的峰电位（E_p）为定值，因此可根据峰电位（E_p）值

进行定性分析。因该溶出过程是在阳极上的溶出反应，故称阳极溶出法。与此相对，在阴极上的溶出过程则称为阴极溶出法。由于吸附作用而富集在工作电极上，然后溶出的，则称为溶出伏安法。

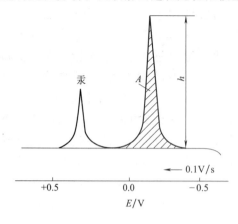

图 11-16　溶出伏安曲线

在以汞电极为例的测定过程中，富集过程要求电反应产物在电极表面形成汞齐或难溶物等以达到被测物的富集效果；溶出电流通常在一定浓度范围内与被测物浓度成正比。溶出伏安法中，由于将待测物由稀试液中浓集到极小的体积的电极中或表面上，使其浓度得到极大的增加，因而使溶出时的电流大大增加，所以是一种极为灵敏的分析方法，它可以与无火焰原子吸收光谱相媲美。影响溶出电流的因素是很多的，如预富集时间、搅拌速度、电压、扫速、电极电位、温度等。

第三节　常用仪器的原理

一、经典极谱仪电路原理

经典极谱法采用滴汞电极作为测定指示工作电极，其仪器电化学工作原理如图 11-17 所示，由参比电极 SCE 和滴汞电极 DME 组成的两电极体系 C。其中 B 为直流电源，早期采用的是甲号碳性锌锰电池，可为电化学测量体系提供稳定的直流；R 为可变电阻——用于总输出电压的调整和校准；V 为输出电压表，用于显示加在电极上的电压值；DE 为滑变电阻的两端；i 为微电流表或记录仪，用于显示或记录电极电流的实时数值或极谱图形。在早期实际使用中，记录仪一般采用纸带式/走纸式长图记录仪，由记录仪记录极谱图 n 谱。滑变电阻由匀速电机带动，使滑动端的电压均匀地由大到小或由小到大改变，使加在电极两端的电压根据设定而变化，达到电压扫描的目的。该经典极谱仪在极谱伏安分析的历史中曾经起到一定的作用，但随着电子技术，尤其是计算机的发展，已经基本退出。

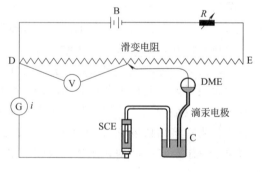

图 11-17　经典极谱仪工作原理

二、示波极谱仪电路原理

经典极谱仪不能进行和记录较快速度的扫描，而电极反应电流的大小与扫描速度有关。要提高灵敏度，提高扫描速度是一种有效的方法，因而发展了采用示波器显示快信号的示波极谱法。图 11-18 是示波极谱仪的原理示意图，扫描信号发生器 V 将快扫描信号加在电化学测量池的滴汞电极 DME 与参比电极 SCE 两端，同时将该扫描信号加在示波显示器的水平方向上；电极电流通过取样电阻 R 转换成微电压信号，再经过放大后加在示波显示器的垂直方向上，在示波显示器上即可实时显示电压-电流波形图，从实时曲线图上获取扫描峰的信号数值。为了观察方便，示波显示器一般采用长余辉显示屏，以便有足够的时间读取显示信号和数值。但这种显示方法不便于曲线图谱的记录，现在采用计算机控制和记录，由显示器或打印机输出，可以很方便地处理和选择测试结果。

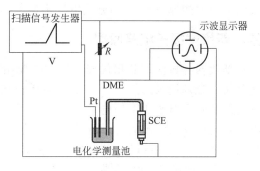

图 11-18　示波极谱仪的原理示意图

三、恒电位电路原理

集成运算放大器在电子电路中有着独特的性能和作用，因而目前在模拟电路中基本采用运算放大器，组成各类模拟运算处理控制电路。由集成运算放大器组成典型的电化学三电极测量系统的电路原理如图 11-19 所示，图中 CE 是辅助电极，RE 是参比电极，WE 是工作电极。参比电极 RE 的作用仅是为了提供测量体系的参考电位，理想状态下是不希望有电流通过参比电极的，否则电位会发生漂移，造成参考电位不稳定；工作电极 WE 上的反应电流是通过辅助电极 CE 形成回路，通过工作电极 WE 的电流与辅助电极 CE 的电流应该大小相等、方向相反。为了正确地测量和控制电极电位，在电解液中需要加入一定浓度的电解质，以减小溶液电阻，并需将参比电极 RE 的尖端尽量靠近工作电极 WE 表面。辅助电极 CE 的电流在通过溶液时产生的溶液电压降和过电位等，则会由 OP1 组成的电压输出电路自动补偿，因而辅助电极 CE 上的表面极化、溶液电阻、电压降等对三电极系统的测量不会造成影响，故在电化学分析和测定中推荐使用三电极体系。

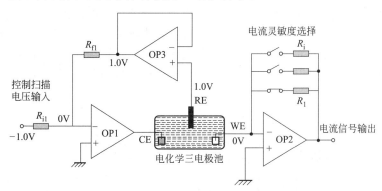

图 11-19　典型恒电位电路原理图

OP1、OP2 和 OP3 是 3 只不同性能要求的集成运算放大器，组成了 3 个不同基本功能的电路。OP1 与输入电阻 R_{i1}、反馈电阻 R_{f1} 在"虚地"概念下组成一个反向电压输出控制电路，以控制辅助电极电流的大小达到控制工作电极 WE 与参比电极 RE 之间的电压的目的，始终控制保持 WE 与 RE 之间的电压与控制扫描的输入电压一致，达到恒定电位或跟随扫描电压变化的目的。OP3 组成一个电压跟随器，用于采集参比电极 RE 的电压。OP3 一般采用输入阻抗在 10^{12} Ω 以上的高输入阻抗的集成运算放大器，可以基本保证参比电极 RE 上的电流很小而忽略不计。OP2 与反馈电阻 R_1-R_i（无输入电阻）组成电流电压转换式电极电流测量电路，输出电压 $U_0 = i_{WE}R_i$。改变反馈电阻 R_1-R_i 的大小可以改变测量的灵敏度；提高反馈电阻的阻值可以提高灵敏度，但由于运算放大器本身的输入阻抗限制而不能无限制地提高。为保证电流-电压转换的精度，一般要求 OP2 的输入阻抗要高于反馈电阻 2 个数量级以上，才能保证 OP2 的分流电流不显著影响电极的测量电流的大小。

四、新伏安极谱电路原理

新伏安分析法即卷积伏安分析法主要指的是半微分 e、1.5 次微分 e'、2.5 次微分 e'' 伏安分析，分别记录的是 e、e'、e'' 与电压扫描信号 E 之间的关系曲线，是在经典的伏安极谱分析的基础上对所测得的电信号进行处理。图 11-20 是新伏安法信号转换器的工作原理框图，普通伏安仪输出的模拟信号从"IN"端口输入，通过新伏安/常规微分选择挡"K"的切换，"OUT"端可以获得常规一次微分、二次微分和新伏安极谱法的半微分 e、1.5 次微分 e'、2.5 次微分 e'' 伏安信号。

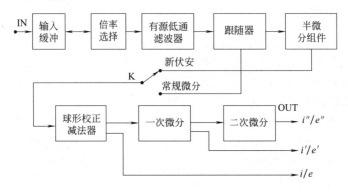

图 11-20   新伏安法信号转换原理图

五、双工作电极伏安分析仪原理

双指示电极示差伏安仪是采用双工作电极组成一个四电极测定体系，一支电极作为测定信号的工作电极，另一支作背景参比电极，通过仪器内部的差值处理后得到扣除背景的测定信号。在阳极溶出伏安法的测定中，先采用单电极富集，再使用双电极溶出，可以基本消除背景电流的影响，得到平坦的伏安峰。图 11-21 是双工作电极示差伏安分析仪的工作原理图。

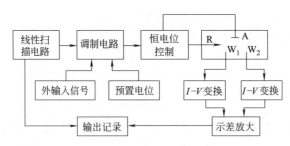

图 11-21   双工作电极示差伏安分析仪原理图

六、微机型电化学伏安工作站

当今电化学分析测试系统基本都已微机化，由微机软件系统控制操作并采集数据处理，由软件操作系统和硬件电路系统组成，其工作原理框图可简单表示如图 11-22 所示。

硬件部分由计算机系统、电化学测试仪（工作站）和三电极电化学池等组成。计算机与电化学测试仪通过数据线连接，进行数字信号的通信，一般采用 RS232、USB、LAN 网线传输。电化学恒电位电路以模拟电路方式工作，通过 AD 模拟/数字和 DA 数字/模拟转换接

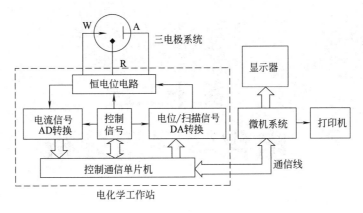

图 11-22　微机控制电化学工作站原理

口与电化学测试仪内部的单片计算机进行信号采集转换和控制；测试仪内部的单片机的作用主要是模/数信号的转换和采集控制，同时与外部微机系统进行数据指令信号通信。软件系统由电化学工作站内部单片机底层采集控制、通信软件和微机操作处理软件组成。

第十二章
电化学联用分析

第一节　光谱电化学技术

一、概述

　　电化学方法和技术既可以提供电极/溶液界面上所发生的电化学反应的热力学信息，也可以提供动力学信息。然而，单纯的电化学实验很难准确地识别出电活性物质，通常需要标准物质作为参考来推断未知物质是哪种分子。另外，对于氧化还原反应所伴随的物质结构变化、反应物和生成物的吸附取向和排列次序等分子水平的信息，电化学实验只能提供有限的、间接的信息，这类数据往往需要借助于光谱技术。光谱测定可分为现场和现场方法，后者是在电化学反应发生后，将电极从电化学池中拿走再进行测定。现场测定是串联电化学方法和光谱技术，在一小体积电解池内，同时进行电化学反应和光谱测定，即通常意义上的光谱电化学。光谱电化学的应用已经拓展到多种领域，包括无机化学、有机化学及生物化学等。通常以电化学为激发信号，而反应体系对电激发信号的响应则以光谱技术进行测定。此外，电化学和光谱学技术的联用也有助于阐明电子转移反应机理和相关界面过程。光谱电化学实验多用于氧化还原中间态的定性分析，如结构表征。而定量分析在实验上难度大，需要严格而精密地设计电解池的几何结构，这是因为工作电极的大小及其相对于其他电极的位置往往造成 iR 降和较低的电流密度。而且，光谱电化学反应池的设计非常依赖所用的光谱学技术。某些参数的设计（例如反应池相对于光源和检测器的位置，电极透明度等）取决于光学变化的检测方式。多数反应池遵循传统的三电极结构：参比电极、辅助电极和工作电极。理想的光谱电化学池应具备以下特点：适合较宽的入射光波长范围；构造简单，易于除氧、添加溶液和清洗，耐溶剂侵蚀；池内电场分布均匀、阻抗小等。光谱电化学方法的另一个特点是溶液体积较小，便于使反应池在一个给定电位下迅速达到平衡状态。同时较小的溶液体积也能减少溶剂和电解质造成的背景干扰。因此薄层池在光谱电化学中最常见。

二、电极表面的光透射和光反射

　　光射向介质表面会经历许多过程，其中最重要的是反射、透射、吸收和散射。散射主要为弹性散射，非弹性散射如拉曼散射是一个比较弱的现象。在一个光谱学实验中，入射光强度记为 I_0，与透过介质的光强之比记为 $T = I_0/I$，与散射的光强之比记为 $S = I_s/I_0$，与反射的光强度之比记为 $R = I_r/I_0$。此外，根据菲涅耳方程，材料的光学参数（如反射率、透射率和吸收率）可定义该材料的折射率 n'，$n' = n_r + ik_i$ 或者复介电常数 ε'，$\varepsilon' = \varepsilon_r + ik_i$。

这两个参数的关系为 $n' = \sqrt{\varepsilon'}$。常用的光谱电化学池有两种，即透射模式和反射模式。图 12-1 描述了几种在光谱电化学中最常用的透射和反射光学模式，其中光学透射实验是最常见的光学模式。透射模式是测定在电极过程中由于物质的消耗或生成所引起的吸光度的变化，所以在此实验中散射和反射必须达到最小化，以提供最优的信噪比。光透电极（OTEs）的入射光是与电极表面垂直的，因此可以有效减少上述干扰［图 12-1（a）］；也可采用长程薄层池［图 12-1（b）］，即让光路平行通过电极表面，光程等于电极长度。

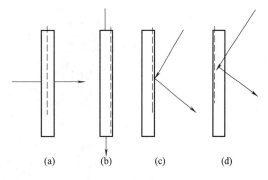

图 12-1　常见光谱电化学池的光学结构
(a) 与电极垂直的透射模式；(b) 与电极平行的透射模式；
(c) 内部反射模式；(d) 外部反射模式

三、紫外-可见光光谱电化学

紫外-可见光光谱电化学是最常见的现场光谱电化学技术，它具有易操作、成本低的优点，既能够获得电化学过程中的定量信息，也能够获得定性信息。它测定的对象是目标分析物电子态之间发生的跃迁，通常发生在紫外或可见区域（电磁波谱 190～700nm）。电化学通过氧化或还原直接定位出一个给定物质的价电子，电子态的变化很自然地体现在相关的光/能谱中。因此，紫外-可见光光谱对于阐明氧化还原过程引起的电子变化具有重要作用。紫外-可见分光光度计的操作通常为透射模式，其吸光度用透光率表示，检测结果

$$A = -\lg T$$

根据朗伯-比耳定律可知，吸光度直接与吸光物质的浓度有关。

$$A = \varepsilon c L$$

式中，L 是光透过样本的路径长度；c 是吸光物质的浓度；ε 是摩尔吸光系数。

透射模式的光谱电化学技术源于光透电极（OTEs）的出现。OTEs 是光学透明的，通常来讲研究波长范围内的入射光有 50% 以上是透过的。光透电极作为工作电极需要具备以下条件：光透明、足够宽的电势窗以及能在溶液中稳定。常用的光透电极材料有两种类型，分别为导电薄膜电极和微网电极。

在原位光谱电化学测定中，控制目标分子的完全、快速电解十分重要。最常用的方法是增大工作电极面积与溶液体积的比例，以产生有效的对流传质。为此，基于光透薄层电极（OTTLE）的光谱电化学设计应运而生。图 12-2 列出了一些用于静态和流动电解池的薄层电极与电解池的设计图。

对于摩尔吸收率低的材料，吸收光谱达到可测程度所需的浓度很难实现，因此薄层电解池不具有实用性。在这种情况下，应该用长光路薄层电解池（LOPTLC）。此类电解池的光路与工作电极平行。该方法的优点是：由于电极不在光路内，因此电极可以是不透明的；同时长光路可以提高灵敏度，因此可以使用更低的浓度。缺点是要消耗电解时间。

反射光谱对于反射表面的薄膜、固态沉积物或自组装单层膜和多层膜尤其重要。最常见的两种应用技术是外反射和衰减全反射（ATR）光谱。在外差分反射光谱实验中，入射光照到不透明的反射表面后，一部分被反射，一部分被吸收。反射光被检测，检测的信号中包括入射光强度减去材料表面吸收的光。将每个电位下的反射率对空白值（空白电极上或仅含电解质的薄层电极）做归一化处理，然后将归一化的微分反射 $\Delta R/R$ 对波长作图。镜面反

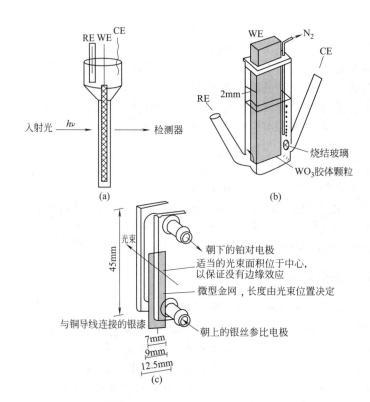

图 12-2　OTTLE 电极池设计图

(a) 金属网状电极；(b) 薄层电解池；(c) 薄层流动电解池

射和漫反射同时发生并均可用于紫外-可见反射光谱电化学的测定。镜面反射需要呈镜面的表面，反射率依赖于入射光的角度；该现象可以用菲涅尔方程解释。镜面反射光是偏光并且高度各向异性（即镜面反射光只能在有限范围的入射角度产生反射）。变角镜面反射光谱技术可以提供关于膜均一性和厚度的有用信息。漫反射主要在粗糙或颗粒表面，是各向同性的。在实验中镜面反射和漫反射是通过控制检测角度（或入射光角度）来加以区分的。紫外-可见光谱电化学研究中的镜面反射大多采用高度抛光的金属电极作为表面。此外，高度抛光的碳表面也可以使用。现已有商品化的紫外-可见光谱仪反射配件，有些配件可以改变入射角以分离镜面反射和漫反射。反射模式的紫外-可见光谱电化学已广泛用于薄膜、聚合物修饰电极和自组装膜的研究。目前有许多种类的电解池，采用不同的设计来适应不同的反射配件。图 12-3 是薄膜反射电解池的示意图。电极的制作是通过阳极氧化作用将溅射到载玻片上的一层铝薄层刻蚀，形成 750nm 厚的透明氧化铝多孔膜，再在氧化铝膜上溅射一层金膜。可反光的金

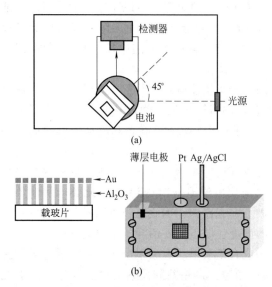

图 12-3　薄膜反射电解池示意图

(a) 光反射薄层电化学池示意图；

(b) 光反射薄层电极的侧面图

膜支撑氧化铝的孔并充满分析物溶液；尽管如此，其表面仍然保持镜面反射。

四、发光光谱电化学

1. 稳态发光光谱电化学

发光光谱（荧光或磷光）是目前光谱电化学的热点领域之一。高灵敏度和选择性是它的突出优点，但是在实验中做到激发源和检测器呈 90°具有一定难度。采用该光谱电化学方法进行检测的正在逐渐增加。在传统发光实验中，检测器和激发源必须保持 90°夹角，用于限制激发光到达检测器。为了满足这一要求，需要使用图 12-4 所示的方形吸收池。此类方形吸收池较难用于传统紫外-可见光谱中的薄层或半扩散电解池。可用图 12-4（b）所示的类似 OTTLE 实验中的薄层电解池，电解池与激发源和检测器呈 45°夹角。该装置类似于电子光谱中的 OTTLE。工作电极通常是一个金属网丝，如金、铂，吸收池的角度不能精确呈 45°，会导致激发源严重的光谱散射，会由杂散光给发射光谱造成严重干扰。另外，较小的角度改变会造成实验发光信号重复性差。这一问题可通过小心置放电解池来克服。解决方法是在仪器的吸收池支架上使用一个聚四氟乙烯插件，把光谱电化学电解池放在其中，就可以确保电解池呈 45°角。

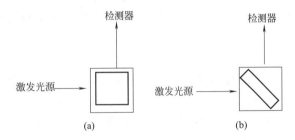

图 12-4 （a）传统发光光谱仪和（b）光谱电化学实验中的电解池

2. 时间分辨发光光谱电化学

时间分辨发光光谱电化学（TRLS）虽然没有发光光谱电化学普遍，但却是一个有用的补充。TRLS 可以用来检测发光物质的寿命（假如寿命足够长），研究电活性物质的光物理性质，了解其在一定电位下的时间特性，提供电化学界面的独特信息。研究发光寿命最常见的两种方法是时间相关单光子计数法和闪光光解法。由于单光子计数法在仪器和光密性上存在较大困难，因此尚未用于光谱电化学研究。激光闪光光解法已用于光谱电化学研究。图 12-5 展示了一个典型的纳秒 TRLS 仪器结构。脉冲光源（如掺钕钇铝石榴石激光）与检测器按照一定角度放置，检测器可以是光电二极管，也可以是更复杂的检测仪器，如增强型电感耦合元件或二极管阵列，可以在 10 ns 内获得一个完整的发射光谱，同时也可以收集稳态光谱。

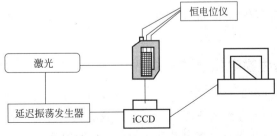

图 12-5 用于收集发光寿命的纳秒闪光光解仪器示意图

五、振动光谱电化学

振动光谱电化学目前属于研究的热点，振动光谱可以提供物质的结构信息，因此被广泛用于双电层、溶液中氧化还原产物和表面吸附物质的研究。光谱电化学中最普及的两个振动光谱法是红外和拉曼光谱。尽管这两种技术的机理和理论基础不同，但是都能够提供振动的细节信息，确定和监测电化学过程中的结构变化。多数电子光谱电化学实验都是按透射模式进行，而红外光谱电化学多使用反射模式，拉曼光谱采用散射技术，非常适合于界面检测。

1. 红外光谱电化学

红外区位于 $50 \sim 10^4\ cm^{-1}$，当入射光子的频率与分子的振动频率发生共振时，分子会产生红外吸收。要产生红外激发，分子振动必须引起固有电偶极矩的变化。现代红外光谱仪是傅里叶变换红外光谱仪，它的干涉仪会同时记录一个样本所有波长的红外透射。类似电子光谱，红外光谱多采用透射模式。尽管有许多关于透射检测池的报道，但是由于溶剂背景太大（尤其是永久偶极较大的水溶液），透射模式在红外光谱电化学中的使用不多。反射法是光谱电化学中常用的方法，其中最常用的是 ATR、外反射和红外反射吸收光谱。一般来说，光谱电化学中的红外信号是在不施加电位的情况下，用一种不同的方法或调制法收集的。

2. 拉曼光谱电化学

拉曼光谱研究的是照射到分析物上所产生的非弹性散射光。电化学拉曼光谱是将拉曼光谱技术与电化学电极反应机理的研究相结合，可以用来测量溶液中电化学活性粒子的种类、浓度及其随时间、电极电势的变化，研究电极过程动力学和电极电解质溶液界面性质，它的主要缺点是灵敏度很低。此技术有共振拉曼散射（RRS）和表面增强拉曼（SERS）两种，前者主要用于研究溶液中粒子的种类；后者则研究电极表面和被吸附物。

第二节　电化学发光分析

电化学发光（ECL）是在电极上施加一定的电压使电极反应产物之间或电极反应产物与溶液中某组分进行化学反应而产生的一种光辐射。电化学发光与化学发光相同之处是二者的发光均由进行能量电子转移反应的组分所产生；而不同之处是电化学发光由电极上施加的电压所引发和控制，化学发光是由试剂的混合所引发和控制。根据电化学发光的发光强度进行分析的方法称为电化学发光分析法。该法不仅具有化学发光分析的灵敏度高、线性范围宽和仪器简单等优点，而且具有电化学分析控制性强、选择性好等优点。

一、联吡啶钌及其衍生物电化学发光体系

许多金属配合物可以产生电化学发光，而研究方向主要是钌、锇的吡啶及其衍生物。其中三联吡啶钌在电化学发光方面的研究最为突出。这是因为 $Ru(bpy)_3^{2+}$ 化学性质稳定，可在水溶液中、不需除氧和除杂质、室温条件下发光，而且具有引发电势值适当、激发态反应活性高、寿命长、发光效率高等特点。$Ru(bpy)_3^{2+}$ 的结构如下：

按照反应体系的不同，三联吡啶钌电化学发光反应机理主要归纳为以下四种。

（1）湮灭电化学发光反应机理　通过改变电极电位产生氧化态 $Ru(bpy)_3^{3+}$ 和还原态 $Ru(bpy)_3^+$，这两种物质经过扩散相互接触后，发生氧化还原反应生成激发态 $Ru(bpy)_3^{2+*}$，衰减回落至基态产生电化学发光。整个过程遵循单重态电化学发光路径。

$$Ru(bpy)_3^{2+} - e^- \longrightarrow Ru(bpy)_3^{3+}$$
$$Ru(bpy)_3^{2+} + e^- \longrightarrow Ru(bpy)_3^+$$
$$Ru(bpy)_3^{3+} + Ru(bpy)_3^+ \longrightarrow Ru(bpy)_3^{2+*} + Ru(bpy)_3^{2+}$$
$$Ru(bpy)_3^{2+*} \longrightarrow Ru(bpy)_3^{2+} + h\nu(\lambda=610nm)$$

（2）还原氧化型电化学发光机理　当在电极上施加一个合适的还原电位时，$Ru(bpy)_3^{2+}$ 被还原成 $Ru(bpy)_3^+$，同时另一共反应物，如过硫酸根（$S_2O_8^{2-}$），被还原形成具有强氧化能力的中间体，该中间体可将 $Ru(bpy)_3^+$ 氧化产生激发态 $Ru(bpy)_3^{2+*}$，引发电化学发光，该过程称为还原-氧化机理。

$$Ru(bpy)_3^{2+} + e^- \longrightarrow Ru(bpy)_3^+$$
$$Ru(bpy)_3^{2+} + 氧化物 \longrightarrow Ru(bpy)_3^{3+}$$
$$Ru(bpy)_3^{2+} + Ru(bpy)_3^+ \longrightarrow Ru(bpy)_3^{2+*} + Ru(bpy)_3^{2+}$$
$$Ru(bpy)_3^{2+*} \longrightarrow Ru(bpy)_3^{2+} + h\nu$$

（3）氯化还原型电化学发光反应机理　与上述还原氧化型电化学发光反应机理相反，当在电极上施加一个合适的氧化电位时，$Ru(bpy)_3^{2+}$ 在电极表面被氧化产生 $Ru(bpy)_3^{3+}$，它可与溶液中的其他还原剂反应得到激发态 $Ru(bpy)_3^{2+*}$，从而产生电化学发光。这类还原剂有 OH^-、N_2H_4、$NaBH_4$、草酸盐、脂肪胺或环胺、氨基酸、NADH 等，该过程称为氧化还原机理。

（4）阴极电化学发光反应机理　基于水溶液中氧气还原的阴极电化学发光机理完全不同于以上介绍的湮灭电化学发光反应机理、还原氧化型和氧化还原型电化学发光反应机理，因为阴极电化学发光反应并不涉及 $Ru(bpy)_3^{2+}$ 在电极上的直接氧化，而电极反应主要是水溶液中氧气的还原，还原产物为具有强氧化性的物质，如 O_2^-、H_2O_2 和 $\cdot OH$。在这些活性氧化物中，$\cdot OH$ 可以氧化溶液中 $Ru(bpy)_3^{2+}$ 形成氧化态的 $Ru(bpy)_3^{3+}$，$Ru(bpy)_3^{3+}$ 可以与水溶液中添加的共反应试剂反应产生还原态的 $Ru(bpy)_3^+$，并且最终通过湮灭反应形成激发态的 $Ru(bpy)_3^{2+*}$，产生电化学发光信号。

二、鲁米诺电化学发光体系

3-氨基邻苯二甲酰胺俗称鲁米诺（luminol），该体系具有发光效率高、试剂稳定、毒性小、反应在水相中进行等优点，因此受到人们的广泛关注。鲁米诺电化学发光机理主要有以下两种。

（1）鲁米诺-H_2O_2 体系电化学发光反应机理　鲁米诺和 H_2O_2 在碱性水溶液中的电化

学发光引起人们的重视，此反应能检测多种物质。在特定的酶反应中可产生 H_2O_2，高专一性的酶反应和灵敏的电化学发光检测联用是一种有效的分析手段。鲁米诺在碱性环境下，过氧化氢催化氧化发光，其发光机理如下：

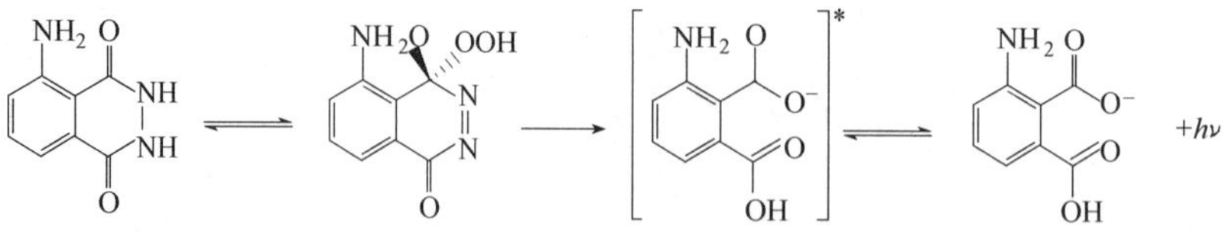

（2）鲁米诺与溶解氧的电化学发光机理　鲁米诺电化学氧化产物可以将溶解氧还原，生成超氧阴离子自由基，并进一步与鲁米诺的电化学氧化产物反应，生成激发态的 3-氨基邻苯二甲酸盐，随后由激发态返回基态而发光，反应机理如下：

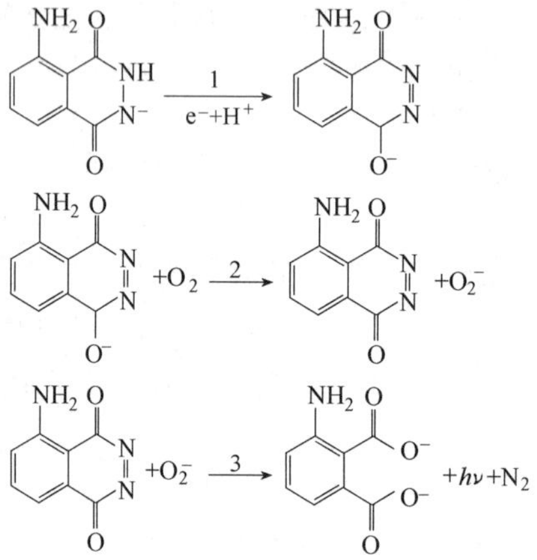

三、量子点电化学发光体系

量子点（quantum dot，QD）又称为半导体纳米晶体，是稳定的、溶于水的、尺寸在 $2\sim20nm$ 之间的纳米颗粒。目前研究较多的是 CdSe、CdTe、ZnS 等。量子点的电化学发光是指在电极上施加一定的电压，利用量子点的电化学反应来直接或间接地产生激发态的量子点，其在返回基态的过程中以光的形式释放光能。量子点的电化学发光都涉及激发态分子以光的形式释放能量回到基态，但是其发光机理不尽相同。根据反应类型，发光反应可分为湮灭反应和偶合反应。对于具体的发光反应，反应机理可能是由带正、负电荷的量子点发生湮灭反应，从而形成激发态的量子点，也可能是由带正、负电荷的量子点与电活性的共存物发生偶合反应，从而形成激发态的量子点，还可能是同时存在多种偶合反应，形成多通道的量子点电化学发光。

第三节　电化学石英晶体微天平

一、基本原理

石英晶体微天平（QCM）是以石英晶体为换能元件，利用石英晶体的压电效应，将待测物质的质量信号转换成频率信号输出，从而实现质量、浓度等检测的仪器，测量精度可以达纳克量级。Bruckenstein 等人又将 QCM 引入电化学研究，将 QCM 技术与电化学技术联用组成电石英晶体微天平系统（EQCM）。EQCM 能在获得电化学信息的同时又能得到电极表面质量变化的信息。石英晶体微天平（QCM）的发展始于 20 世纪 60 年代初期，它是一种非常灵敏的质量检测仪器，其测量精度可达纳克级，比灵敏度在微克级的电子微天平高 100 倍，理论上可以测到的质量变化相当于单分子层或原子层的几分之一。石英晶体微天平利用了石英晶体谐振器的压电特性，将石英晶振电极表面质量变化转化为石英晶体振荡电路输出电信号的频率变化，进而通过计算机等其他辅助设备获得高精度的数据。

石英晶体微天平最基本的原理是利用了石英晶体的压电效应：石英晶体内部每个晶格在不受外力作用时呈正大边形，若在晶片的两侧施加机械压力，会使晶格的电荷中心发生偏移而极化，则在晶片相应的方向上将产生电场；反之，若在石英晶体的两个电极上加电场，晶片就会产生机械变形，这种物理现象称为压电效应。如果在晶片的两极上加交变电压，晶片就会产生机械振动，同时晶片的机械振动又会产生交变电场。在一般情况下，晶片机械振动的振幅和交变电场的振幅非常微小，但当外加交变电压的频率为某一特定值时，振幅明显加大，这种现象称为压电谐振。它其实与 LC 回路的谐振现象十分相似：当晶体不振动时，可把它看成一个平板电容器称为静电电容 C，一般约几个皮法（PF）到几十皮法；当晶体振荡时，机械振动的惯性可用电感 L 来等效，一般 L 的值为几十毫亨到几百毫亨。由此就构成了石英晶体微天平的振荡器，电路的振荡频率等于石英晶体振荡片的谐振频率，再通过主机将测得的谐振频率转化为电信号输出。由于晶片本身的谐振频率基本上只与晶片的切割方式、几何形状、尺寸有关，而且可以做得精确，因此利用石英谐振器组成的振荡电路可获得很高的频率稳定度。

EQCM 主要是由石英晶体传感器（换能器）、传感器接口电路（主要振荡检测电路）和信号检测与数据处理（核心是微处理器或微控制器）等部分组成，图 12-6 是 EQCM 组成结构图。

图 12-6　电化学石英晶体微天平结构

二、分析应用

EQCM 技术中，多种电化学方法如循环伏安法、恒电流法、恒电势法、旋转圆盘电极法以及库仑法都可以与 QCM 联用进行测定。其发展既拓展了石英晶体微天平的应用范围，也使得电化学研究多了一个有力的手段。由于 EQCM 能进行单分子膜的分析，在金属氧化物的电沉积、卤化物的电沉积以及金属的欠电位沉积研究过程中，可获得不同电位下金属在晶体电极上的覆盖度和表面浓度并测出其电吸附价。在电化学腐蚀机理研究中，可获得 pH 值、无机酸、抑制剂等条件对电腐蚀的影响。电聚合是生物传感器中膜修饰的重要手段，聚合物型化学修饰电极可以通过各种设计改变聚合膜的性质，以提高检测的灵敏度和选择性，适用于很多物质的分析。电聚合物膜可以是有电活性的导电膜，也可以是不导电的，应用 EQCM 技术可以直接检测这些膜的生成过程，得到质量和电荷的变化信息；对于导电膜还可以通过质量的变化来检测膜中离子和溶剂的传输过程和机理，膜在溶剂或电解液中的溶胀行为。在生物领域，EQCM 可以用来研究 DNA 杂交过程，分析错配的碱基序列；对细胞、微生物等在石英晶体表面的吸附和生长进行监测；研究适配体构象的变化及其与蛋白的相互作用等。

EQCM 质量感应非常灵敏，使之可以感应到纳克级的质量变化，正因为如此，很多因素都会影响 EQCM 的应用，如测试环境中杂质的干扰，沉积物质与石英晶体性质的不同，质量检测范围的有限性（一般在石英晶体本身质量的 2% 以内），晶体表面的粗糙度影响，沉积层与石英晶体之间的界面空隙的大小等。总之，EQCM 的应用条件比较严格。再者，EQCM 对质量的响应没有选择性，只要是发生在表面的质量变化，它就可以感应到，至于具体的物质及形态等问题，还要借助于其他的表征手段。

第四节　电化学与色谱-电泳技术联用

一、液相色谱-电化学检测联用技术及其应用

　　高效液相色谱出现于 20 世纪 60 年代末期，目前已发展成为一种重要的现代分离分析技术。它以液体做流动相，利用高压输液系统将不同极性的单一溶剂或不同比例的混合溶剂等溶液泵入装有固定相的色谱柱，样品组分在柱内分离后，经检测器实现分析。高效液相色谱具有分析速度快、分离效率佳、灵敏度高、应用范围广等优点，非常符合复杂样品组分的分离分析。检测器作为液相色谱仪的一种核心部件，其性能在这种仪器分析系统中起着至关重要的作用。开发具有高灵敏度、高选择性的液相色谱检测器一直是分析工作者的一个重要研究方向。检测器对复杂样品组分的分析往往需要分离步骤，将液相色谱分离技术与光谱、电化学等检测技术相结合，可以满足这一要求。目前，常用的液相色谱检测器有紫外-可见光检测器、荧光检测器、折光率检测器、质谱检测器和电化学检测器等。在这些检测器中，电化学检测器由于具有死体积小、检测灵敏度高、选择性好、分析速度快、线性范围宽、造价低等特点，于 20 世纪 70 年代初已用在液相色谱技术中。液相色谱分离技术和电化学检测技术的结合汇集了两种技术的优点，同时又弥补了各自的不足。例如，液相色谱的高效分离性能可以弥补电化学检测技术在选择性上的劣势，同时高灵敏的电化学检测技术也为液相色谱技术增添了一种简单和廉价的检测手段。电化学检测器在液相色谱检测中发挥着不可替代的作用。液相色谱-电化学检测联用技术具有分离效率高、检测灵敏度高、选择性好、成本低等优点，从建立之初至今已取得了长足的发展，特别是新方法、新材料等的引入，更是极大地推动了这种联用技术的应用。目前，这种联用技术已发展成为分析科学的一种重要分离分析手段，且已有相关仪器实现商品化生产。目前已经发展成为一种重要的低浓度样品分离分析方法，广泛用于化学、化工、临床、环境、医药等领域。新型材料设计及其在化学修饰电极中的运用，有望使液相色谱仪中电化学检测器的性能获得进一步的提高。

　　用于液相色谱的电化学检测器主要包括安培检测器、库仑检测器、极谱检测器和电导检测器 4 种检测模式。其中，前 3 种检测模式以测量电解电流大小为基础，第 4 种检测模式以测量溶液的电导率变化为依据。在这 4 种检测模式中，以安培检测器的应用最为广泛。此外，电化学检测器还包括电容检测器和电位检测器，前者测量流出物的电容量变化，后者测量流出物的电动势大小。根据测量参数的不同，电化学检测器可以分为两类，一类为测量溶液整体性质的检测器，包括电导检测器和电容检测器，具有通用性；另一类为测量溶液组分性质的检测器，包括安培检测器、极谱检测器、库仑检测器和电导检测器，一般具有较高的灵敏度和选择性。

二、毛细管电泳-电化学检测联用技术及其应用

　　毛细管电泳（CE）是继高效液相色谱后又一种重要的分离分析技术。现代毛细管电泳由 Jorgenson 和 Lukacs 于 20 世纪 80 年代初创立。由于非常符合生命科学领域对多肽、蛋

白质和核酸等生物样品的分离分析要求，在过去的数十年内，毛细管电泳技术呈现蓬勃发展的态势。毛细管电泳是经典电泳技术和现代微柱相互结合的产物。它是一类以毛细管为分离通道，以高压直流电场为驱动力，根据液相样品中各组分之间淌度和分配行为的差异进行样品组分分离的技术。目前，毛细管电泳已发展为毛细管区带电泳、胶束电动色谱、毛细管等速电泳、毛细管等电聚焦电泳、毛细管凝胶电泳、毛细管电色谱等多种分离模式。毛细管电泳的多种分离模式为样品组分的分离提供了更多的选择机会，这一点对复杂样品的分离分析尤为重要。与高效液相色谱技术相比，除具备分离效率高、仪器操作可实现自动化、应用范围广泛等特点外，毛细管电泳技术同时还具备前者无可比拟的优势。例如，毛细管电泳所需的样品和试剂消耗量比高效液相色谱要少得多。高效液相色谱所需的样品体积通常为微升级，且流动相需要数百毫升甚至更多；而毛细管电泳需要的样品体积可降低至纳升级甚至皮升级，流动相体积仅需几毫升。毛细管电泳技术的出现使分离科学的样品体积用量从微升级水平降低至纳升级或更低水平，为单细胞检测和单分子分析提供了可能。此外，毛细管电泳的分析时间通常低于 30min，在分析速度、生物大分子的分离效率等方面均表现出较高效液相色谱更好的性能。同时，毛细管电泳只需要高压直流电源、进样装置、毛细管和检测器，无需高压输液泵，其仪器结构也比高效液相色谱的要简单得多。

在毛细管电泳仪器结构中，高压直流电源、进样装置和毛细管这三种部件均较容易实现，较难实现的部件是检测器，尤其是光学检测器。这主要是由于毛细管内径较小（通常为 $25\sim100\mu m$）和纳升级甚至更少体积的进样量，导致检测部位光程较短，且圆柱形毛细管容易导致光的散射和折射等，因此，毛细管电泳对光学检测器提出了较高的要求。目前，商品化的毛细管电泳仪中广泛采用紫外-可见检测器，这种光学检测器结构简单、通用性好，但由于受毛细管内径的限制，有效吸收光程短，导致检测的相对灵敏度较低。荧光检测器，尤其是激光诱导荧光检测器，由于具备极高的灵敏度，也是毛细管电泳中一种常用的光学检测器，但这种检测器价格一般较昂贵，且要求检测对象本身或衍生化后具有荧光，同时也受到激发光源波长的限制，通用性较差。将毛细管电泳与具有灵敏度高、选择性好、线性范围宽、易于实现集成化和微型化等特征的电化学检测器结合，可以充分发挥二者的优势，弥补光学检测器在分离技术中的缺陷。避免了光学检测器在样品检测时遇到的光程较短的问题，具有仪器设备简单、价格低廉、灵敏度高、响应速度快、选择性好、对检测部位的透光性无要求、易于实现微型化、集成化和便携化等优点，现已成为毛细管电泳中常用的一种检测技术。在环境分析、食品检验、药物检测、临床诊断等领域获得广泛的应用。目前，用于毛细管电泳的电化学检测技术主要有安培检测法、电导检测法和电位检测法三种模式。

三、微流控电化学检测系统及其应用

微流控是 20 世纪 90 年代初由 Manz 等提出的一种全新的分析理念。它是一类将传统的常规实验室操作（如试样引入、混合、反应、萃取、分离、清洗、检测等）集成到仅有几平方厘米尺寸的芯片上的微全分析系统。在微流控芯片上，加工有微米级（或微-纳米级杂交）的通道结构。微米级（或微-纳米级杂交）的通道结构使微流控系统的样品和试剂消耗量从毫升至微升级显著降低至纳升甚至皮升级。而且，微通道结构缩短了物质的扩散距离，使分析时间从数小时降低至数十秒甚至更短。自从这一全新的分析理念被提出以来，微流控系统就引起了微机电加工、微流体、化学、生物、生物医药、中药等领域专家学者的广泛重视和深入研究，目前部分系统已在生物医药和中药等部门实现商品化。

对于微流控系统来说，样品和试剂体积的显著降低及检测区域的明显缩小对检测技术提出了一些特殊的要求，如更高的检测灵敏度、更快的响应速度和更易实现微型化等。目前，微流控系统中应用最为广泛的检测技术是激光诱导荧光检测技术。这主要是由于这种技术具有高的灵敏度，且氢基酸、蛋白质、核酸等生物分子自身或通过衍生化后可产生荧光。但由于激光诱导荧光技术的光路结构较复杂、体积较大、价格昂贵，使其难于实现微型化、集成化和便携化，从而在一定程度上限制了这种检测技术的推广和应用。电化学检测技术由于具有较高的灵敏度，所用电极极易实现微型化和集成化，同时不降低其检测灵敏度，而且具备不受光程和样品浊度影响、价格低廉等优点，因而在构建微型化、便携化和集成化的微流控系统方面具有其他检测技术无可比拟的优势。根据检测原理的不同，用于微流控系统的电化学检测技术主要包括安培检测法、电导检测法、电位检测法、电化学发光法等。

附 录

附录一 弱酸和弱碱的解离常数

酸

名称	温度/℃	解离常数 K_a	pK_a
砷酸(H_3AsO_4)	18	$K_{a1}=5.6\times10^{-3}$	2.55
		$K_{a2}=1.7\times10^{-7}$	6.77
		$K_{a3}=3.0\times10^{-12}$	11.50
硼酸(H_3BO_3)	20	$K_a=5.7\times10^{-10}$	9.24
氢氰酸(HCN)	25	$K_a=6.2\times10^{-10}$	9.21
碳酸(H_2CO_3)	25	$K_{a1}=4.2\times10^{-7}$	6.38
		$K_{a2}=5.6\times10^{-11}$	10.25
铬酸(H_2CrO_4)	25	$K_{a1}=1.8\times10^{-1}$	0.74
		$K_{a2}=3.2\times10^{-7}$	6.49
氢氟酸(HF)	25	$K_a=3.5\times10^{-4}$	3.46
亚硝酸(HNO_2)	25	$K_a=4.6\times10^{-4}$	3.37
磷酸(H_3PO_4)	25	$K_{a1}=7.6\times10^{-3}$	2.12
		$K_{a2}=6.3\times10^{-8}$	7.20
		$K_{a3}=4.4\times10^{-13}$	12.36
硫化氢(H_2S)	25	$K_{a1}=1.3\times10^{-7}$	6.89
		$K_{a2}=7.1\times10^{-15}$	14.15
亚硫酸(H_2SO_3)	18	$K_{a1}=1.3\times10^{-2}$	1.90
		$K_{a2}=6.3\times10^{-8}$	7.20
硫酸(H_2SO_4)	25	$K_{a2}=1.0\times10^{-2}$	1.99
甲酸($HCOOH$)	20	$K_a=1.8\times10^{-4}$	3.74
醋酸($CH_3COOH,HOAc$)	20	$K_a=1.8\times10^{-5}$	4.74
一氯乙酸($CH_2ClCOOH$)	25	$K_a=1.4\times10^{-3}$	2.86
二氯乙酸($CHCl_2COOH$)	25	$K_a=5.0\times10^{-2}$	1.30
三氯乙酸(CCl_3COOH)	25	$K_a=2.3\times10^{-1}$	0.64
草酸($H_2C_2O_4$)	25	$K_{a1}=5.9\times10^{-2}$	1.23
		$K_{a2}=6.4\times10^{-5}$	4.19
琥珀酸($(CH_2COOH)_2$)	25	$K_{a1}=6.4\times10^{-5}$	4.19
		$K_{a2}=2.7\times10^{-6}$	5.57
酒石酸 $\begin{pmatrix} CH(OH)COOH \\ \| \\ CH(OH)COOH \end{pmatrix}$	25	$K_{a1}=9.1\times10^{-4}$	3.04
		$K_{a2}=4.3\times10^{-5}$	4.37
柠檬酸 $\begin{pmatrix} CH_2COOH \\ \| \\ C(OH)COOH \\ \| \\ CH_2COOH \end{pmatrix}$	18	$K_{a1}=7.4\times10^{-4}$	3.13
		$K_{a2}=1.7\times10^{-5}$	4.76
		$K_{a3}=4.0\times10^{-7}$	6.40

续表

名称	温度/℃	解离常数 K_a	pK_a
苯酚(C_6H_5OH)	20	$K_a = 1.1 \times 10^{-10}$	9.95
苯甲酸(C_6H_5COOH)	25	$K_a = 6.2 \times 10^{-5}$	4.21
水杨酸($C_6H_4(OH)COOH$)	18	$K_{a1} = 1.07 \times 10^{-3}$	2.97
		$K_{a2} = 4 \times 10^{-14}$	13.40
邻苯二甲酸[$C_6H_4(COOH)_2$]	25	$K_{a1} = 1.1 \times 10^{-2}$	2.95
		$K_{a2} = 2.9 \times 10^{-6}$	5.54

碱

名称	温度/℃	解离常数 K_b	pK_b
氨水($NH_3 \cdot H_2O$)	18	$K_b = 1.8 \times 10^{-5}$	4.74
羟胺(NH_2OH)	20	$K_b = 9.1 \times 10^{-9}$	8.04
苯胺($C_6H_5NH_2$)	25	$K_b = 4.6 \times 10^{-10}$	9.34
乙二胺($H_2NCH_2CH_2NH_2$)	25	$K_{b1} = 8.5 \times 10^{-5}$	4.07
		$K_{b2} = 7.1 \times 10^{-8}$	7.15
六亚甲基四胺[$(CH_2)_6N_4$]	25	$K_b = 1.4 \times 10^{-9}$	8.85
吡啶	25	$K_b = 1.7 \times 10^{-9}$	8.77

附录二 常用酸碱溶液的相对密度、质量分数与物质的量浓度

酸

相对密度 (15℃)	HCl		HNO₃		H₂SO₄	
	$w/\%$	$c/(mol/L)$	$w/\%$	$c/(mol/L)$	$w/\%$	$c/(mol/L)$
1.02	4.13	1.15	3.70	0.6	3.1	0.3
1.04	8.16	2.3	7.26	1.2	6.1	0.6
1.05	10.2	2.9	9.0	1.5	7.4	0.8
1.06	12.2	3.5	10.7	1.8	8.8	0.9
1.08	16.2	4.8	13.9	2.4	11.6	1.3
1.10	20.0	6.0	17.1	3.0	14.4	1.6
1.12	23.8	7.3	20.2	3.6	17.0	2.0
1.14	27.7	8.7	23.3	4.2	19.9	2.3
1.15	29.6	9.3	24.8	4.5	20.9	2.5
1.19	37.2	12.2	30.9	5.8	26.0	3.2
1.20			32.3	6.2	27.3	3.4
1.25			39.8	7.9	33.4	4.3
1.30			47.5	9.8	39.2	5.2
1.35			55.8	12.0	44.8	6.2
1.40			65.3	14.5	50.1	7.2
1.42			69.8	15.7	52.2	7.6
1.45					55.0	8.2
1.50					59.8	9.2
1.55					64.3	10.2
1.60					68.7	11.2
1.65					73.0	12.3
1.70					77.2	13.4
1.84					95.6	18.0

碱

相对密度 (15℃)	$NH_3 \cdot H_2O$		NaOH		KOH	
	$w/\%$	$c/(mol/L)$	$w/\%$	$c/(mol/L)$	$w/\%$	$c/(mol/L)$
0.88	35.0	18.0				
0.90	28.3	15				
0.91	25.0	13.4				
0.92	21.8	11.8				
0.94	15.6	8.6				
0.95	9.9	5.6				
0.98	4.8	2.8				
1.05			4.5	1.25	5.5	1.0
1.10			9.0	2.5	10.9	2.1
1.15			13.5	3.9	16.1	3.3
1.20			18.0	5.4	21.2	4.5
1.25			22.5	7.0	26.1	5.8
1.30			27.0	8.8	30.9	7.2
1.35			31.8	10.7	35.5	8.5

附录三　常用缓冲溶液的配制

几种常用缓冲溶液的配制

pH	配制方法
0	1mol/L HCl
1	0.1mol/L HCl
2	0.01mol/L HCl
3.6	NaOAc·$3H_2O$ 8g,溶于适量水中,加 6mol/L HOAc 134mL,稀释至 500mL
4.0	NaOAc·$3H_2O$ 20g,溶于适量水中,加 6mol/L HOAc 134mL,稀释至 500mL
4.5	NaOAc·$3H_2O$ 32g,溶于适量水中,加 6mol/L HOAc 68mL,稀释至 500mL
5.0	NaOAc·$3H_2O$ 50g,溶于适量水中,加 6mol/L HOAc 34mL,稀释至 500mL
5.7	NaOAc·$3H_2O$ 100g,溶于适量水中,加 6mol/L HOAc 13mL,稀释至 500mL
7	NH_4OAc 77g,用水溶解后,稀释至 500mL
7.5	NH_4Cl 60g,溶于适量水中,加 15mol/L 氨水 1.4mL,稀释至 500mL
8.0	NH_4Cl 50g,溶于适量水中,加 15mol/L 氨水 3.5mL,稀释至 500mL
8.5	NH_4Cl 40g,溶于适量水中,加 15mol/L 氨水 8.8mL,稀释至 500mL
9.0	NH_4Cl 35g,溶于适量水中,加 15mol/L 氨水 24mL,稀释至 500mL
9.5	NH_4Cl 30g,溶于适量水中,加 15mol/L 氨水 65mL,稀释至 500mL
10.0	NH_4Cl 27g,溶于适量水中,加 15mol/L 氨水 97mL,稀释至 500mL
10.5	NH_4Cl 9g,溶于适量水中,加 15mol/L 氨水 175mL,稀释至 500mL
11	NH_4Cl 3g,溶于适量水中,加 15mol/L 氨水 207mL,稀释至 500mL
12	0.01mol/L NaOH
13	0.1mol/L NaOH

附录四　常用基准物质的干燥条件和应用

基准物质		干燥后组成	干燥条件/℃	标定对象
名称	分子式			
碳酸氢钠	$NaHCO_3$	Na_2CO_3	$270\sim300$	酸
碳酸钠	$Na_2CO_3 \cdot 10H_2O$	Na_2CO_3	$270\sim300$	酸
硼砂	$Na_2B_4O_7 \cdot 10H_2O$	$Na_2B_4O_7$	放在含 NaCl 和蔗糖饱和液干燥器中	酸
碳酸氢钾	$KHCO_3$	K_2CO_3	$270\sim300$	酸
草酸	$H_2C_2O_4 \cdot 2H_2O$	$H_2C_2O_4$	室温空气干燥	碱或 $KMnO_4$
邻苯二甲酸氢钾	$KHC_8H_4O_4$	$KHC_8H_4O_4$	$110\sim120$	碱
重铬酸钾	$K_2Cr_2O_7$	$K_2Cr_2O_7$	$140\sim150$	还原剂
溴酸钾	$KBrO_3$	$KBrO_3$	130	还原剂
碘酸钾	KIO_3	KIO_3	130	还原剂
铜	Cu	Cu	室温干燥器中保存	还原剂
三氧化二砷	As_2O_3	As_2O_3	室温干燥器中保存	氧化剂
草酸钠	$Na_2C_2O_4$	$Na_2C_2O_4$	130	氧化剂
碳酸钙	$CaCO_3$	$CaCO_3$	110	EDTA
锌	Zn	Zn	室温干燥器中保存	EDTA
氧化锌	ZnO	ZnO	$900\sim1000$	EDTA
氯化钠	$NaCl$	$NaCl$	$500\sim600$	$AgNO_3$
氯化钾	KCl	KCl	$500\sim600$	$AgNO_3$
硝酸银	$AgNO_3$	$AgNO_3$	$280\sim290$	氧化物
氨基磺酸	$HOSO_2NH_2$	$HOSO_2NH_2$	在真空 H_2SO_4 干燥器中保持 48h	碱
氟化钠	NaF	NaF	铂坩埚中 $500\sim550℃$ 下保持 $40\sim50min$ 后，H_2SO_4 干燥器中保存	

附录五　金属配合物的稳定常数

金属离子	离子强度	配位数 n	$\lg\beta_n$
氨配合物			
Ag^+	0.1	1,2	3.40,7.40
Cd^{2+}	0.1	$1,\cdots,6$	2.60,4.65,6.04,6.92,6.6,4.9
Co^{2+}	0.1	$1,\cdots,6$	2.05,3.62,4.61,5.31,5.43,4.75
Cu^{2+}	2	$1,\cdots,4$	4.13,7.61,10.48,12.59
Ni^{2+}	0.1	$1,\cdots,6$	2.75,4.95,6.64,7.79,8.50,8.49
Zn^{2+}	0.1	$1,\cdots,4$	2.27,4.61,7.01,9.06

续表

金属离子	离子强度	配位数 n	$\lg\beta_n$
氟配合物			
Al^{3+}	0.53	1,…,6	6.1,11.15,15.0,17.7,19.4,19.7
Fe^{3+}	0.5	1,2,3	5.2,9.2,11.9
Th^{4+}	0.5	1,2,3	7.7,13.5,18.0
TiO^{2+}	3	1,…,4	5.4,9.8,13.7,17.4
Sn^{4+}	*	6	25
Zr^{4+}	2	1,2,3	8.8,16.1,21.9
氯配合物			
Ag^+	0.2	1,…,4	2.9,4.7,5.0,5.9
Hg^{2+}	0.2	1,…,4	6.7,13.2,14.1,15.1
碘配合物			
Cd^{2+}	*	1,…,4	2.4,3.4,5.0,6.15
Hg^{2+}	0.5	1,…,4	12.9,23.8,27.6,29.8
氰配合物			
Ag^+	0~0.3	1,…,4	−,21.1,21.8,20.7
Cd^{2+}	3	1,…,4	5.5,10.6,15.3,18.9
Cu^{2+}	0	1,…,4	−,24.0,28.6,30.3
Fe^{2+}	0	6	35.4
Fe^{3+}	0	6	43.6
Hg^{2+}	0.1	1,…,4	18.0,34.7,38.5,41.5
Ni^{2+}	0.1	4	31.3
Zn^{2+}	0.1	4	16.7
硫氰酸配合物			
Fe^{3+}	*	1,…,5	2.3,4.2,5.6,6.4,6.4
Hg^{2+}	1	1,…,4	−,16.1,10.0,20.9
硫代硫酸配合物			
Ag^+	0	1,2	8.82,13.5
Hg^{2+}	0	1,2	29.86,32.26
柠檬酸配合物			
Al^{3+}	0.5	1	20.0
Cu^{2+}	0.5	1	18
Fe^{3+}	0.5	1	25
Ni^{2+}	0.5	1	14.3
Pb^{2+}	0.5	1	12.3
Zn^{2+}	0.5	1	11.4
磺基水杨酸配合物			
Al^{3+}	0.1	1,2,3	12.9,22.9,29.0
Fe^{3+}	3	1,2,3	14.4,25.2,32.2
乙酰丙酮配合物			
Al^{3+}	0.1	1,2,3	8.1,15.7,21.2
Cu^{2+}	0.1	1,2	7.8,14.3
Fe^{3+}	0.1	1,2,3	9.3,17.9,25.1

金属离子	离子强度	配位数 n	$\lg\beta_n$
邻二氮菲配合物			
Ag^+	0.1	1,2	5.02,12.07
Cd^{2+}	0.1	1,2,3	6.4,11.6,15.8
Co^{2+}	0.1	1,2,3	7.0,13.7,20.1
Cu^{2+}	0.1	1,2,3	9.1,15.8,21.0
Fe^{2+}	0.1	1,2,3	5.9,11.1,21.3
Hg^{2+}	0.1	1,2,3	—,19.65,23.35
Ni^{2+}	0.1	1,2,3	8.8,17.1,24.8
Zn^{2+}	0.1	1,2,3	6.4,12.15,17.0
乙二胺配合物			
Ag^+	0.1	1,2	4.7,7.7
Cd^{2+}	0.1	1,2	5.47,10.02
Cu^{2+}	0.1	1,2	10.55,10.60
Co^{2+}	0.1	1,2,3	5.89,10.72,13.82
Hg^{2+}	0.1	2	23.42
Ni^{2+}	0.1	1,2,3	7.66,14.06,18.59
Zn^{2+}	0.1	1,2,3	5.71,10.37,12.08

附录六　标准电极电势（18~25℃）

电 极 反 应	$\varphi^{\ominus\prime}/V$
$Li^+ + e^- \rightleftharpoons Li$	-3.042
$K^+ + e^- \rightleftharpoons K$	-2.925
$Ba^{2+} + 2e^- \rightleftharpoons Ba$	-2.90
$Sr^{2+} + 2e^- \rightleftharpoons Sr$	-2.89
$Ca^{2+} + 2e^- \rightleftharpoons Ca$	-2.868
$Na^+ + e^- \rightleftharpoons Na$	-2.714
$Mg^{2+} + 2e^- \rightleftharpoons Mg$	-2.372
$H_2AlO_3^- + H_2O + 3e^- \rightleftharpoons Al + 4OH^-$	-2.35
$Al^{3+} + 3e^- \rightleftharpoons Al$	-1.662
$Mn^{2+} + 2e^- \rightleftharpoons Mn$	-1.185
$Cr^{2+} + 2e^- \rightleftharpoons Cr$	-0.913
$Zn^{2+} + 2e^- \rightleftharpoons Zn$	-0.763
$Cr^{3+} + 3e^- \rightleftharpoons Cr$	-0.744
$Ag_2S + 2e^- \rightleftharpoons 2Ag + S^{2-}$	-0.691
$2CO_2 + 2H^+ + 2e^- \rightleftharpoons H_2C_2O_4$	-0.49
$Fe^{2+} + 2e^- \rightleftharpoons Fe$	-0.447
$Cr^{3+} + e^- \rightleftharpoons Cr^{2+}$	-0.41
$Cd^{2+} + 2e^- \rightleftharpoons Cd$	-0.403
$Ti^{3+} + e^- \rightleftharpoons Ti^{2+}$	-0.37
$PbSO_4 + 2e^- \rightleftharpoons Pb + SO_4^{2-}$	-0.356
$Co^{2+} + 2e^- \rightleftharpoons Co$	-0.28
$PbCl_2 + 2e^- \rightleftharpoons Pb + 2Cl^-$	-0.266

电　极　反　应	$\varphi^{\ominus\prime}/V$
$Ni^{2+}+2e^-\rightleftharpoons Ni$	-0.246
$AgI+e^-\rightleftharpoons Ag+I^-$	-0.1522
$Sn^{2+}+2e^-\rightleftharpoons Sn$	-0.1375
$Pb^{2+}+2e^-\rightleftharpoons Pb$	-0.1262
$Fe^{3+}+3e^-\rightleftharpoons Fe$	-0.037
$AgCN+e^-\rightleftharpoons Ag+CN^-$	-0.017
$2H^++2e^-\rightleftharpoons H_2$	0.0000
$AgBr+e^-\rightleftharpoons Ag+Br^-$	0.07133
$TiO^{2+}+2H^++2e^-\rightleftharpoons Ti^{2+}+H_2O$	0.10
$S+2H^++2e^-\rightleftharpoons H_2S(aq)$	0.142
$Sn^{4+}+2e^-\rightleftharpoons Sn^{2+}$	0.154
$Cu^{2+}+e^-\rightleftharpoons Cu^+$	0.159
$AgCl+e^-\rightleftharpoons Ag+Cl^-$	0.22233
$HAsO_2+3H^++3e^-\rightleftharpoons As+2H_2O$	0.248
$Hg_2Cl_2+2e^-\rightleftharpoons 2Hg+2Cl^-$	0.2676
$BiO^++2H^++3e^-\rightleftharpoons Bi+H_2O$	0.320
$VO^{2+}+2H^++e^-\rightleftharpoons V^{3+}+H_2O$	0.337
$Cu^{2+}+2e^-\rightleftharpoons Cu$	0.3419
$S_2O_3^{2-}+6H^++4e^-\rightleftharpoons 2S+3H_2O$	0.5
$Cu^++e^-\rightleftharpoons Cu$	0.521
$I_3^-+2e^-\rightleftharpoons 3I^-$	0.545
$I_2+2e^-\rightleftharpoons 2I^-$	0.5355
$H_3AsO_4+2H^++2e^-\rightleftharpoons H_3AsO_3+H_2O$	0.560
$MnO_4^-+e^-\rightleftharpoons MnO_4^{2-}$	0.57
$2HgCl_2+2e^-\rightleftharpoons Hg_2Cl_2(s)+2Cl^-$	0.63
$Ag_2SO_4+2e^-\rightleftharpoons 2Ag+SO_4^{2-}$	0.654
$O_2+2H^++2e^-\rightleftharpoons H_2O_2$	0.69
$Fe^{3+}+e^-\rightleftharpoons Fe^{2+}$	0.771
$Hg_2^{2+}+2e^-\rightleftharpoons 2Hg$	0.7973
$Ag^++e^-\rightleftharpoons Ag$	0.7996
$NO_3^-+2H^++e^-\rightleftharpoons NO_2+H_2O$	0.803
$Hg^{2+}+2e^-\rightleftharpoons 2Hg$	0.854
$Cu^{2+}+I^-+e^-\rightleftharpoons CuI$	0.86
$NO_3^-+3H^++2e^-\rightleftharpoons HNO_2+H_2O$	0.934
$HNO_2+H^++e^-\rightleftharpoons NO+H_2O$	0.98
$HIO+H^++2e^-\rightleftharpoons I^-+H_2O$	0.987
$VO_2^++2H^++e^-\rightleftharpoons VO^{2+}+H_2O$	0.999
$NO_2+2H^++2e^-\rightleftharpoons NO+H_2O$	1.05
$Br_2+2e^-\rightleftharpoons 2Br^-$	1.065
$N_2O_4+2H^++2e^-\rightleftharpoons 2HNO_2$	1.065
$Br_2(aq)+2e^-\rightleftharpoons 2Br^-$	1.0873
$Cu^{2+}+2CN^-+e^-\rightleftharpoons [Cu(CN)_2]^-$	1.103
$IO_3^-+5H^++4e^-\rightleftharpoons HIO+2H_2O$	1.14
$ClO_3^-+2H^++e^-\rightleftharpoons ClO_2+H_2O$	1.152
$Ag_2O+2H^++2e^-\rightleftharpoons 2Ag+H_2O$	1.17
$ClO_4^-+2H^++2e^-\rightleftharpoons ClO_3^-+H_2O$	1.1989
$2IO_3^-+12H^++10e^-\rightleftharpoons I_2+6H_2O$	1.19
$ClO_3^-+3H^++2e^-\rightleftharpoons HClO_2+H_2O$	1.214

电 极 反 应	$\varphi^{\ominus\prime}/V$
$MnO_2+4H^++2e^-\Longleftrightarrow Mn^{2+}+2H_2O$	1.224
$O_2+4H^++4e^-\Longleftrightarrow 2H_2O$	1.229
$ClO_2(g)+H^++e^-\Longleftrightarrow HClO_2$	1.27
$Cr_2O_7^{2-}+14H^++6e^-\Longleftrightarrow 2Cr^{3+}+7H_2O$	1.33
$2ClO_4^-+16H^++14e^-\Longleftrightarrow Cl_2+8H_2O$	1.34
$Cl_2+2e^-\Longleftrightarrow 2Cl^-$	1.35827
$Au^{3+}+2e^-\Longleftrightarrow Au^+$	1.41
$BrO_3^-+6H^++6e^-\Longleftrightarrow Br^-+3H_2O$	1.423
$2HIO+2H^++2e^-\Longleftrightarrow I_2+2H_2O$	1.45
$ClO_3^-+6H^++6e^-\Longleftrightarrow Cl^-+3H_2O$	1.451
$PbO_2+4H^++2e^-\Longleftrightarrow Pb^{2+}+2H_2O$	1.455
$2ClO_3^-+12H^++10e^-\Longleftrightarrow Cl_2+6H_2O$	1.47
$Mn^{3+}+e^-\Longleftrightarrow Mn^{2+}$	1.5415
$HClO+H^++2e^-\Longleftrightarrow Cl^-+H_2O$	1.482
$Au^{3+}+3e^-\Longleftrightarrow Au$	1.498
$2BrO_3^-+12H^++10e^-\Longleftrightarrow Br_2+6H_2O$	1.50
$MnO_4^-+8H^++5e^-\Longleftrightarrow Mn^{2+}+4H_2O$	1.507
$2HBrO+2H^++2e^-\Longleftrightarrow Br_2+2H_2O$	1.601
$2HClO+2H^++2e^-\Longleftrightarrow Cl_2+2H_2O$	1.611
$HClO_2+2H^++2e^-\Longleftrightarrow HClO+H_2O$	1.645
$MnO_4^-+4H^++3e^-\Longleftrightarrow MnO_2+2H_2O$	1.679
$NiO_2+4H^++2e^-\Longleftrightarrow Ni^{2+}+2H_2O$	1.678
$PbO_2+SO_4^{2-}+4H^++2e^-\Longleftrightarrow PbSO_4+2H_2O$	1.6913
$H_2O_2+2H^++2e^-\Longleftrightarrow 2H_2O$	1.776
$Co^{3+}+e^-\Longleftrightarrow Co^{2+}$	1.92
$S_2O_8^{2-}+2e^-\Longleftrightarrow 2SO_4^{2-}$	2.010
$O_3+2H^++2e^-\Longleftrightarrow O_2+H_2O$	2.076
$F_2+2e^-\Longleftrightarrow 2F^-$	2.366
$F_2(g)+2H^++2e^-\Longleftrightarrow 2HF$	3.053

附录七　一些氧化还原电对的条件电极电位

半 反 应	$\varphi^{\ominus\prime}/V$	介质
$Ag(II)+e^-\Longleftrightarrow Ag^+$	1.927	4mol/L HNO_3
$Ce(IV)+e^-\Longleftrightarrow Ce(III)$	1.70	1mol/L $HClO_4$
	1.44	0.5mol/L H_2SO_4
	1.28	1mol/L HCl
$Co^{3+}+e^-\Longleftrightarrow Co^{2+}$	1.85	3mol/L HNO_3
$Co(乙二胺)_3^{3+}+e^-\Longleftrightarrow Co(乙二胺)_3^{2+}$	−0.2	0.1mol/L KNO_3 +0.1mol/L 乙二胺
$Cr(III)+e^-\Longleftrightarrow Cr(II)$	−0.40	5mol/L HCl
$Cr_2O_7^{2-}+14H^++6e^-\Longleftrightarrow 2Cr^{3+}+7H_2O$	1.08	3mol/L HCl
	1.15	4mol/L H_2SO_4
	1.025	1mol/L $HClO_4$

半　反　应	$\varphi^{\ominus\prime}/\mathrm{V}$	介质
$CrO_4^{2-}+2H_2O+3e^-\Longrightarrow CrO_2^-+4OH^-$	-0.12	1mol/L NaOH
$Fe(Ⅲ)+e^-\Longrightarrow Fe(Ⅱ)$	0.767	1mol/L $HClO_4$
	0.71	0.5mol/L HCl
	0.68	1mol/L H_2SO_4
	0.68	1mol/L HCl
	0.46	2mol/L H_3PO_4
	0.51	1mol/L HCl+0.25mol/L H_3PO_4
$Fe(EDTA)^-+e^-\Longrightarrow Fe(EDTA)^{2-}$	0.12	0.1mol/L EDTA pH4～6
$[Fe(CN)_6]^{3-}+e^-\Longrightarrow Fe(CN)_6^{4-}$	0.56	0.01mol/L HCl
$I_3^-+2e^-\Longrightarrow 3I^-$	0.5446	0.5mol/L H_2SO_4
$I_2(水)+2e^-\Longrightarrow 2I^-$	0.6276	0.5mol/L H_2SO_4
$MnO_4^-+8H^++5e^-\Longrightarrow Mn^{2+}+4H_2O$	1.45	1mol/L $HClO_4$
$SnCl_6^{2-}+2e^-\Longrightarrow SnCl_4^{2-}+2Cl^-$	0.14	1mol/L HCl
$Sb(Ⅴ)+2e^-\Longrightarrow Sb(Ⅲ)$	0.75	3.5mol/L HCl
$[Sb(OH)_6]^-+2e^-\Longrightarrow SbO_2^-+2OH^-+2H_2O$	-0.428	3mol/L NaOH
$SbO_2^-+2H_2O+3e^-\Longrightarrow Sb+4OH^-$	-0.675	10mol/L KOH
$Ti(Ⅳ)+e^-\Longrightarrow Ti(Ⅲ)$	-0.01	0.2mol/L H_2SO_4
	0.12	2mol/L H_2SO_4
	0.10	3mol/L HCl
	-0.04	1mol/L HCl
	-0.05	1mol/L H_3PO_4
$Pb(Ⅱ)+2e^-\Longrightarrow Pb$	-0.32	1mol/L NaAc

附录八　一些常见难溶化合物的溶度积（18℃）

难溶化合物	化学式	K_{sp}	温度
氢氧化铝	$Al(OH)_3$	2×10^{-32}	
溴酸银	$AgBrO_3$	5.77×10^{-5}	25℃
溴化银	$AgBr$	4.1×10^{-13}	
碳酸银	Ag_2CO_3	6.15×10^{-12}	25℃
氯化银	$AgCl$	1.56×10^{-10}	25℃
铬酸银	Ag_2CrO_4	9.0×10^{-12}	25℃
氢氧化银	$AgOH$	1.52×10^{-8}	20℃
碘化银	AgI	1.5×10^{-10} 8.5×10^{-17}	25℃
硫化银	Ag_2S	1.6×10^{-49}	
硫氰酸银	$AgSCN$	4.9×10^{-13}	
碳酸钡	$BaCO_3$	8.1×10^{-9}	25℃
铬酸钡	$BaCrO_4$	1.6×10^{-10}	
草酸钡	$BaC_2O_4\cdot{}^7/_2H_2O$	1.62×10^{-7}	

难溶化合物	化学式	K_{sp}	温度
硫酸钡	$BaSO_4$	8.7×10^{-9}	
氢氧化铋	$Bi(OH)_3$	4.0×10^{-31}	
氢氧化铬	$Cr(OH)_3$	5.4×10^{-31}	
硫化镉	CdS	3.6×10^{-29}	
碳酸钙	$CaCO_3$	8.7×10^{-9}	25℃
氟化钙	CaF_2	3.4×10^{-11}	
草酸钙	$CaC_2O_4 \cdot H_2O$	1.78×10^{-9}	
硫酸钙	$CaSO_4$	2.45×10^{-5}	25℃
硫化钴	$\alpha\text{-}CoS$	4.0×10^{-21}	
	$\beta\text{-}CoS$	2.0×10^{-25}	
碘酸铜	$CuIO_3$	1.4×10^{-7}	25℃
草酸钙	CuC_2O_4	2.87×10^{-8}	25℃
硫化铜	CuS	8.5×10^{-36}	
溴化亚铜	$CuBr$	4.15×10^{-9}	(18~20)℃
氯化亚铜	$CuCl$	1.02×10^{-6}	(18~20)℃
碘化亚铜	CuI	1.1×10^{-12}	(18~20)℃
硫化亚铜	Cu_2S	2.0×10^{-47}	(16~18)℃
硫氰酸亚铜	$CuSCN$	4.8×10^{-15}	
氢氧化铁	$Fe(OH)_3$	3.5×10^{-38}	
氢氧化亚铁	$Fe(OH)_2$	1.0×10^{-15}	
草酸亚铁	FeC_2O_4	2.1×10^{-7}	25℃
硫化亚铁	FeS	3.7×10^{-19}	
硫化汞	HgS	$4 \times 10^{-53} \sim 2 \times 10^{-49}$	
溴化亚汞	Hg_2Br_2	5.8×10^{-23}	
氯化亚汞	Hg_2Cl_2	1.3×10^{-18}	
碘化亚汞	Hg_2I_2	4.5×10^{-29}	
磷酸铵镁	$MgNH_4PO_4$	2.5×10^{-13}	25℃
碳酸镁	$MgCO_3$	2.6×10^{-5}	12℃
氟化镁	MgF_2	7.1×10^{-9}	
氢氧化镁	$Mg(OH)_2$	1.8×10^{-11}	
草酸镁	MgC_2O_4	8.57×10^{-5}	
氢氧化锰	$Mn(OH)_2$	4.5×10^{-13}	
硫化锰	MnS	1.4×10^{-15}	
氢氧化镍	$Ni(OH)_2$	6.5×10^{-18}	
碳酸铅	$PbCO_3$	3.3×10^{-14}	
铬酸铅	$PbCrO_4$	1.77×10^{-14}	
氟化铅	PbF_2	3.2×10^{-8}	
草酸铅	PbC_2O_4	2.74×10^{-11}	
氢氧化铅	$Pb(OH)_2$	1.2×10^{-15}	
硫酸铅	$PbSO_4$	1.06×10^{-8}	
硫化铅	PbS	3.4×10^{-28}	
碳酸锶	$SrCO_3$	1.6×10^{-9}	25℃
氟化锶	SrF_2	2.8×10^{-9}	
草酸锶	SrC_2O_4	5.61×10^{-8}	

续表

难溶化合物	化学式	K_{sp}	温度
硫酸锶	$SrSO_4$	3.81×10^{-7}	17.4℃
氢氧化锡	$Sn(OH)_4$	1.0×10^{-57}	
氢氧化亚锡	$Sn(OH)_2$	3.0×10^{-27}	
氢氧化钛	$Ti(OH)_4$	1.0×10^{-29}	
氢氧化锌	$Zn(OH)_2$	1.2×10^{-17}	(18~20)℃
草酸锌	ZnC_2O_4	1.35×10^{-9}	
硫化锌	ZnS	1.2×10^{-23}	

附录九　国际原子量

符号	名称	原子量	符号	名称	原子量	符号	名称	原子量	符号	名称	原子量
Ac	锕	[227]	Er	铒	167.259	Mn	锰	54.938 045	Ru	钌	101.07
Ag	银	107.868 2	Es	锿	[252]	Mo	钼	95.94	S	硫	32.065
Al	铝	26.981 539	Eu	铕	151.964	N	氮	14.006 7	Sb	锑	121.760
Am	镅	[243]	F	氟	18.998 403 2	Na	钠	22.989 769 28	Sc	钪	44.955 912
Ar	氩	39.948	Fe	铁	55.845	Nb	铌	92.906 38	Se	硒	78.96
As	砷	74.921 60	Fm	镄	[257]	Nd	钕	144.242	Si	硅	28.085 5
At	砹	[209.987 1]	Fr	钫	[223]	Ne	氖	20.179 7	Sm	钐	150.36
Au	金	196.966 57	Ga	镓	69.723	Ni	镍	58.693 4	Sn	锡	118.710
B	硼	10.811	Gd	钆	157.25	No	锘	[259]	Sr	锶	87.62
Ba	钡	137.327	Ge	锗	72.64	Np	镎	[237]	Ta	钽	180.947 88
Be	铍	9.012 182	H	氢	1.007 94	O	氧	15.999 4	Tb	铽	158.925 35
Bi	铋	208.980 40	He	氦	4.002 602	Os	锇	190.23	Tc	锝	[97.9072]
Bk	锫	[247]	Hf	铪	178.49	P	磷	30.973 762	Te	碲	127.60
Br	溴	79.904	Hg	汞	200.59	Pa	镤	231.035 88	Th	钍	232.038 06
C	碳	12.0107	Ho	钬	164.930 32	Pb	铅	207.2	Ti	钛	47.867
Ca	钙	40.078	I	碘	126.904 47	Pd	钯	106.42	Tl	铊	204.383 3
Cd	镉	112.411	In	铟	114.818	Pm	钷	[145]	Tm	铥	168.934 21
Ce	铈	140.116	Ir	铱	192.217	Po	钋	[208.982 4]	U	铀	238.028 91
Cf	锎	[251]	K	钾	39.098 3	Pr	镨	140.907 65	V	钒	50.941 5
Cl	氯	35.453	Kr	氪	83.798	Pt	铂	195.084	W	钨	183.84
Cm	锔	[247]	La	镧	138.905 47	Pu	钚	[244]	Xe	氙	131.293
Co	钴	58.933 195	Li	锂	6.941	Rb	铷	85.467 8	Y	钇	88.905 85
Cr	铬	51.996 1	Lr	铹	[262]	Re	铼	186.207	Yb	镱	173.04
Cs	铯	132.905451 9	Lu	镥	174.967	Ra	镭	[226]	Zn	锌	65.409
Cu	铜	63.546	Md	钔	[258]	Rh	铑	102.905 50	Zr	锆	91.224
Dy	镝	162.500	Mg	镁	24.305 0	Rn	氡	[222.017 6]			

附录十 一些化合物的分子量

化合物	分子量	化合物	分子量
$AgBr$	187.77	H_3BO_3	61.83
$AgCl$	143.32	HBr	80.91
AgI	234.77	H_2CO_3	62.03
$AgNO_3$	169.87	$H_2C_2O_4$	90.04
Al_2O_3	101.96	$H_2C_2O_4 \cdot 2H_2O$	126.07
$Al_2(SO_4)_3$	342.14	HCl	36.46
As_2O_3	197.84	$HClO_4$	100.46
As_2O_5	229.84	HF	20.01
$BaCO_3$	197.34	HI	127.91
BaC_2O_4	225.35	HNO_3	63.01
$BaCl_2$	208.42	HNO_2	47.01
$BaCl_2 \cdot 2H_2O$	244.27	H_2O	18.015
$BaCrO_4$	253.32	H_2O_2	34.02
$BaSO_4$	233.39	H_3PO_4	98
$CaCO_3$	100.09	H_2S	34.08
CaC_2O_4	128.1	H_2SO_3	82.07
$CaCl_2$	110.99	H_2SO_4	98.07
$CaCl_2 \cdot H_2O$	129	$HgCl_2$	271.5
CaO	56.08	Hg_2Cl_2	472.09
$Ca(OH)_2$	74.1	$KAl(SO_4)_2 \cdot 12H_2O$	474.38
$CaSO_4$	138.14	$KB(C_6H_5)_4$	358.33
$Ca_3(PO_3)_2$	310.18	KBr	119
$Ce(SO_4)_2 \cdot 2(NH_4)_2SO_4 \cdot 2H_2O$	632.54	KBO_3	167
CH_3COOH	60.05	KCl	74.55
CH_3OH	32.04	$KClO_3$	122.55
CH_3COCH_3	58.08	$KClO_4$	138.55
C_6H_5COOH	122.12	K_2CrO_4	194.19
CH_3COONa	82.03	$K_2Cr_2O_7$	294.18
$C_6H_4COOH\,COOK$	204.23	$KHC_2O_4 \cdot H_2C_2O_4 \cdot 2H_2O$	254.19
C_6H_5OH	94.11	KI	166
CCl_4	153.81	KIO_3	214
CO_2	44.01	$KIO_3 \cdot HIO_3$	389.91
CuO	79.55	$KMnO_4$	158.03
Cu_2O	143.09	KNO_2	85.1
$CuSO_4$	159.06	KOH	56.11
$CuSO_4 \cdot 5H_2O$	249.68	$KSCN$	97.18
$FeCl_3$	162.21	K_2SO_4	174.25
$FeCl_3 \cdot 6H_2O$	270.3	$MgCO_3$	84.31
FeO	71.85	$MgCl_2$	95.21
Fe_2O_3	159.69	$MgNH_4PO_4$	137.32
Fe_3O_4	231.54	MgO	40.3
$FeSO_4 \cdot H_2O$	169.93	$Mg_2P_2O_7$	222.55
$FeSO_4 \cdot 7H_2O$	278.01	MnO_2	86.94
$Fe_2(SO_4)_3 \cdot 7H_2O$	399.89	$Na_2B_4O_7 \cdot 10H_2O$	381.37
$Fe(NH_4)_2(SO_4)_2 \cdot 6H_2O$	392.13	$NaBiO_3$	279.97

化合物	分子量	化合物	分子量
NaBr	102.9	$(NH_4)_2C_2O_4$	124.1
Na_2CO_3	105.99	$NH_3 \cdot H_2O$	35.05
$Na_2C_2O_4$	134	$(NH_4)_2MoO_4$	196.0l
NaCl	58.44	$(NH_4)_2HPO_4$	132.06
NaF	41.99	$(NH_4)_2S$	68.14
$NaHCO_3$	84.01	NH_4SCN	76.12
Na_3PO_4	163.94	$(NH_4)_2SO_4$	132.13
NaH_2PO_4	119.98	$Ni(NO_3)_2 \cdot 6H_2O$	290.8
Na_2HPO_4	141.96	P_2O_5	141.95
NaI	149.89	$PbCrO_4$	323.19
$Na_2H_2Y \cdot 2H_2O$	372.24	PbO	223.2
$NaNO_2$	69	PbO_2	239.2
Na_2O	61.98	PbS	239.26
NaOH	40	$PbSO_4$	303.26
Na_2S	78.04	SO_3	80.06
$Na_2S \cdot 9H_2O$	240.18	SO_2	64.06
Na_2SO_3	126.04	Sb_2O_3	291.5
Na_2SO_4	142.04	Sb_2S_3	339.68
$Na_2SO_4 \cdot 10H_2O$	322.2	SiF_4	104.08
$Na_2S_2O_3$	158.1	SiO_2	60.08
$Na_2S_2O_3 \cdot 5H_2O$	248.19	$SnCl_2$	189.6
NH_4HCO_3	79.06	ZnO	81.38
NH_3	17.03	$ZnCl_2$	136.29
NH_4Cl	53.49	$ZnSO_4$	161.44

参 考 文 献

［1］ 朱世盛.仪器分析.上海：复旦大学出版社，1983.

［2］ 朱明华.仪器分析.第 4 版.北京：高等教育出版社，2008.

［3］ 高小霞.电分析化学导论.北京：科学出版社，1986.

［4］ 李启隆.电分析化学.北京：北京师范大学出版社，1994.

［5］ 彭图治，王国顺.分析化学手册第四分册：电分析化学.第 2 版.北京：化学工业出版社，1999.

［6］ 北京大学化学系仪器分析教程组.仪器分析教程.北京：北京大学出版社，1997.

［7］ 黄一石，乔子荣.定量化学分析.北京：化学工业出版社，2004.

［8］ 高职高专化学教材编写组.分析化学.北京：高等教育出版社，2000.

［9］ 于世林，苗凤琴.分析化学.北京：化学工业出版社，2001.

［10］ 高职高专化学教材编写组.分析化学.第 4 版.北京：高等教育出版社，2014.

［11］ 高职高专化学教材编写组.分析化学实验.第 4 版.北京：高等教育出版社，2014.

［12］ 华中师范大学，东北师范大学，陕西师范大学.分析化学.第 2 版.北京：高等教育出版社，1986.

［13］ 黄一石 ，吴朝华，杨小林.仪器分析.第 3 版.北京：化学工业出版社，2013.

［14］ 孙凤霞.仪器分析.第 2 版.北京：化学工业出版社，2011.

［15］ 高向阳.新编仪器分析.第 4 版.北京：科学出版社，2016.

［16］ 张胜涛.电分析化学.重庆：重庆大学出版社，2004.

［17］ 苏彬.分析化学手册.电化学分析.第 3 版.北京：化学工业出版社，2016.

［18］ 贾铮，戴长松，陈玲.电化学测量方法.北京：化学工业出版社，2006.

［19］ 胡会利，李宁.电化学测量.北京：国防工业出版社，2007.

［20］ 吴守国，袁倬斌.电分析化学原理.合肥：中国科学技术大学出版社，2006.